Q&Aによる
モータ騒音・振動の基礎と対策全書

野田 伸一 著

NTS

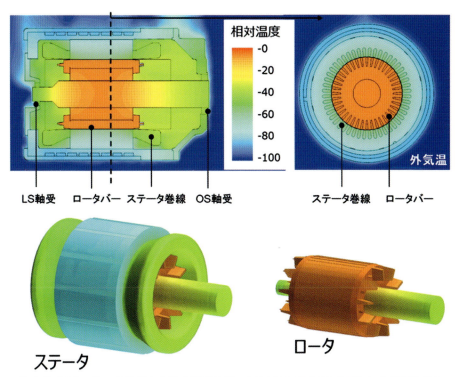

第1章 Q10　モータ運転中の温度計算結果：3次元有限要素法モデルによる温度分布
(p.9)

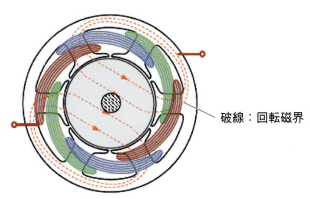

第1章 Q15　回転磁界を形成する最も簡単な3相巻線
(p.12)

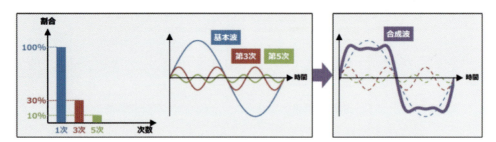

出典：Electrical Information HP より

第 2 章 Q40　交流の基本波に対する整数倍の波形 [2]（p.51）

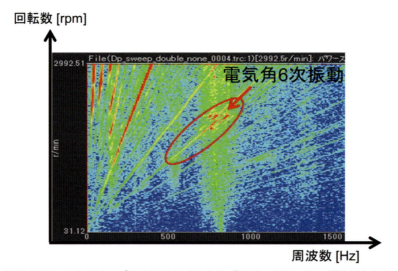

第 2 章 Q52　トルクリップルの振動スペクトル「回転―トラッキング分析」（p.56）

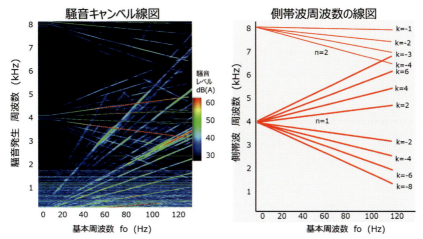

第2章 Q92　PWMインバータ駆動時に回転数が上昇時の騒音キャンベル線図と側帯波周波数（p.76）

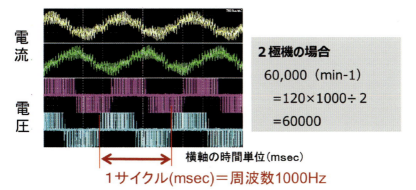

第2章 Q98　ブラシレスDCモータ電流と電圧から見た周波数（p.81）

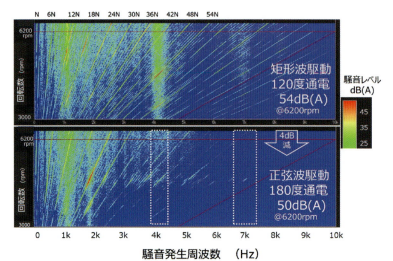

騒音キャンベル線図

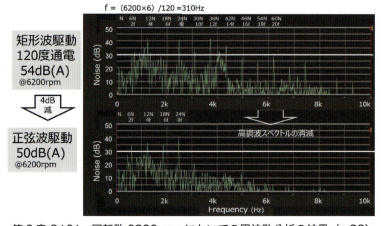

第2章 Q101　回転数 6200 rpm においての周波数分析の結果（p.83）

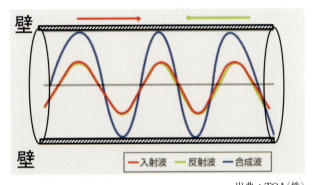

第 4 章 Q3　円筒部に発生した音波 [3]（p.134）

1. ヘルムホルツのモード（610 Hz）
2. ファン内径で決まる直径節モード（850 Hz, 1020 Hz, 1360 Hz）

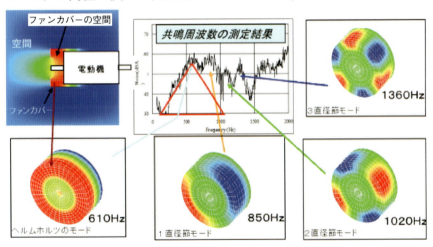

第 4 章 Q14　ファンカバーの空間による共鳴周波数（p.139）

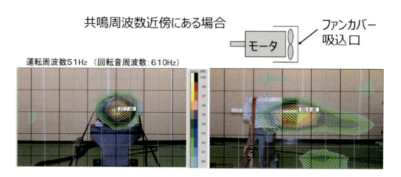

・ファンカバーの空気の吸込口　騒音が大きい。

第4章 Q17　音響ホログラフィによる音圧分布解析（p.141）

軸受の振動発生時　加速度波形（FFTと時間分析）
2kHzおよび5kHz付近の振動加速度レベルが上昇

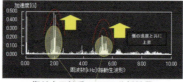

傷付き玉軸受の FFT 分析結果

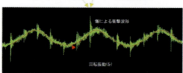

傷付き玉軸受の加速度波形

第6章 Q8　5年5ヵ月経過したあたりの振動加速度の信号波形（FFT分析と時間分析）（p.201）

軸受振動による振動応答

内輪傷の発生による4.5kHz成分増大
軸受診断には振動加速度で計測判定

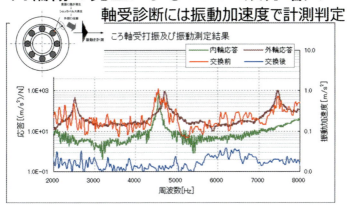

第6章 Q9　軸受交換前と後のFFTの波形（p.202）

共振

モータ軸の1次曲げ固有振動数と加振力の振動数が一致する場合、非常に大きな振動が発生する現象。

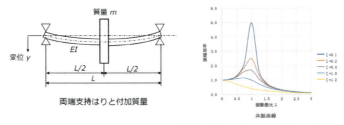

出典：日本アイアール㈱アイアール技術者教育研究所

第7章 Q33　ロータの1次曲げの固有振動数とロータ不釣り合いの回転力[3]（p.227）

序　文

　本書は，モータの騒音・振動に関する「加振力，固有振動数，振動応答，低減対策」について解説している。「わからない」をQ&A方式で解説した明日からの実務に役立つ内容である。

　モータは，洗濯機，エアコンなど家電製品，産業用，工作機械や医療機器，最近では電気自動車（EV）が注目され，幅広い分野で使用されている。環境問題への関心の高まりから，モータの性能である高効率，小形，軽量，高速，高出力などの幾多の技術改良がなされてきたが，騒音・振動に課題が残る。

　さらにモータシステムの開発・設計・生産技術では，幅広い分野にまたがる基礎および応用知識が要求される。その中でもモータの騒音・振動は非常に専門性が高い分野の1つである。そのような難しい技術領域の中で，モータの騒音・振動の低減技術の重要性は年々高まっている。

　一方，モータシステムの騒音・振動に関して，製品ごとの個別設計データとして蓄積され，体系化された設計や実験データが少ない。モータの騒音・振動のトラブル対応についても公表されることは少なく，モータ設計・解析・品質に携わる学生，技術者から戸惑うことが多いとの声を多く聞く。

　本書は，モータの騒音振動についてQ&A方式で知識・経験・ノウハウを広く共有し，その内容をわかりやすく解説する。

　筆者は，モータ技術（研究開発，設計，生産，品質）に48年間の経験がある。基礎理論と実務経験をベースに，大学の非常勤や会社の社員教育，技術セミナーに携わり，それらの講師を担当させていただく機会に恵まれた。

　学生や受講者の方々から実務での困りごとについて多くの質問を頂き，回答と対策を解説してきた。困りごとは，おそらく漠然としている。そのぼんやりとした疑問や知りたかったことを精査し明確化した。内容をQ（疑問，質問）とそのA（回答，解答，ヒント，解説）として，さらに多くの図表やデータを用いてイメージしやすいようにした。筆者がもっている全ての知識・経験・ノウハウを共有するうえで，553件をQ&Aに書き上げた集大成として本書にまとめた。

　本書によりモータの騒音・振動の知識を得て，考え方，問題解決，仮説をつくるキッカケ，気付き，ひらめきが生まれ，研究開発や業務成果へのアウトプットに寄与するものである。

　なお，本書におけるQ&AのAは，筆者の回答も1つの正解と受け取っていただきたい。特に各章の対策では，どのモータにも適用できる万能な答えではない。そこで，「考え方」を学ぶことにある。解答をヒントにして自分のモータに適用するには「ゴールを設定し，いかに考えるか」ということが重要である。

　本書の執筆にあたり適切な助言（本書のオリジナリティを魅せる，重要ポイントを見逃さずに引き出して頂く）をいただいた（株）エヌ・ティー・エスに厚く感謝のお礼を申し上げます。

2025年3月

野田　伸一

目 次

第1章 モータ騒音・振動全般

1.1 背景
—モータ騒音・振動の基本と対策の概要— 3

Q1 SDGs「持続可能な開発目標」とモータとの背景や方向性はどう進んでいるのか ……………………………………… 3

Q2 「省エネルギーや脱炭素化」への要請が必須の中で，世界で発電される電力のうちモータが使う電力はどのくらいの割合なのか ………………………………… 3

Q3 エネルギー効率を高めるためのモータ性能向上での課題は何か …………………… 4

Q4 「省エネルギー・脱炭素」への要請に，各国のモータメーカはどのように改善しているのか ……………………………… 4

Q5 「省エネルギー・脱炭素」を目指すモータにはどのような分野があるのか ……… 5

Q6 モータの省エネルギーの効率を高めるにはどうすればいいのか ………………… 6

Q7 モータ発生損失の対策はどうするのか … 6

Q8 銅損と鉄損を減らすにはどうすればいいのか ………………………………………… 7

Q9 鉄損を減らすにはどうすればいいのか … 8

Q10 モータ発生損失とモータ各部の温度はどのように見るのか ……………………… 8

Q11 今後さらに環境に対応して高性能化するモータには何が求められるのか ……… 9

1.2 モータの回転原理 10

Q12 モータはなぜ回るのか ………………… 10
Q13 BLI則とは何か ………………………… 11
Q14 モータの回転原理は何か ……………… 11

Q15 回転磁界とは何か ……………………… 12
Q16 同心や偏心とは何か …………………… 13
Q17 動的偏心とは何か ……………………… 13
Q18 エアギャップとは何か。モータの大きさによってエアギャップの寸法はどの程度か ………………………………………… 14
Q19 直軸（d軸），横軸（q軸）とは ……… 14
Q20 極と相とは ……………………………… 15
Q21 極とスロットの関係はどうなっているのか ………………………………………… 16
Q22 ロータとステータとは何か …………… 17
Q23 集中巻と分布巻の違いと分布巻のメリットとは何か ……………………………… 17
Q24 同心巻とは ……………………………… 18
Q25 スキュー（Skew），斜溝（しゃこう）とは何か ……………………………………… 18
Q26 占積率とは何か ………………………… 19
Q27 積層鉄心とは …………………………… 20

1.3 モータの構造 20

Q28 モータの基本構成はどうなっているのか ………………………………………… 20
Q29 モータはどのような視点で分類するのか ………………………………………… 21
Q30 産業用誘導モータの構造はどうなっているのか ……………………………… 21
Q31 モータの各部の主要機能構成は何か ………………………………………… 22
Q32 モータの小形・軽量化において過去にどのように取り組んできたのか ……… 22
Q33 モータを小形・軽量化においてモータ出力（P_0），ロータ鉄心の外径（D），ロータ鉄心長（L）の関数でどのように表すのか ……………………………………… 23

Q34	固定子鉄心はどのような構造か……24
Q35	軸受とロータ鉄心はどのような構成か……24
Q36	ブラシレスDCモータ構造はどのような特性なのか……25
Q37	ブラシレスDCモータの位置センサは何のためにあるのか……25
Q38	ブラシレスDCモータの回転子の磁石の配置にはどのようなものがあるのか……26
Q39	回転子の磁石配置による特徴を比較するとどう示されるのか……26
Q40	ブラシレスDCモータの巻線はどのような構造か……27
Q41	ブラシレスDCモータはどのような特性か……27
Q42	ブラシレスDCモータの特性での逆起電力とは……28
Q43	ブラシレスDCモータのインバータ駆動の制御でデューティ比とは何か。振動騒音に影響するのか……28
Q44	モータ制御における振動抑制とは……29

第2章 モータ電磁音

2.1 電磁音　33

Q1	モータの振動騒音の種類は何か……33
Q2	電磁音の加振動力の電磁力を導き出す基本波主磁束による式はどうなるのか……33
Q3	2f電磁力と磁束密度 B の関係を図で示すとどうなるのか……34
Q4	モータの電磁振動および騒音の発生メカニズムとは何か……34
Q5	電磁音の要因は主に何か……35
Q6	回転方向の振動力とは何か。その原因は何か……35
Q7	半径方向の振動力，原因は何か……36
Q8	電磁力の半径方向と周方向に作用する力の割合はどのくらいなのか……36
Q9	トルクは極数とスロット数との関係はどうなるのか……37
Q10	スロット，ティースとは何か……37
Q11	極（Pole）とは何か……37
Q12	極数とスロットではどのような組み合わせがあるのか。その組み合わせで，振動の発生周波数はどう示されるのか……38
Q13	スロット数の組み合わせと電磁力モードはどのように計算するのか……38
Q14	実際のモータに当てはめて，具体的な数値を入れて計算してみるとどうなるのか……39
Q15	電磁力モードと発生周波数はどうなるのか……39
Q16	電磁力による振動応答の挙動（モード）はモータの状態で異なるのか……40
Q17	実験検証でのモータ状態で電磁力による振動応答の挙動（モード）はどうなるのか……41
Q18	軸方向に表れる振動力の原因は何か……42
Q19	モータの振動原因として「電気的か機械的」によるものかはどう判断するのか……42
Q20	電気的な電磁振動はどのようなものがあるのか……43
Q21	固定子の電磁力による変形量はどのように計算できるのか……43
Q22	主磁束による不平衡吸引力とは何か……43
Q23	不平衡の三相交流電源とはどのような状態なのか……44
Q24	三相交流電圧・電流が不平衡となる要因は何か……44
Q25	回転子の静的偏心による不均衡とは何か……45
Q26	回転子の曲がりによる不平衡とは何か……45
Q27	ステータとロータが動的偏心の場合はどうなるのか……46

- **Q 28** 巻線の不平衡による主磁束の不平衡吸引力とは何か……46
- **Q 29** ステータとロータ巻線の電流の相互間に働く力とは何か……47
- **Q 30** 電磁力による振動の例は他にもあるのか……47
- **Q 31** モータの振動をなくすことはできないのか。その後の経時によるモータの振動に変化はあるのか……47
- **Q 32** 現地で経時変化が起こったときの対処法とは……48
- **Q 33** モータの騒音・振動の要因を究明するのはどうするのか……48

2.2 電磁騒音―高調波― 49

- **Q 34** 電磁音の中で,時間高調波と空間高調波とは何か……49
- **Q 35** インバータ(PWM)の電磁騒音について測定する中で,騒音の発生原因に時間高調波が発生する。この時間高調波,空間高調波とは,何が原因で発生するのか……49
- **Q 36** 電磁力モードは空間高調波という認識で良いのか……50
- **Q 37** 空間高調波とは何か……50
- **Q 38** インバータの電磁音とは何か……50
- **Q 39** 電磁騒音の特徴は何か……50
- **Q 40** 高調波とは何か……51
- **Q 41** 高調波とノイズの違いは何か……51
- **Q 42** ブラシレスDCモータのノイズは何か。電気的,機械的なノイズのどちらになるのか……52
- **Q 43** 高調波と高周波の違いは何か……52
- **Q 44** 励磁音の仕組みは何か……52
- **Q 45** モータ運転中にうなりが発生する。うなりの原因は何か……52
- **Q 46** 実例でモータの騒音でのうなりの現象はあるのか……53

- **Q 47** うなりの現象の身近な例は何か……53
- **Q 48** VVVF音はなぜ発生するのか。VVVF電車が加速・減速するときに独特な音が鳴る理由は何か……54
- **Q 49** VVVFインバータとは何か……54

2.3 トルクリップルによる振動 55

- **Q 50** モータのトルクリップルの発生要因とは何か……55
- **Q 51** トルクリップルの振動挙動を簡易的に見る調査方法はあるのか……56
- **Q 52** トルクリップルは,騒音・振動の測定結果にどのように表れるのか……56
- **Q 53** 1回転あたりのトルクリップルの次数6次が発生する。極数とスロットの組み合わせや形状的な観点で何に起因するのか……57
- **Q 54** 相手機械の負荷イナシャーで運転した時の,立ち上がりトルクリップルの波形はどうなるのか……57
- **Q 55** モータ自身のトルクリップルが発生するのはどのような要因があるのか……58
- **Q 56** ブラシレスDCモータと永久磁石同期モータの違いは何か。モータ諸元の違いはあるのか……59
- **Q 57** 矩形波駆動と正弦波駆動とは何か……59
- **Q 58** ブラシレスDCモータで,ホールセンサ出力を利用した矩形波駆動により運転させた。ホール素子で検出される区間の切り替わりの瞬間にトルクリップル(変動)がある。これにはどのような原因が考えられるのか……60
- **Q 59** モータ制御でトルクリップルを低減する方法はないのか……60
- **Q 60** 回転変動(リップル)を定量化できる測定方法はあるのか……61
- **Q 61** 他の方法で回転変動(リップル)を定量化できる測定方法はあるのか……61

- **Q62** モータ構造でトルクリップルを減らす方法とは何か····················62
- **Q63** トルクリップルに対してコギング（Cogging）とは何か··············63
- **Q64** コギングを低減するにはどうするのか·····························63
- **Q65** 磁場解析ツールより出力したトルクリップルをモータシステムで再現する取り組みをしている。モータ開発での注意点は何か··············64

2.4 ダイレクトドライブモータ（DDM）の騒音　64

- **Q66** ダイレクトドライブモータ（DDM）とはどのような機構なのか··············64
- **Q67** DDMを使用した装置の特長として「静音性」とあるが，なぜ静かになるのか··············65
- **Q68** DDMの洗濯機での騒音問題，その対策方法とは··65
- **Q69** DDMの高速回転ができない課題は何か。対策はあるのか··66
- **Q70** モータ分類の中でDDMという種類のモータがあるのか··66
- **Q71** 洗濯機用モータ駆動方式を比較した特長からどういうことがいえるのか··········67
- **Q72** DDMと一般的なモータを比較して，減速機を使用した方が部品は増えるがモータ自体は小さくできる効果が大きい。そのため小形軽量化できると思われるがどのように考えればよいか················67
- **Q73** DDMで発熱への課題，その対策は何か··68
- **Q74** DDMの構造性能の向上は何か·································68
- **Q75** DDMの省スペース化の観点はどうなるのか···69
- **Q76** DDM方式の洗濯機において，ベルトとギアをなくすとモータにとってどのような影響があるのか···69
- **Q77** DDMにより環境性の向上メンテナンスの軽減ができるのか····························69
- **Q78** DDMを現場で使用するメリットとは··69
- **Q79** DDMの実用面での欠点は何か·······70
- **Q80** DDMを適用した製品は何があるのか···70

2.5 インバータによるモータ騒音対策 ─キャリア音，キャリア分散─　71

- **Q81** インバータ装置とはどんな装置か。インバータのどの部分で騒音が発生するのか··71
- **Q82** なぜインバータ装置が必要なのか······71
- **Q83** インバータ駆動運転にモータからキーンという甲高い金属音が発生する要因は何か··71
- **Q84** キャリア音によるキーンという音が出る。静かにモータを運転することはできないのか···72
- **Q85** キャリア周波数を上げたときの問題点と注意点は何か···72
- **Q86** キャリア周波数を標準値以下に下げたときの問題点は何か·································72
- **Q87** インバータ駆動時の騒音・振動の要因についてさらに掘り下げると要因はどうなるのか···73
- **Q88** キャリア音は卓越成分となっている。騒音レベルよりうるさく感じられるのはなぜか···73
- **Q89** インバータの制御方式でPWM制御とは何か···74
- **Q90** PWM制御はデューティ幅を周期的にどのように変化させるのか。このデューティ幅の周期がキャリア周波数なのか··75
- **Q91** キャリア周波数を上げると電圧の波形，騒音はどうなるのか···························75

- Q92 PWMインバータ駆動時に回転数が上昇すると，4 kHzおよび8 kHzが数本に分岐して低下する周波数と上昇する周波数が見られるのは何か……76
- Q93 側帯波を周波数軸で表すとどう示されるのか……77
- Q94 キャリア周波数はエアーギャップに作用する電磁力なのか……77
- Q95 高調波の影響で磁気ひずみ振動が大きく励起しているが，どのような振動なのか……78
- Q96 電磁力と磁気ひずみ力を比較するとどちらが大きいのか……79
- Q97 インバータでV/f制御とベクトル制御とは何か……79
- Q98 ブラシレスDCモータの場合の回転速度は何で決まるのか……80
- Q99 PWM制御の120°通電，正弦波通電駆動180°通電とは何か。ベクトル制御の違いは何か……81
- Q100 120°通電駆動と正弦波駆動の実際の電流波形はどうなっているのか……82
- Q101 矩形波駆動120°通電と正弦波駆動の実際の騒音はどのように違うのか……82
- Q102 ブラシレスDCモータ（BLDC）と永久磁石同期モータ（PMSM）の違いは何か……83
- Q103 キャリア周波数の高調波電磁力の対策は何があるのか……84
- Q104 キャリア周波数を変更すると騒音レベルはどうなるのか……84
- Q105 共振周波数では，インバータ設定でのジャンプ周波数の選定で騒音が低減できるのか……85
- Q106 ランダム変調制御の低減効果はどうなるのか……85
- Q107 ランダム変調制御において構造系の共振回避ができない場合とはどういう現象なのか……86
- Q108 キャリア分散法の低減効果はどのくらいなのか……87
- Q109 キャリア分散法の手法はどのようなことか……87
- Q110 インバータ電源回路にACリアクトル，DCリアクトル，ノイズフィルタの設置は騒音低減するうえで必要なのか……88
- Q111 モータ始動時の各種方法とインバータ駆動について騒音はどのような影響があるのか……89

第3章　モータ構成部品の固有振動数

3.1　ステータ鉄心の固有振動数　95

- Q1 モータの振動は，ステータ鉄心やロータ鉄心からどのようにして音になるのか……95
- Q2 ティースなどを有するステータ鉄心の固有振動数はどのように扱って計算するのか……95
- Q3 円環の固有振動数の計算となる対象モデルの寸法は何か……96
- Q4 固有振動数の計算値はどう示すのか……96
- Q5 計算式の中にあるn：振動のモード次数とは何か……97
- Q6 半径方向の曲げ固有振動数の実験値との誤差とBの軸方向長さが変化するとどのような影響があるのか……98
- Q7 $n=0$の場合の固有振動数の計算例はどう示すのか……98
- Q8 円環ねじり固有振動モードとはどのような形態か……99
- Q9 ねじり固有振動数の計算式はどう示すのか……99
- Q10 ねじり固有振動数の計算例はどう示すのか……100
- Q11 ねじり振動モードの固有振動数の計算結

果はどう示すのか ·················· 100
- **Q12** 実験と有限要素法（FEM）の結果はどう示されるのか ················· 101
- **Q13** 厚肉円筒モデルの打撃試験で得られた周波数応答関数の結果はどう示すのか ················· 101
- **Q14** 厚肉円筒モデルにおいて軸方向の長さと固有振動数におよぼす影響と関係はどのようなものか ················· 102
- **Q15** 実際のモータのステータ鉄心の固有振動数を計算する方法のポイントはどこか ··· 103
- **Q16** 実際のモータのステータ鉄心の固有振動数を簡易に計算する方法とは何か ······ 103
- **Q17** $n=0$の場合の固有振動数の計算式はどう示すのか ················· 104
- **Q18** $n≧2$の場合の固有振動数の計算式はどう示すのか ················· 104
- **Q19** 実際の固定子鉄心における固有振動数の計算結果はどのようなものか ········· 104
- **Q20** Q19において，モード次数n＝3次以上の高次では計算誤差が大きくなるのはなぜか ················· 105
- **Q21** モード次数n＝3次以上の高次では計算誤差の修正式はあるのか ··············· 106
- **Q22** スロット内巻線，ティース付き，外周4ヵ所切除の円環などが固有振動数にどのように影響を与えるかを検証する方法とは何か ················· 106
- **Q23** 単純円環のモデルⅠから実際の電動機の固定子鉄心単体モデルⅣの伝達関数スペクトルの測定結果はどうなるのか ······ 107
- **Q24** モデルⅠの単純円環から，スロット内に巻線をもつモデルⅤの固有振動数の測定結果の数値および固有振動数の推移はどうなるのか ················· 108
- **Q25** 振動モードはどのように計測したのか。その結果はどうなったのか ··········· 109
- **Q26** モデルⅠで見られないモデルⅡ，Ⅲ，Ⅳで周波数が接近した二重の固有振動数が表れるのはなぜか ················· 110

3.2 巻線端付きの固有振動数　111

- **Q27** 分布巻の巻線端とはどのような方式か。その巻線とコイルは呼び方が異なるのか ················· 111
- **Q28** 分布巻と集中巻の違いは何か ·········· 111
- **Q29** 巻線の材料は銅線だけなのか。電源からの電線の呼び方，巻線の英語での呼び方は何か ················· 112
- **Q30** コイル素線は被覆で絶縁されている。ワニス処理後の素線回りの構成はどうなるのか ················· 112
- **Q31** モータに用いられる一般ワニスの種類，その用途や特徴は何か ················ 113
- **Q32** 分布巻の絶縁ワニスの役目は何か ····· 113
- **Q33** 対象とする巻線端が付いたステータ鉄心の特徴は何か ················· 113
- **Q34** 巻線端が固定子鉄心の固有振動数に与える影響を検証するためにはどのようなモデルで実験されたのか。実験の目的，狙いは何か ················· 114
- **Q35** 巻線端の付いた鉄心の固有振動数の測定結果はどのような振動スペクトルが検出されたのか。その結果から振動現象といえるのか ················· 115
- **Q36** 巻線端の付いた鉄心の固有振動数の測定結果によりどのような振動モードが検出されたのか ················· 116
- **Q37** 巻線端のみの固有振動数の実測データはどうなるのか ················· 116
- **Q38** 連成振動とは何か。その振動モデルはどのようなモデルか ················· 117
- **Q39** 2自由度振動系の固有角振動数ω_nはどのような式か。結合ばねkに対して固有振動数はどのように変化するのか ······ 117
- **Q40** ステータの円環振動モードを1Dモデルにする等価的な質量とばね定数の求め方

- **Q41** 一定の定格出力の範囲ごとに，同一軸中心高さ，すなわち同一鉄心外径の中で鉄心長を変え，鉄心内径や鉄心溝寸法を変えた設計が行われる。外径が同一で鉄心長が変わった場合の固有振動数の計算の信頼性はあるのか……………… 119
- **Q42** 巻線部の材料定数はどう扱うのか…… 120
- **Q43** 複合則とは何か……………………… 120
- **Q44** スロット内巻線の等価縦弾性係数はどのように扱うのか……………………… 121
- **Q45** 固定子鉄心とスロット，巻線端の寸法はどうなっているのか……………………… 122
- **Q46** 占積率とスロット巻線の等価縦弾性係数（ヤング率）の関係はどうなるのか …… 122
- **Q47** CAE解析においても同位相モードと逆位相モードの振動挙動を示すのか。高次モードまで連成はあるのか。解析精度は一致が認められるのか ………………… 123
- **Q48** 巻線端の等価縦弾性係数はどう扱うのか ……………………………………… 124
- **Q49** 有限要素法解析でスロット内巻線の等価縦弾性係数はどうするのか…………… 124
- **Q50** スロット内巻線による有限要素法解析の結果は実測値と比較するとどうなるのか ……………………………………… 126
- **Q51** 巻線が付いた3次元有限要素法解析においても同位相モードと逆位相モードの振動挙動を示すのか。高次モードまで連成はあるのか ……………………………… 126
- **Q52** 巻線が付いた3次元有限要素法解析において解析精度は一致が認められるのか … 127
- **Q53** ワニス樹脂による振動減衰効果があると推定すると結果はどうなるのか ……… 128
- **Q54** ワニス（エポキシ，アルキド，シリコン）樹脂の硬度の順番と特徴はどうなるのか ……………………………………… 129

第4章 通風音─騒音発生メカニズム─

4.1 ファン騒音の発生メカニズム 133

- **Q1** ファン騒音を低減するにはどうすればいいのか………………………………… 133
- **Q2** ファン騒音は「大小さまざまな渦の発生」とは何か ……………………………… 133
- **Q3** ファンカバー内での共鳴音はなぜ起きるのか…………………………………… 134
- **Q4** ファンカバー内の空間共鳴の簡易的な計算式はどう示すのか………………… 134
- **Q5** モータファン騒音の大きさdB（A）の計算式はどう示すのか……………… 135
- **Q6** Q5の式から騒音レベルを下げる時の重要点，注意点は何か ………………… 135
- **Q7** 回転音の周波数はどのように計算するのか………………………………………… 136
- **Q8** ファンと他の部材との干渉によってサイレン音が鳴るときの計算式はどう示すのか………………………………………… 136
- **Q9** 回転速度と騒音レベルはどのような関係か………………………………………… 136
- **Q10** 羽根直径と騒音レベルはどのような関係か………………………………………… 137
- **Q11** ファンの最大風量を2倍にしたいときには，回転速度を上げる方法とファンを増設する方法の2つがある。騒音はどちらが低減できるのか ……………………… 137

4.2 ファン騒音の要因と発生メカニズム 138

- **Q12** モータのファン騒音の要因は何か…… 138
- **Q13** モータのファン騒音の発生メカニズムはどのようになるのか…………………… 138
- **Q14** ファンカバー内の空間共鳴を起こし音として拡大する場合があるとは，具体的にどういう現象か ……………………… 139
- **Q15** ヘルムホルツのモードは計算式で算出で

Q16 ヘルムホルツ共鳴器の音の出る仕組みはどうなっているのか……140
きるのか……140
Q17 モータのファン騒音でヘルムホルツのモードはどのように検証されるのか…141
Q18 マイクロホンアレイを用いた音響ホログラフィによる音圧分布の測定装置とはどのようなものか。周波数はどのくらいまで測定できるのか……141
Q19 回転音のように卓越した音はどのように騒音に影響するのか……142
Q20 回転風切り音 fz は卓越していて耳障りだが低減する手法はあるのか……142
Q21 羽根間隔を周期的に変化させるとはどういうことなのか……143
Q22 不等配ピッチの設計はどのようにするのか……143
Q23 等配ピッチ羽根と不等配ピッチ羽根の騒音を比較したデータはあるのか……144
Q24 不等配ピッチ羽根の枚数が13枚でなく、少ない羽根枚数の場合も低減効果はあるのか……145
Q25 不等配ピッチ羽根を適用した時のデメリットは何か……145
Q26 不等配ピッチ羽根を適用した時のメリットは何か……146
Q27 モータの回転数と騒音の関係はどのような実験データになるのか……146
Q28 騒音低減の効果のあった対象のモータ構造はどのようになっているのか……147
Q29 干渉音とは何か……147
Q30 ファンとガードとの距離と騒音レベルとの関係はどうなるのか……148
Q31 なぜファンとガードが近いと音が出るのか……148
Q32 騒音の周波数帯域はどのように変化するのか……149
Q33 ガードが近いと音が出る理由を確かめるための実験方法はあるのか……149

Q34 干渉音を数式で示すことはできるのか……150

第5章 ロータ振動

5.1 ロータ・ダイナミクス
―ロータの振動問題, ジャイロ効果― 155

Q1 ロータの振動の具体的な課題はどのような種類があるのか……155
Q2 ロータ回転時の代表的な振動問題ではどのような現象があるのか……156
Q3 ロータの振動の特徴とは何か。どのような現象があるのか……156
Q4 ロータの振動特性はどのような作用や現象,影響が出るのか。そのために何をしておくことが重要なのか……157
Q5 ロータ・ダイナミクス解析とはどのような解析か……157
Q6 ロータ・ダイナミクスの基礎式は一般の運動方程式と何が違うのか……158
Q7 ロータの固有振動数は回転速度の関数でどう変化するのか……158
Q8 回転速度によってロータの固有値が変化するとはどういうことなのか……158
Q9 固有振動数の上昇または下降の大きさは回転円盤(ロータ)の形状で決まるのか……159
Q10 ロータの固有振動数は回転速度の関数で変化し,回転速度の上昇に伴い分裂する。身近な問題で体験することはないのか……160
Q11 ジャイロモーメントはどういうものなのか……160
Q12 ジャイロ効果の特徴とは何か……160
Q13 ロータ・ダイナミクスにはどのような作用が解析できるのか……161
Q14 遠心力には何が影響するのか……161
Q15 コリオリの力とジャイロ効果の違いは何

- Q16 コリオリの力とは何か‥‥‥‥‥‥ 161
- Q17 ロータ・ダイナミクスで周波数応答解析はどのようなことができるのか‥‥‥‥ 162
- Q18 ロータ・ダイナミクス解析の事例，解析モデルおよび境界条件（荷重）はどう示されるのか‥‥‥‥‥‥‥‥‥‥‥‥‥ 162
- Q19 ロータ・ダイナミクスの固有値解析事例の結果はどうなるのか‥‥‥‥‥‥‥‥ 163
- Q20 Q19の解析モデルの回転方向と振れ回り振動の向きが一致する正回転（前回り）と，逆回転（後ろ回り）とは何か‥‥‥ 163
- Q21 ロータ・ダイナミクス結果からどう判断するのか‥‥‥‥‥‥‥‥‥‥‥‥‥‥ 164
- Q22 危険速度を有するとはどういう条件か‥‥‥‥‥‥‥‥‥‥‥‥‥‥‥‥‥‥‥ 164
- Q23 ロータ・ダイナミクスの周波数応答解析では何がわかるのか‥‥‥‥‥‥‥‥ 165
- Q24 周波数応答解析で1次と4次の共振した状態の振動比レベルはどのくらいなのか‥‥‥‥‥‥‥‥‥‥‥‥‥‥‥‥‥‥‥ 165

5.2 モータ高速化の振動対応 166

- Q25 誘導モータ（IM）と永久磁石同期モータ（PMSM）は高速化回転ではどのような作用があるのか‥‥‥‥‥‥‥‥ 166
- Q26 モータを高速回転することによって高い出力にできるとはどういう意味なのか‥‥‥‥‥‥‥‥‥‥‥‥‥‥‥‥‥‥‥ 166
- Q27 誘導モータの高速化対応において，ロータ強度の飛散防止の対策は何か‥‥‥‥ 167
- Q28 モータの高速化対応において，①ロータ鉄心のロータ半径rを小さくするとはどういう意味なのか‥‥‥‥‥‥‥‥‥ 168
- Q29 誘導モータの高速化対応において，②ロータ鉄心スロット形状はどのようになっているのか‥‥‥‥‥‥‥‥‥‥‥‥ 168
- Q30 誘導モータの高速化対応において，③ロータ鉄心の回転バランスの方法はどうしているのか‥‥‥‥‥‥‥‥‥‥‥‥ 169
- Q31 誘導モータの高速化対応において，④バランス板を設ける方法は何があるのか‥‥‥‥‥‥‥‥‥‥‥‥‥‥‥‥‥‥‥ 169
- Q32 ロータバー＆エンドリングの材料特性において，⑤高速ロータを目指す際の問題は何か‥‥‥‥‥‥‥‥‥‥‥‥‥‥ 170
- Q33 ロータスロットの中に2次導体がキャストされる。ダイカスト時の温度から常温まで収縮しているから，隙間が空いている。その隙間はどの程度か。また，どのように収縮するのか‥‥‥‥‥‥‥‥ 170
- Q34 ロータ，エンドリングの残留応力を取り除くにはどのような方法があるのか‥‥ 171
- Q35 アルミニウムの焼きなましとはどういうものか‥‥‥‥‥‥‥‥‥‥‥‥‥‥‥ 171
- Q36 誘導モータを高速回転させて効率向上をする際の課題は何か‥‥‥‥‥‥‥‥ 171
- Q37 ロータのダイカストの弱点は何か‥‥‥ 172
- Q38 アルミダイカストの機械特性はどのように示されるのか‥‥‥‥‥‥‥‥‥‥ 172
- Q39 アルミダイカストの弱点は何が原因なのか‥‥‥‥‥‥‥‥‥‥‥‥‥‥‥‥‥‥ 173
- Q40 誘導モータは構造的に堅牢であるため，PMモータよりも高速回転可能ということなのか‥‥‥‥‥‥‥‥‥‥‥‥‥‥ 174
- Q41 IPM同期モータの高速回転の限界設計において，電磁鋼板部分の回転子・固定子の形状については検討および最適化している。誘導モータの高速回転への具体的な課題は何か‥‥‥‥‥‥‥‥‥‥‥ 174
- Q42 ロータバーに銅を用いると遠心力の耐力特性はどうなるのか‥‥‥‥‥‥‥‥‥ 175
- Q43 アルミダイカスト品の強度改善は何があるのか。温度特性のデータはどうなるのか‥‥‥‥‥‥‥‥‥‥‥‥‥‥‥‥‥‥‥ 175
- Q44 温度に影響する部品とは何か。アルミ合金の温度特性のデータはあるのか‥‥‥ 175

- **Q45** ロータ強度に関してFEM解析での解析方法はどのような方法があるのか……176
- **Q46** モデル化で考慮すべき点は何か………176
- **Q47** ダレやバリのモデル化はどのように扱うのか………………………………176
- **Q48** 材料特性は製造技術が関連するのか…177
- **Q49** 残留応力はどのように把握するのか…177
- **Q50** アルミダイカストの材料強度は何が問題なのか………………………………177
- **Q51** アルミダイカストの材料特性データが必要なのか………………………………177
- **Q52** 高速モータの対策には何があるのか…177
- **Q53** Nodeとメッシュ分割で角はどうすべきなのか。応力解析結果が大きく出る場合，応力拡大係数で判断するのか………178
- **Q54** ロータバーとエンドリングのFEM解析においてメッシュ分割でコーナ部や角はどうモデル化すべきか………………178
- **Q55** 残留応力を測定するにはどこを測定すべきか………………………………179

5.3 ロータアンバランス，トラブル事例 ─軸受クリープ─　179

- **Q56** ロータの回転不釣り合い（アンバランス）振動とは何か。どこの部分に表れるのか………………………………179
- **Q57** 静バランスと動バランスの違いは何か………………………………180
- **Q58** 軸方向に長いロータが回転すると何が発生するのか………………………180
- **Q59** ロータの動バランスを修正するのはどうするのか………………………………181
- **Q60** 動バランスするために取り付ける質量mと偏芯eはどう求めるのか………181
- **Q61** 「剛性ロータの釣り合い良さを表す量」とは何か。ロータ設計時に必要なのか…182
- **Q62** バランシングマシーンでどのような測定をするのか………………………………183
- **Q63** ロータアンバランスによる危険速度とは何か。どのように対処すればいいのか………………………………184
- **Q64** モータの回転時の危険速度と不釣合い位置と振動モードの関係はどうなるのか…184
- **Q65** 実際の現場においてロータの不釣合いで保全上問題が多い要素は何か………185
- **Q66** ミスアライメントによる回転アンバランスとは何か………………………185
- **Q67** ミスアライメントで生じた軸受の影響は何か………………………………186
- **Q68** ポンプなどのモータシステムでアンバランスがあるとどのような振動を発生させるのか………………………………186
- **Q69** 軸受クリープ摩耗とはどのような作用で，摩耗するのはどこの部分か………187
- **Q70** はめあい，はめあい交差とは何か……188
- **Q71** 軸受クリープに関してラジアル軸受，はめあいの関係とは何か………………188
- **Q72** 中間ばめ，しまりばめのメリットとデメリットは何か………………………189
- **Q73** 回転アンバランス力と設計すきまの関係はどうなるのか………………………189
- **Q74** 静止荷重と回転荷重の代表的なものは何か………………………………190
- **Q75** 回転荷重と静止荷重の合力Fとの関係式と軸受クリープ現象を示す式はどうなるのか………………………………190
- **Q76** 軸受クリープ現象の挙動はどうなるのか………………………………191
- **Q77** 軸受クリープ現象はどのように対策するのか………………………………192

第6章　モータ軸受音

6.1 モータ軸受音の要因　197

- **Q1** 設備保全上，モータ振動で問題が多い要素は何か………………………………197

Q2	モータに使われる代表的な軸受において，軸受振動・音はその構造のどこから発生するのか……………………… 197
Q3	軸受で発生する騒音・振動はどのように分けるのか。発生時の特徴は何か…… 198
Q4	レース音とはどのような力が作用し，どのような要因で音・振動が発生するのか…………………………………………… 198
Q5	金属疲労によるきず音はどのような現象で発生するのか。何が原因で対策はどうするのか……………………………………… 199
Q6	軸受内輪と外輪で金属疲労によるきず跡の見える写真はあるのか…………… 200

6.2　モータ軸受音の診断方法　200

Q7	軸受の実際の経過年数ごとの振動トレンドデータはあるのか。どのような現象が生じるのか……………………………… 200
Q8	5年5ヵ月経過したあたりで振動は大きくなるがどのような現象なのか……… 201
Q9	5年5ヵ月経過の軸受交換前と後のFFTの波形を比較できるのか…………… 202
Q10	軸受診断の信号処理はどのようにするのか………………………………………… 202
Q11	軸受振動のきず音から発生部位を特定する計算式はどう示されるのか………… 203
Q12	きずの発生部位を推定する計算式に代入した例とはどう示されるのか………… 203
Q13	保持器音は力の作用，動きなど，どのような要因で音・振動が発生するのか… 204
Q14	保持器と転動体との接触によるきず音はどのような現象で発生するのか。原因と対策は何があるのか………………… 204
Q15	保持器の衝撃によるきず跡が見える写真はあるのか…………………………… 205
Q16	保持器のきずの発生部位を推定する計算式に代入した例を示すとどうなるのか……………………………………………… 205

6.3　モータ軸受の予圧　206

Q17	「ラジアルすきま」「アキシアルすきま」とは何の役目をするのか…………… 206
Q18	保持器音の対策に予圧を与える目的と用途は何か…………………………………… 206
Q19	軸受は軸およびハウジングとのすきまや固定も重要になるのか……………… 207
Q20	軸受の予圧方式により優れている点と劣る点は何か……………………………… 207
Q21	定位置予圧と定圧予圧の振動変位はどのように違うのか……………………… 208
Q22	予圧による接触状態と軸心位置の変位量の関係はどう示されるのか………… 209
Q23	予圧方式による軸受剛性の関係はどう示されるのか……………………………… 209

第7章　モータのCAE構造解析

7.1　CAE解析とは　213

Q1	CAEという用語のツール，活用目的は何か……………………………………… 213
Q2	モータの開発にCAEを使うメリットは何か……………………………………… 213
Q3	モータのCAEを支える技術分野は何か…………………………………………… 214
Q4	CAEの中核をなす技術の方法，計算法はどのようなものか………………… 214
Q5	CAEはどんな時に使うと効果的なのか…………………………………………… 214
Q6	CAE解析では何を評価するのか，どのようなタイプがあるのか…………… 215
Q7	構造解析でのCAE分類はどう示されるのか……………………………………… 215
Q8	Q7に示す構造解析での分類においてクリープとはどのような特性・性能なのか……………………………………………… 216
Q9	CAEを適用する前の注意点は何か…… 216

Q10	CAEを適用する場合の流れ図はどう示されるのか ………………………… 217
Q11	トラブルの未然防止にCAEはどのように役立てるのか ………………… 217
Q12	CAEを使用するにあたり，どのような問題の定義があるのか ………… 217
Q13	静的解析，動的解析の判断方法とは何か ………………………………… 218
Q14	静的解析と動的解析の違いは何か …… 218
Q15	線形状態か非線形状態かの判断方法とは何か ……………………………… 219
Q16	線形状態か非線形状態かの例はあるのか …………………………………… 219
Q17	時間的余裕と解析精度にはどのような考え方があるのか ………………… 219
Q18	理論計算はなぜ必要なのか …………… 220
Q19	有限要素法＝FEMとは何か ………… 220
Q20	有限要素法の特徴とは何か …………… 220
Q21	節点と要素は何を示すのか …………… 221
Q22	FEMモデル作成ではどのような要素があるのか …………………………… 221
Q23	境界条件（荷重と拘束）とはどのような条件か …………………………… 222
Q24	解析精度は何で変わるのか，何が影響するのか ……………………………… 222
Q25	どのような解析のCAEツールのソフトウェアから構成されている手順で進めるのか ……………………………………… 223
Q26	後処理（ポストプロセッシング）ではどのようなことができるのか ………… 223
Q27	材料則と結果は何を確認するのか …… 224
Q28	解析結果を評価する指標はどう示すのか … 224
Q29	実験データを使用してどのように評価するのか ……………………………… 224
Q30	最適化計算とはどのようなことか …… 225
Q31	CAE解析で実験計画法を使用することはできるのか ……………………… 225
Q32	モータは形状依存が強く3D-CAEで解析するイメージが強い。1D-CAEでモータを解析するメリットとは何か ……… 226

7.2 CAE解析の基礎　226

Q33	モータのロータにおいての振動問題とは何か ……………………………………… 226
Q34	ロータの危険速度のうち，振動による問題で疲労とは何か ……………………… 227
Q35	振動問題の定式化において，振動に関与する力は何か ……………………………… 228
Q36	振動解析において表れる力の基本単位はSIを選ぶのか ………………………… 228
Q37	振動工学で複素指数の形式を使った振動表現がある。メリットは何か ………… 228
Q38	振動の表現（実部と虚部）についてどのような意味があるのか ………………… 229
Q39	単振動の場合（実部と虚部）についてどのような意味があるのか ……………… 230
Q40	モータの振動解析で重要な解析はどこか。プロセスはどのようなフロー図（流れ）になるのか …………………………… 230
Q41	モータの振動解析に用いる主な動解析の種類は何があるのか ……………………… 231
Q42	振動系の自由度とは何か ……………… 231
Q43	減衰自由振動の定式化と定義は何か … 232
Q44	ヒステリシス減衰，摩擦（クーロン）減衰とはどういう現象か ………………… 232
Q45	ヒステリシス減衰と摩擦（クーロン）減衰とは何か ………………………………… 233
Q46	位相差（加振周期に対する位相の進み）と振動数比（ω/ω_0）の関係はどうなるのか ………………………………………… 233
Q47	なぜ位相が90°遅れるのか …………… 234
Q48	身近な例で，共振で位相が90°遅れになるイメージを体験できる例はあるのか …………………………………………… 235
Q49	固有値解析とはどういう解析手法か … 235
Q50	固有振動数と固有モードとは何か …… 236

- Q 51 片持ちはり，円環の固有振動数，固有モードの簡単な例は何か……………… 236
- Q 52 固有モードの変位の大きさはどう示されるのか……………………………… 237
- Q 53 固有値解析の結果においての剛体モードとは何か…………………………… 237
- Q 54 固有値解析における注意点は何か…… 238
- Q 55 周波数応答解析で活用する直接法とモード重ね合わせ法の違いは何か………… 238
- Q 56 周波数応答解析で直接法と間接法の違いは何か……………………………… 239
- Q 57 周波数応答解析における注意点は何か ……………………………………… 240
- Q 58 周波数応答解析における周波数増分の大きさについて考慮することは何か…… 240

7.3 CAE モデル化
ーステータの固有振動数ー　　241

- Q 59 モータ騒音・振動予測シミュレーションにおいてどのような課題があるのか… 241
- Q 60 ステータ鉄心の固有振動数の予測計算をするためには積層鉄心ではどのような課題があるのか……………………………… 241
- Q 61 積層ステータ鉄心とブロック円環厚肉円筒の違いにおいて，対象モータ，形状と寸法はどのくらいなのか……………… 242
- Q 62 積層ステータ鉄心の構造と寸法諸元はどのくらいか………………………… 243
- Q 63 対象モータを選定した理由と寸法諸元は何か…………………………………… 243
- Q 64 固有振動数測定方法とはどのような方法か ……………………………………… 244
- Q 65 ブロック円環厚肉円筒モデルにおける固有振動数の実験で周波数応答関数はどのような結果になったのか …………… 244
- Q 66 ブロック円環厚肉円筒モデルにおけるL＝90 mm モデル実験結果の周波数応答関数はどのような結果になったのか… 245
- Q 67 ブロック円環厚肉円筒モデルの振動モードはどのようになるのか …………… 245
- Q 68 ブロック円環厚肉円筒モデルにおいて，固有振動数とモデル長さの関係はどうなるのか……………………………………… 246
- Q 69 積層ステータ鉄心の異方性材料として扱うモデルの固有振動数におよぼす軸方向縦弾性係数の影響は何か …………… 247
- Q 70 軸方向縦弾性係数をパラメータにして固有振動数におよぼす影響は何か……… 247
- Q 71 円環厚肉円筒モデルの同位相モードと逆位相モードの固有振動数について，モデル長さとの関係はどうなるのか……… 248
- Q 72 簡易式による円環厚肉円筒モデルの固有振動数の計算例はあるのか…………… 248
- Q 73 円環厚肉円筒モデルで計算した諸定数の諸元と値はいくつになるのか………… 249
- Q 74 円環厚肉円筒モデルでの計算値と実験値はどのくらいの値なのか ……………… 249
- Q 75 円環厚肉円筒モデルの逆位相のねじり固有振動の計算式とはどう示されるのか…249
- Q 76 円環厚肉円筒モデルのB：0.066mの場合のn＝2の固有振動数の計算式とはどう示されるのか……………………………… 250
- Q 77 円環厚肉円筒モデルのねじりの計算結果はどう示されるのか……………………… 250
- Q 78 有限要素法による固有振動数解析では要素分割数はどのくらいか ……………… 251
- Q 79 積層方向の縦弾性係数を異方性材料として扱うモデル化はどのように考えるのか ……………………………………… 251
- Q 80 有限要素法で用いた物性値とは何か ……………………………………… 252
- Q 81 66 mm のモデルに対して，E_3 の数値をパラメータとして変化させたときの固有振動数はどのように変化するのか…… 253
- Q 82 95 mm のモデルに対して，E_3 の数値をパラメータとして変化させたときの固有振動数はどのように変化するのか…… 254

- **Q 83** 解析結果と実測結果の比較はどう示されるのか……………………………… 255
- **Q 84** 振動モード図はどう示されるのか…… 256
- **Q 85** 大きい機種の 3.7 kW, 5.5 kW, 11 kW の計算精度はどのように示しているのか ……………………………………………… 256
- **Q 86** プレス機械でのカシメ加圧と積層鉄心の面圧はどのような関係なのか………… 257
- **Q 87** 機種 kW が大きいほど，電磁鋼板の等価縦弾性係数 E_3 が小さくなるのはなぜか ……………………………………………… 257
- **Q 88** ワンスタンプ金型（コンパウンド金型）とはどのようなものか。この製造方法のメリットとデメリットは何か………… 258
- **Q 89** 丸カシメ部分の断面はどのようになるのか。カシメ加工後にスプリングバックするのか……………………………………… 259
- **Q 90** 面圧を定量的評価するのはどのような方法か…………………………………………… 259
- **Q 91** ステータ鉄心の固有振動数は理解できたが，モータフレームの固有振動数が騒音になることはないのか。電磁力周波数とフレームの固有振動数および振動モードが一致した共振周波数が励起されるのではないか……………………………………… 260

7.4 CAE モデル化 ―ロータ１次曲げと騒音問題― 260

- **Q 92** モータ騒音の原因はロータの固有振動数にある。ロータの固有振動数において CAE 解析にはどのような課題があるのか……………………………………………… 260
- **Q 93** 有限要素法による CAE 解析の対象モデルは何か………………………………… 261
- **Q 94** ロータの１次元シミュレーション CAE モデル化で何を特に考慮すべきか…… 262
- **Q 95** 対象となるモータの機種と構成部品は何か…………………………………………… 262
- **Q 96** 軸の固有振動数を簡易計算するにはどのようにするのか………………………… 263
- **Q 97** ロータ１次元シミュレーションの軸受部の支持条件はどうするのか…………… 264
- **Q 98** ロータ軸モデルにおいて有限要素法解析の運動方程式はどうなるのか………… 264
- **Q 99** ロータ鉄心の電磁鋼板の積層構造である固定子鉄心３次元有限要素法解析（FEM）縦弾性率（ヤング率）の扱いはどうするのか……………………………………… 265
- **Q 100** ロータ鉄心の電磁鋼板の積層構造である縦弾性係数の見出し方はどうするのか……………………………………………… 265
- **Q 101** ロータ鉄心の積層剛性の縦弾性係数を見出す方法は他にあるのか………… 266
- **Q 102** ロータ鉄心の積層鉄心を異方性弾性体とみなしたとき，１次元の梁要素のモデルでの方法はどうするのか……… 267
- **Q 103** ロータ鉄心の積層鉄心を３次元横等方性弾性体とみなし，３次元要素を用いて有限要素法によるモデル化については理解した。簡易的な梁要素１次元シミュレーションモデルでの方法はあるのか……………………………………… 268
- **Q 104** ロータ鉄心の等価軸径 d_e を小さくするには具体的な数値はどうするのか…… 268
- **Q 105** ロータの等価軸径を小さくした場合の結果はどうなるのか………………… 269
- **Q 106** ３次元直交異方性体として扱ったロータ単体の固有振動数の結果はどうなったか……………………………………… 270
- **Q 107** シャフトとロータ鉄心の結合においてロータ鉄心の軸方向の長さの影響はあるのか……………………………………… 270
- **Q 108** 軸受支持の場合のロータの固有振動数の結果はどうなるのか………………… 271
- **Q 109** V 字ブロック支持とは何か………… 272
- **Q 110** 軸受部を単純支持するのと，軸受の並進ばねでモデル化するのではどのよう

Q111	ロータ軸受部の自由度，拘束条件は何があるのか・・・273
Q112	ロータのモデル化において3次元梁（ビーム）要素と3次元（ソリッド）要素の違いは何か・・・273
Q113	梁要素モデルでの方法の結果はどうなったか・・・274
Q114	モータ状態での固有振動数の計算条件はどうなっているのか・・・274
Q115	軸受ばね定数をどのように設定するのか・・・275
Q116	モータ軸を水平設置した場合の軸受の挙動とモデル化はどうするのか・・・275
Q117	モータ状態でのロータとブラケットの振動モードはどのようになっているのか・・・276
Q118	軸受ブラケットの回転ばね定数をどのように計算するのか・・・276
Q119	軸受ブラケットは2種類ある。外周辺固定円板のそれぞれの条件はどう設定するのか・・・277
Q120	外周辺の固定円板の支持条件と回転ばねには何が作用しているのか・・・278
Q121	ブラケット剛性として回転ばね定数 K_θ を求める式と計算例はどう示されるのか・・・278
Q122	モータ状態での固有振動数の結果はどうなったか・・・279
Q123	軸受ばね（並進ばね，回転ばね）の1次元CAE解析で用いた定数の値はいくつになるのか・・・280
Q124	ロータの固有振動数と振動モードにおいて，1次元と3次元解析の違いは何か・・・281
Q125	運転中の振動モード測定はどのようにするのか・・・281
Q126	ロータの固有振動数の測定方法はどのようにするのか・・・282
Q127	誘導モータをインバータ駆動で運転した時の騒音レベル—運転周波数（回転数）はどのような現象になるのか・・・282
Q128	インバータ駆動によるモータの騒音の測定方法はどのようにするのか・・・283
Q129	インバータ駆動時の騒音の卓越した騒音ピークについて，駆動周波数を一定にして騒音を周波数分析した結果はどうなるのか・・・283
Q130	共振した時のモータフレームの運転中の振動モードはどうなるのか・・・284

第8章 モータの計測・診断技術

8.1 振動の種類と振動レベル　289

Q1	振動とはどういう現象で，振動が大きくなるとどのような影響があるのか・・・289
Q2	振動にはどのような種類があるのか・・・289
Q3	振動現象が示す変位，速度，加速度の数学的な関係はどうなっているのか・・・290
Q4	振動試験をする上で，変位，速度，加速度は何を示し，何を知っておくべきか・・・291
Q5	モータの振動計測において位相は何を意味するのか・・・291
Q6	振動評価はなぜデシベル表示を用いるのか。デシベルの計算方法の例を示すとどのようなものがあるのか・・・292
Q7	振動減衰はどのような意味があるのか。対数減衰率と減衰比の違いと求め方とは・・・292

8.2 モータ振動計測方法　293

| Q8 | モータや相手機械の振動はどこの部分を測定するのか。どういう観測の目的があるのか・・・293 |
| Q9 | 加速度センサの固定設置はどのような方 |

法があるのか。その周波数特性はどうなるのか‥‥‥‥‥‥‥‥‥‥‥‥‥‥ 294

Q10 振動センサにノイズが入る場合，どう対策するのか‥‥‥‥‥‥‥‥‥‥‥ 294

Q11 モータを連続稼働のための振動センサを取付けて診断モニタをする。振動センサの取付け位置，取付け方法，検出する周波数帯域，センサの材料と耐熱性はどうなるのか‥‥‥‥‥‥‥‥‥‥‥‥ 295

Q12 振動ピックアップの選定および振動測定上の注意点は何か‥‥‥‥‥‥‥ 296

Q13 受入検査で振動増大が発生している。モータは工場の出荷時には十分バランスをとってあり，ISO 基準値よりも厳しい 1.6（mm/sec）で評価している。振動値が 12.0（mm/sec）大きくなっている。振動増大の推定要因は何か‥‥‥‥‥ 296

Q14 モータ単体試験での振動支持はどのようなものか‥‥‥‥‥‥‥‥‥‥‥ 297

Q15 モータ単体の振動試験でモータ軸端のキー溝はどのように処置するのか‥‥‥ 297

Q16 モータ単体の無負荷状態で試験をした。モータ設置はゴム板，回転数は 25 Hz とし，規格値 20 μm と振動より大きい値が出た。原因は何か‥‥‥‥‥‥‥ 298

Q17 運転中の振動レベルを判定するにはどのような方法があるのか‥‥‥‥‥‥ 299

Q18 振動診断にて平常時より振動レベルが大きくなった場合はどう対応するのか‥‥ 299

Q19 無負荷運転で振動試験をどのようにして評価すればよいか‥‥‥‥‥‥‥‥ 300

Q20 負荷試験で振動試験をすると温度が変化する。負荷試験以外に工場でできる簡単な温度試験方法はあるのか‥‥‥‥‥ 300

Q21 負荷時の温度が問題無いとの判断は，巻線の許容温度だけで判断するのか。振動試験をするとき温度はどこで検出するのか‥‥‥‥‥‥‥‥‥‥‥‥‥‥‥ 301

8.3 インパルスハンマによるハンマリング試験　301

Q22 インパルスハンマによるハンマリング試験とは何か‥‥‥‥‥‥‥‥‥‥ 301

Q23 モータのステータ鉄心の円環振動モードはどうなるのか‥‥‥‥‥‥‥‥‥ 302

Q24 円環振動の振動モードの計測点数はどうするのか‥‥‥‥‥‥‥‥‥‥‥‥ 302

Q25 実際の固定子鉄心の場合，振動モード形状はどうなるのか‥‥‥‥‥‥‥‥ 303

Q26 対象の周波数範囲がわかっていない場合はどうするのか‥‥‥‥‥‥‥‥‥ 303

Q27 伝達関数（周波数応答）とは何か‥‥‥ 304

Q28 コヒーレンス関数とは何か‥‥‥‥‥‥ 304

Q29 コヒーレンス関数が低下する原因と対策はどうするのか‥‥‥‥‥‥‥‥‥‥ 305

Q30 振動モード系の節と加振点はどうするのか‥‥‥‥‥‥‥‥‥‥‥‥‥‥‥ 305

Q31 3次元で振動するモードの計測点数の考え方とは‥‥‥‥‥‥‥‥‥‥‥‥‥ 305

Q32 センサを計測対象物にどのような方法で固定するのか‥‥‥‥‥‥‥‥‥‥ 306

Q33 ハンマリング試験での注意点は何か‥‥ 306

Q34 ハンマリング試験の利点・欠点は何か‥‥‥‥‥‥‥‥‥‥‥‥‥‥‥‥ 307

Q35 計測データの確認方法はあるのか。良い計測データが取得できたかを確認するにはどうするのか‥‥‥‥‥‥‥‥‥‥ 308

Q36 加振点を移動する方法で良いのか‥‥‥ 308

Q37 加振方向および振動センサ方向での注意点は何か‥‥‥‥‥‥‥‥‥‥‥‥‥ 309

Q38 計測点のマーキングはどうするか‥‥‥ 310

8.4 騒音レベルと音質評価　311

Q39 音のレベル表示（dB）はどのようなものがあるのか‥‥‥‥‥‥‥‥‥‥‥ 311

Q40 音圧レベルはなぜ 20 log なのか‥‥‥‥ 311

- **Q41** モータ1台の騒音レベルが70 dBの場合，2台では140 dBになるのか。4台では騒音レベルは何 dBになるのか……… 312
- **Q42** 音質評価とは何か。音のレベルとはどう違うのか……………………………………… 312
- **Q43** 人が聞こえる音の大きさはどんな周波数でも一定なのか……………………………… 313
- **Q44** マスキング効果とは何か。モータ音での例はあるのか…………………………………… 313
- **Q45** モータ音を評価するときのホワイトノイズやピンクノイズとはどういう意味か……………………………………………… 314

第9章 モータ騒音・振動のトラブル解決方法

9.1 騒音対策の手順と解決方法　319

- **Q1** モータを振動源とするときの騒音発生メカニズムはどうなるのか…………………… 319
- **Q2** モータ騒音・振動の種類と要因は何か……………………………………………… 319
- **Q3** モータの電磁的な一般的な対策はどのような内容か……………………………… 320
- **Q4** モータの一般的な構造対策はどのような内容か……………………………………… 321
- **Q5** モータの要因分析の事例はどうなるのか……………………………………………… 322
- **Q6** 騒音低減の解決方法の取り組みでの重要点とは何か………………………………… 322
- **Q7** モータの低騒音設計の指針は何か…… 322
- **Q8** 騒音レベルだけで製品の真の性能を示すことはできるのか……………………… 323
- **Q9** 機械装置で騒音が発生した。どのような手順で解決・対策していけばいいのか…………………………………………… 323
- **Q10** モータ&ファンが組み込まれている装置がある。騒音の発生箇所を特定するにはどうするのか……………………………… 323
- **Q11** システム機器の筐体カバーの設計はどうするのか……………………………………… 324
- **Q12** 騒音レベルだけで製品の真の性能を示すことはできるのか……………………… 325
- **Q13** 伝達系は何に目を向けて調査に取り組むのか……………………………………………… 325
- **Q14** 低騒音化の手法で時間とコストを節約するにはどうしたらいいのか………………… 325
- **Q15** 空気伝搬音とは何か。どのように対策するのか…………………………………………… 326
- **Q16** 固体伝搬音とは何か。どのように対策するのか…………………………………………… 326
- **Q17** 遮音とは何か。どのような効果があるのか……………………………………………… 326
- **Q18** 吸音材とはどのような作用なのか…… 327
- **Q19** 吸音材と遮音材の併用はできるのか… 327

9.2 モータのトラブル解決方法　328

- **Q20** トラブルや品質問題の解決方法の分析方法には何があるのか……………………… 328
- **Q21** 品質問題の解決への基本の手順は何か……………………………………………… 328
- **Q22** トラブル対応で知っておきたい現象要因図の手法・使い方のポイントは何か… 329
- **Q23** どのような品質対策にも潜在的な弱点はあるのか……………………………………… 329
- **Q24** FMEA（故障モード影響解析）の活用方法で失敗する原因は何か……………… 330
- **Q25** なぜなぜ分析（6why分析）の活用方法は何か……………………………………… 331
- **Q26** なぜなぜ分析がうまくいかない理由は何か……………………………………………… 332
- **Q27** なぜなぜ分析を上手にこなすコツは何か……………………………………………… 333
- **Q28** トラブル対応で再現テストがうまくできないのはなぜか………………………………… 333
- **Q29** 品質問題で，その都度問い直してみる必要があるとは，どのようなことか………… 333
- **Q30** 5ゲン主義とは何か……………………… 334

- **Q 31** 「鳥の目」「虫の目」「魚の目」とはどういう意味か ……………………………… 334
- **Q 32** 仮説は正しいのか …………………… 335
- **Q 33** 品質の要求に対してどこまで向上させるべきか ………………………………… 335
- **Q 34** 顧客とのお互いが納得して解決する決着点 Goal（落としどころ）はどこか …… 336
- **Q 35** 品質問題やトラブル対応で重要なことは何か ……………………………………… 337

※本書に記載されている会社名，製品名，サービス名は各社の登録商標または商標です。なお，必ずしも商標表示（®，TM）を付記していません。

第1章
モータ騒音・振動全般

1.1 背景―モータ騒音・振動の基本と対策の概要―

Q1
SDGs「持続可能な開発目標」とモータとの背景や方向性はどう進んでいるのか

A　SDGsは,「世界中にある環境問題・差別・貧困・人権問題といった課題を,2030年までに解決していこう」という計画・目標のことである。SDGsの社会実現のためには,エネルギーの有効活用が不可欠である。そこで,エネルギー効率の高い電気エネルギーへの代替えが急激に推進されている。その中でも動力の電動化は,EV電気自動車への転換を代表例として,エンジン,油圧・空圧機器からモータへの転換が進んでいる。

Q2
「省エネルギーや脱炭素化」への要請が必須の中で,世界で発電される電力のうちモータが使う電力はどのくらいの割合なのか

A　世界で発電される電力の約半分46％はモータが消費している。現在,そのモータの大半はACモータやブラシ付きDCモータといったエネルギー効率の低いモータが占めている。そこでモータ性能の向上により,モータ全体のエネルギー効率を高めて電力消費量の削減に貢献していくことが重要である。

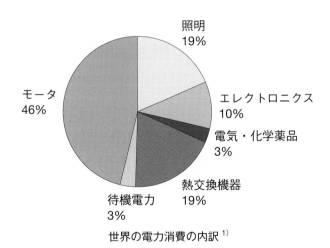

世界の電力消費の内訳[1]

Q3 エネルギー効率を高めるためのモータ性能向上での課題は何か

A モータを組み込むシステム装置において，課題は，小形軽量化，高速・高出力，高効率などの性能向上を満たしつつ，低コストで低振動，低騒音の要件を満足させる必要がある。モータ性能向上と低振動・低騒音はトレードオフの関係にある。

たとえば，高効率を狙うモータにおいて，磁石はフェライト磁石と比べて8～10倍強力なネオジム磁石が最近では採用され，電磁力が強力になっている。掃除機では，吸込み力を高めるため，従来，毎分8万rpm回転から超高速化で12万rpm回転のモータが採用されている。回転数が高いと，回転遠心力が回転数の2乗で増大し，2.25倍の遠心力が発生する。その際，モータの単位体積あたりの振動エネルギーが大きくなる。対策をするには振動騒音の知識が必須となる。

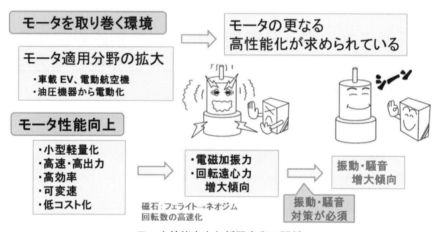

モータ性能向上と低騒音化の関係

Q4 「省エネルギー・脱炭素」への要請に，各国のモータメーカはどのように改善しているのか

A 各国および各モータメーカの動きは一様ではない。中長期的に「省エネルギー・脱炭素」を目指すという方向性は国際的に確立している。2015年12月にパリで開催された気候変動枠組条約第21回締約国会議（COP21）では，2020年以降のCO_2排出削減に向けたグローバルな枠組みである「パリ協定」が採択された。エネルギー効率の高いモータを世界に供給することは，最も基本的な社会的責任の1つである。モータ製品使用時の環境貢献総量が，事業活動過程で排出される環境負荷総量を上回る状態に改善を目指すことになっている。

Q5 「省エネルギー・脱炭素」を目指すモータにはどのような分野があるのか

A
- 車載用モータ：自動車の CO_2 排出量削減の鍵は，エンジンの負荷を抑え，燃費を改善することにある。ガソリン車からEV電気自動車に代わりモータが使われる。
- 産業用モータ：IE3（プレミアム効率）対応高効率モータがある。産業部門の総消費電力量の約75％が産業用モータに起因すると推計される[2]。国内で使用されている産業用モータのほとんどがIE1（標準効率）レベルである。IE3（プレミアム効率）対応モータに全て置き換わると，年間155億kWhもの消費電力削減ができるとも試算されている[2]。米国NEMA[3]規格に対応した産業用モータ，効率面でその上を行くIE4，IE5のモータも開発され，世界の産業設備の省エネ・CO_2削減を大幅に向上させる取り組みを進めている。
- インバータエアコン用モータ：世界的に普及拡大が進むエアコンは，インバータによりモータの回転数を制御することで大幅な省エネや風量制御が可能となり，省エネで静音，快適なエアコンへと進化し続ける。
- SiC搭載インバータ従来のSi（シリコン）：半導体よりも低損失，高耐圧，高温動作といった優れた特長を持つSiC（シリコンカーバイド）半導体素子を搭載したインバータを開発している。

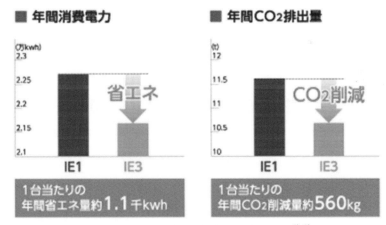

「省エネルギー・脱炭素」を目指すモータ[2][3]

第1章　モータ騒音・振動全般

Q6 モータの省エネルギーの効率を高めるにはどうすればいいのか

A 主に銅損と鉄損を減らすことができれば、モータ効率が高められる。図に示すようにモータは、電気エネルギーを機械エネルギーに変換する装置である。モータを効率良く運転させるためには、エネルギーを交換する中で発生する損失を減らす必要がある。モータに発生する2大損失は、「銅損：導線に流れる電流で発生する損失」と、「鉄損：鉄心に流れる磁束で発生する損失」である。

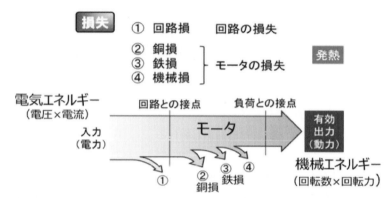

出典：見城尚志，佐渡友茂，木村玄：イラスト図解　最新小型モータのすべてがわかる，技術評論社(2006).

モータ高効率＝モータの損失の低減 [4]

Q7 モータ発生損失の対策はどうするのか

A モータ発生損失を低減，すなわち効率を向上させるには、各損失をバランスよく低減させることが必要となる。それぞれの損失発生に対する改善策を図に示す。

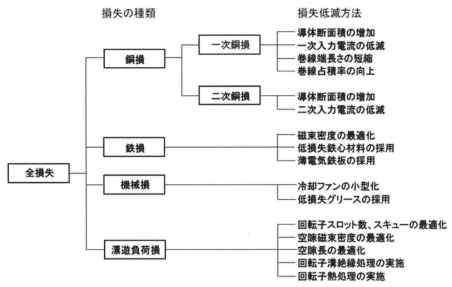

モータの損失発生に対する改善策

Q8
銅損と鉄損を減らすにはどうすればいいのか

A 銅損は,巻線を「太く」「短く」して電流を流れやすくする。鉄損は「鉄心ヨークを太く」「短く」して磁束を流れやすくする。銅損を減らす方法として,銅は温度が高くなると抵抗値が高くなりやすくなるので,温度が上昇しないようにモータの冷却を良くするなどの工夫が必要である。また,単純に実際にモータを使うときに使用電流を下げ,大電流での回生ブレーキを使わないなどで銅損を減らすことができる。分布巻は,コイルエンドの張り出しが長くなる。集中巻のコイルでは,コイルエンドがないため巻線を短くできる。

分布巻は,コイルエンドの張り出しが長い

出典:ダイキン工業(株)より提供
分布巻と集中巻の構造

Q9 鉄損を減らすにはどうすればいいのか

A 電磁鋼板の特性改善は,ヒステリシス損と渦電流損からなる鉄損の低減である。具体的には,ヒステリシス損対策は,ケイ素を添加して結晶磁気異方性および磁気ひずみを減少させて結晶方位を揃える。

渦電流損の低減策は,ケイ素を添加し電気抵抗を上げる方法である。板厚を薄くして板厚面内の渦電流を流れ難くする。具体的には薄い鋼板を積層,もしくは薄い鋼板を巻いて製品形状にする。電磁鋼板の薄板の厚さは0.1～0.5 mm程度である。鉄心材料は,同じ体積であれば両面を絶縁加工した薄い材料を積層することで,ヒステリシス損はほとんど変わらない。渦電流損を低減させることができる。

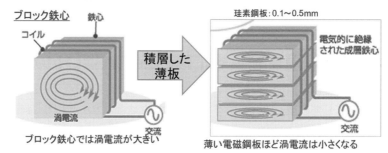

出典：TDK(株)：電気と磁気の？館　No.4　手回し発電機にみるハイテク今昔物語
図F 過電流損と成層鉄心より一部改変
鉄損を減らすには [5)]

Q10 モータ発生損失とモータ各部の温度はどのように見るのか

A モータ内部では,コイルに電流を流すことでジュール熱が発生する。磁界の変化で磁気的損失も発生する。これらの発生損失は,モータの温度計測や熱解析シミュレーションで見ることができる。

熱解析シミュレーションは設計段階で実施するため,電磁界解析などから推定した各部で発生する損失をデータとして入力する。モータでは各部の材料による許容温度があり,特に軸受や磁石の許容温度は,他よりも数10℃低く設定する。コイル温度は絶縁種別ごとの許容温度を超えないようにしなければならない。これらを許容温度以下にする冷却構造の構築が重要である。

図のようにさまざまな個所での温度結果のモータ断面図を用意し,局所的に温度が高

い箇所がないか，設定間違いで不自然な温度勾配になっている箇所がないかなど調査する。設定値に対して想定される範囲の上限，下限値での結果で判断する。

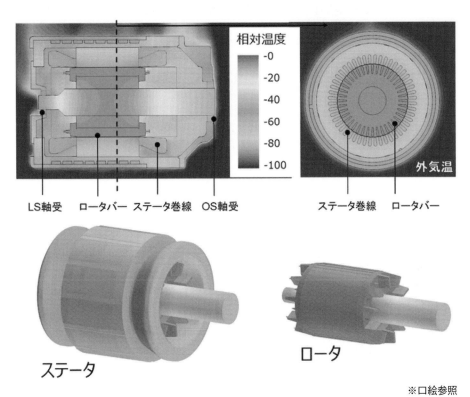

モータ運転中の温度計算結果：3次元有限要素法モデルによる温度分布

※口絵参照

Q11 今後さらに環境に対応して高性能化するモータには何が求められるのか

A モータを軽く，小さく，高性能にする高出力密度。エネルギー消費の低減で高効率。最適運転回転数で，高応答にする可変速運転。求めやすい，使いやすい価格での低コスト化。環境にやさしい循環できるリサイクル性である。

今後も，いずれにしてもモータの単位体積あたりの振動エネルギーが大きくなる傾向にあり，対策をするには電磁気，モータ制御，温度抑制および振動騒音の知識が必須となる。

第1章 モータ騒音・振動全般

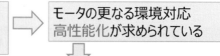

さらなる環境対応で求められるモータの高性能化

1.2 モータの回転原理

Q12
モータはなぜ回るのか

A 図にモータの回転の原理図を示す。磁界中に置かれた導体に電流を通じるとBLI則で力を生じる。

$$F = BLI$$

ここで，F：力 [N/m]，B：磁束密度 [Wb/m^2]，I：電流 [A]，L：導体長 [m]

電線に電流を流すと，その周囲に磁界が発生する。このとき，その電線が別の磁界のなかにある場合には，周囲に発生した磁界との相互作用で，電線を動かそうとする力が発生する。モータを回すのはこの力の「電磁力」である。電線に流れている電流の方向に向かって右回りに発生する磁束と，もとからあった磁界の磁束によって，アンバランスな状態になった電線の周りの磁束密度が均一な状態に戻ろうとして，電線を動かす力になる。これが「電磁力」である。この電線を動かす電磁力は，磁界の強さ（磁束密度）と電線を流れる電流に比例している。

1.2 モータの回転原理

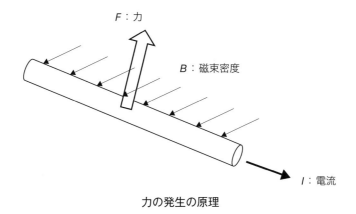

力の発生の原理

Q13
BLI則とは何か

A 図のようにコイルの1ターンが磁界Bに置かれている。このとき電流Iが流れていると，導体片（ABあるいはCD）に発生する力FはBLIである。式で示すと「$F=BLI$」となる。この電気力学的な原理をBLI則と呼び，モータの回転原理や電磁力の説明に使われる。

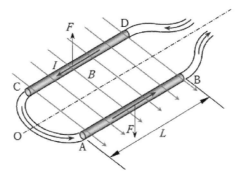

出典：見城尚志，佐渡友茂：メカトロニクスのモーター技術，技術評論社(2020)．
コイルの1ターンの磁界B[6]

Q14
モータの回転原理は何か

A 磁界の中に置かれた1本の電線に電流を流して生じる力をより強いものにし，役に立つ動力にする装置がモータである。電線をコイルに巻いて同じ電流が同じ箇所で何回も流れることで多くの磁束をつくる。そして磁化されることで磁束を通りやすくする鉄心を入れてより強力な磁束を得て，さらに強力な磁石を使ってステータの磁界を強くする。なお，電磁力の発生における磁界の方向と電流の向き，そして力の向きはそれぞれお互いに直角になっている。右図のように，左手の中指，人差し指，親指で，この磁界と電

流と力の向きを指すことができる。これを「フレミングの左手の法則」という。したがって，左図に示すように移動する磁界中に置かれた導体に電圧が誘導されて電流が流れ，磁束と電流の相互作用による回転力（トルク力）で，軸受によって支えられた回転機構により回転する。

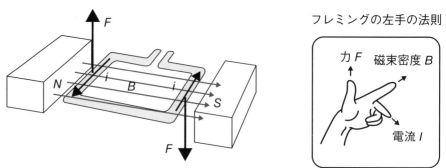

力F：磁束，電流によって図中Fの向きに力が発生する

モータの回転原理の説明図

Q15 回転磁界とは何か

A シャフトを中心として電流による磁界が回転する仕組みを回転磁界という。図のような3組の巻線に3相交流を流すと破線で示す2極の磁界が回転する。3組の巻線に3相交流が流れると磁界は回転する。

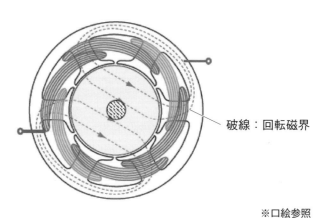

※口絵参照

回転磁界を形成する最も簡単な3相巻線

Q16 同心や偏心とは何か

A 静的偏心とは，ロータの軸がステータの軸からずれるが，ロータはその軸を中心に回転するものである。偏心座標は時間とともに変化しない。(a) のように，モータのステータ，ロータ，軸（シャフト）の中心が一致した状態を同心といい，中心がずれている状態が偏心である。(b) はステータとロータの中心がずれている。同心性の良さを同心度と呼び，mm や μm（マイクロメートル）で表す。

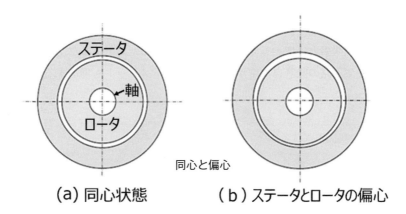

同心と偏心

(a) 同心状態　　　（b）ステータとロータの偏心

Q17 動的偏心とは何か

A 動的偏心とは，軸はずれるがロータはステータの軸を中心に回転することである。この場合，偏心座標は時間とともに変化し，ロータ中心は時間とともに円を描く。1つのすりこぎ運動となる。動的偏心時には，ステータとロータの偏心不平衡による主磁束が変化する。そのため高調波が発生し，振動騒音が発生する場合もある。

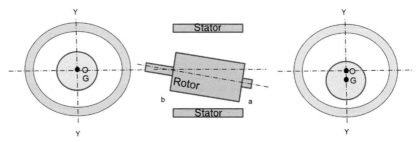

ロータとステータの動的偏心

Q18
エアギャップとは何か。モータの大きさによってエアギャップの寸法はどの程度か

A エアギャップとは，ステータとロータの間の空間のことである。エアギャップはステータ，ロータ相互に働く磁気吸引力を決定するモータ設計において重要な設計パラメータの1つである。小形モータのエアギャップは0.2～0.5 mm程度，最小0.15 mmと，寸法は組立性などによって大きく変化する。大形モータのエアギャップは数mm～数10 mmである。エアギャップの設計値は，機械設計における公差から見積もられる。エアギャップは，狭くするほど磁束密度が大きくなるから大きなモータでも狭くしている。磁気吸引力は増大し発生トルクが上昇するため，トルク定数は増加する。マグネット，磁気回路の設計自由度が増加し，コストメリットも増加する。

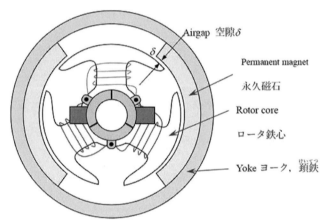

出典：見城尚志，佐渡友茂：メカトロニクスのモーター技術，技術評論社（2020）．
エアギャップ[7]

Q19
直軸（d 軸），横軸（q 軸）とは

A 回転機の解析ツールとして2軸理論がある。磁束，電流，インダクタンスなどの要素を2つの電気的な直交軸成分に分けて議論される。図は永久磁石を埋め込み式で使う4極ブラシレスモータの場合の両軸を示す。ロータの永久磁石による磁束が主磁束であり，その経路を d 軸とする。ステータ巻線電流による磁束の通路が q 軸にしている。

1.2 モータの回転原理

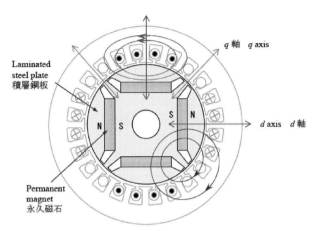

出典：見城尚志，佐渡友茂：メカトロニクスのモーター技術，技術評論社(2020).
直軸（d軸），横軸（q軸）[8]

Q20
極と相とは

A 極とは，回転ロータの永久磁石の極数を表し，N極/S極が1組のモータを2極モータと呼ぶ。極数は2，4，6，8…とある。

相とは，固定ステータの独立したコイルの数を表し，3相モータとは120°間隔で独立したコイルが3個あるモータである。交流モータやブラシレスモータでは巻線に流れる交流は多相交流である。そのために巻線も同じ相数の組で構成される。高い効率のためには相数は図のように i_A，i_B，i_C の3が適切で，120°（2/3 radian）ずつ位相がずれた正弦波電流が流れる。2相もある。安価な構造のために単相交流モータやブラシレスモータは多数使われている。

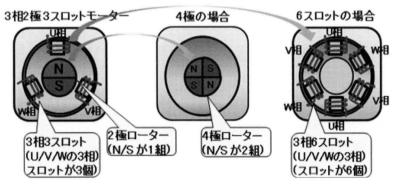

画像提供：東芝デバイス＆ストレージ(株)
極と相[9]

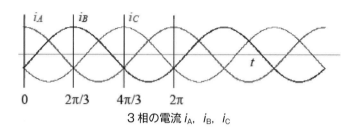

3相の電流 i_A, i_B, i_C

Q21 極とスロットの関係はどうなっているのか

A 極数とは，直流モータや交流モータを問わず巻線あるいは界磁の磁極の数である。最小が2で4，6，8，12…の偶数である。直流モータと交流モータでは界磁の極数と電機子巻線の極数は等しい。誘導モータは分布巻の巻線を用いる。この場合，スロット数Sと極数2p，相数mの間には次の関係がある。

$$S = q(2p)m \quad q：整数；1, 2, 3, 4\cdots$$

たとえば，4極3相であれば，2pm=12であり，Sスロット数としては24あるいは36などが適正とされている。

ブラシレスモータは集中巻を採用し，相数は3が多い。この場合は，上式のqは分数となる。下図はブラシレスDCモータの4極，8極，10極の例である。モータはその他2極3スロット，4極3スロット，4極6スロット，16極12スロットなどがある。極数，スロット数が多くなると大きなトルクが得られトルク脈動も小さくなる。スロットとは，固定ステータのコイルの数を表し3相モータでは3の倍数となっている。

4極12スロット

8極12スロット

10極12スロット

4極，8極，10極の例

Q22
ロータとステータとは何か

A ロータ(Rotor,回転子):モータの回転部。シャフトはロータの一部としてトルクおよび運動を外部に伝達する。

ステータ(Stator,固定子):モータの固定部でロータを回転させるための力を発生させる部分。ハウジング,ブラケットもステータの一部である。ステータの典型的な構造として,次の4種類が挙げられる。
A:分布巻ステータ,B:集中巻ステータ,C:誘導子型ステータ,D:永久磁石型ステータ。

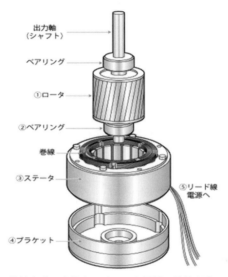

出典:見城尚志,佐渡友茂,木村玄:イラスト図解 最新小型モータのすべてがわかる,技術評論社(2006).

ロータとステータ[10]

Q23
集中巻と分布巻の違いと分布巻のメリットとは何か

A 集中巻は,一相の1つの極分の銅線を1つのスロットに通す。分布巻は,一相の1つの極分の銅線を複数のスロットに通す。ステータ巻線は,あらかじめ巻き取られたコイルをステータスロット内に入れる。この方式は分布巻方式と呼ばれ,1つのコイルが約1/4周区間のステータコア端面(コイルエンド)を渡っているため,コイル周長が長くなるという欠点がある。集中巻では,直接コイルを巻き付けるため,ステータコア端面を渡るコイルを非常に少なくできるため,コイルの周長を大幅に短縮できる。太い電線を高密度に巻き付けることにより,巻線抵抗を大幅に低減できるのでモータ効率が向上する。集中巻は,巻線の使用量を大幅に低減でき,省資源とコスト低減に寄与している。ステータコイルエンドの高さを従来モータの約半分にでき,小型・軽量化を実現する(図参照)。

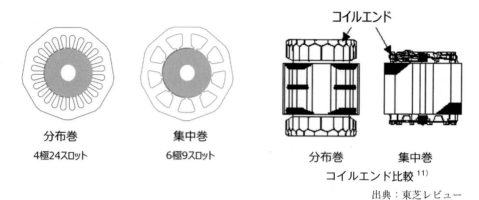

分布巻　　　　集中巻
4極24スロット　　6極9スロット

コイルエンド
分布巻　　集中巻
コイルエンド比較 [11]
出典：東芝レビュー

集中巻と分布巻の違い [11]

Q24 同心巻とは

A 回転磁界型モータにおいて，各相の磁界の分布をできるだけ正弦波にするための巻線法の1つである。図のように長さが異なる2個以上のコイルを左右対称に配置する。

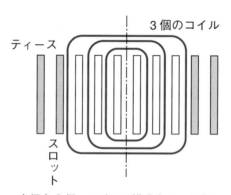

各極を3個のコイルで構成する同心巻

Q25 スキュー（Skew），斜溝（しゃこう）とは何か

A ステータとロータの歯同士によるコギング，あるいは界磁用永久磁石の端と電機子の歯と溝の関係によるコギングトルクを軽減するために巻線溝のある鉄心をねじることをスキューあるいは斜溝という。

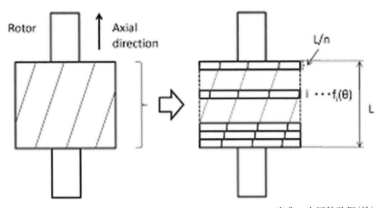

出典:大同特殊鋼(株)

ロータスキュー構造[12]

Q26
占積率とは何か

A 巻線をスロットに挿入・設置するときに，有効な溝断面積に対して導線（通常は銅のmagnet wire）の金属部分の断面積の総和の割合を指す値であり「％」で表す。図は溝と導線の配置の様子のイラストであり，実際のモータの断面である。これらは，いずれも絶縁フィルムあるいはエポキシなどによる絶縁被膜が見えない。これらと導線の絶縁被膜も除いて導線が占める空間は意外に狭くて，手作業による丸線の断面の導線では30～40％くらいである。高い占積率にするためには，平角線を使って専用の機械で巻線する。

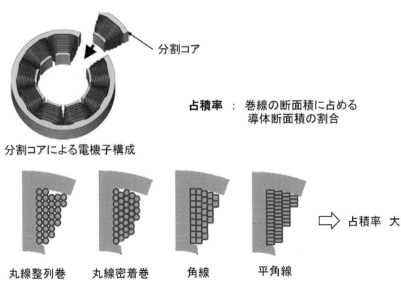

出典:東京都市大学名誉教授　百目鬼英雄氏

分割コアによる占積率の向上[13]

Q27
積層鉄心とは

A ステータやロータを構成する部分の中で数μmの薄い絶縁層で覆われた積層ケイ素鋼板を使う部分を，鉄心あるいはコアと呼ぶ。鋼板は積み重ねながら接着したり，積み重ねたあとに溶接したりする。図はいずれもカシメによって固定されたものである。

積層鉄心の構造

1.3 モータの構造

Q28
モータの基本構成はどうなっているのか

A モータの基本構成を図に示す。モータは電気エネルギーを機械エネルギーに変換する装置であり，構成部品は主にロータとステータに分けられる。ロータとステータは空隙で分離されており，ステータに設けられたコイルに発生する磁力を活用してロータを回転させる。

1.3 モータの構造

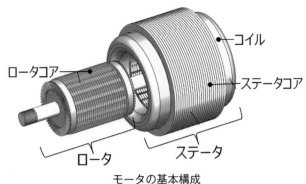

モータの基本構成

Q29
モータはどのような視点で分類するのか

A モータは電源，トルク発生原理，構造などさまざまな視点で分類される。モータの分類を図に示す。直流電源で駆動するモータを直流モータ，交流電源で駆動するモータを交流モータという。

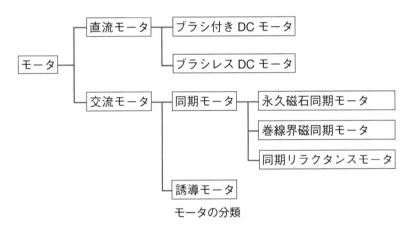

モータの分類

Q30
産業用誘導モータの構造はどうなっているのか

A 産業用誘導モータの分解展開図を図に示す。フレーム内にステータが収まり，回転するロータが2個の軸受で支えられる。構造上大別すると，三相巻線を施して回転磁界を作るステータ鉄心とロータ内で軸受に支えられ回転磁界によって回るロータ鉄心とに分けられる。フレームは外部にあって，鋳鉄製，アルミ製や鋼板製の材料でできており，固定子鉄心および巻線を支え，またブラケットを両端に取付けてこれでロータを支えている。フレームは脚を構成しており，脚にあるボルト穴を通しボルトにより，架台またはレール，あるいは基礎ベースにしっかり取付ける。

第1章 モータ騒音・振動全般

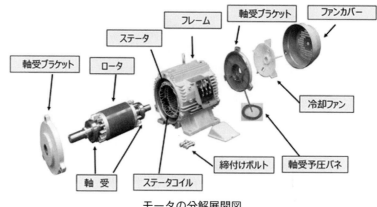

モータの分解展開図

Q31
モータの各部の主要機能構成は何か

A モータの各部の主要機能構成を示す。構造，磁気，電気で構成され，出力として軸端より外部に機械的トルクを発生させる。

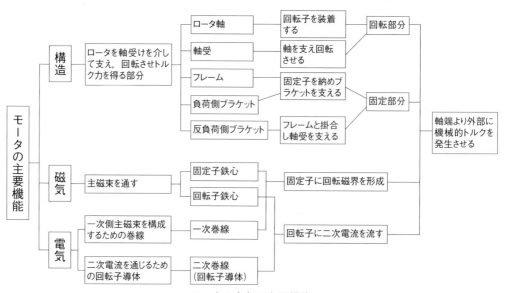

モータの各部の主要機能

Q32
モータの小形・軽量化において過去にどのように取り組んできたのか

A モータの外形寸法を小形軽量するには，ステータ鉄心とロータ鉄心の体積と巻線の量を減らすことが基本的に重要である。特に鉄心の寸法は，モータの外形寸法と密接な関係

がある。モータは，発明されてから数十年間は，より大きな出力へ拡大する努力が続けられた。その後今日まで，いかに合理的な鉄心や巻線の設計をするかについての研究が続けられてきた。すなわち，「一定の出力に対して，いかに小さい鉄心寸法と少ない巻線量で，モータ特性を発揮させるか」の努力が払われてきた。

Q33
モータを小形・軽量化においてモータ出力（P_o），ロータ鉄心の外径（D），ロータ鉄心長（L）の関数でどのように表すのか

A　モータ出力（P_o）は，ロータ鉄心の外径（D）と，ロータ鉄心長（L）の関数で表す「出力方程式」と呼ばれてきた。この出力方程式は図の式で表される。

　ロータ鉄心の体積は，そのロータ外形を D とすると，D はモータ出力（P_o）の2乗に比例するので，鉄心の体積は「D^2L」に比例する。したがって，ロータ鉄心の体積を小さくするには，「D^2L」を小さくする必要がある。「D^2L」を小さくするには，モータの定格（P_o）が定められた場合，図中の式から，磁気装荷 B_g と電気装荷 ac を最大限に大きくすることである。この磁気装荷 B_g と電気装荷 ac の積を最大にするために，両比の装荷をいかに分配して最大にするかが，小形化を進めるにあたっての重要課題である。回転数 Ns を大きくすることでもあるが，振動騒音とトレードオフの関係にある。

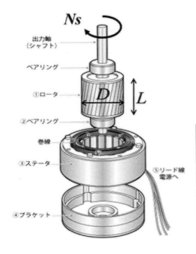

$$P_o = K_0 \cdot A \cdot \Phi$$
$$P_o = K_1 \cdot Ns \cdot D^2 \cdot L \cdot ac \cdot B_g$$

・モータのサイズ D^2L 値が決定

→小型軽量化には回転速度 Ns が有効

P_o	kW	出力
K_0	−	係数
A	−	電気装荷（電流×導体数）
ϕ	−	磁束装荷（温度や電気特性など）
K_1	−	係数（力率や効率などを含む）
Ns	min^{-1}	回転速度
D	m	ロータ直径（隙間部）
L	m	ロータ鉄心長
ac	A/m	電気比装荷
B_g	Wb/m^2	磁気比装荷

出典：見城尚志, 佐渡友茂, 木村玄：イラスト図解　最新小型モータのすべてがわかる, 技術評論社(2006).
モータ出力 P_o は電流 A と磁束 ϕ の相互作用 [10]

第1章 モータ騒音・振動全般

Q34 固定子鉄心はどのような構造か

A 写真と図に示す固定子鉄心は，薄板の鋼板の円形積層鉄心で，内側にスロット（溝）があり，これに固定子コイルを納める。大形のものは扇形薄鋼板を円周方向に8分割，16分割で揃え形成する。小形は丸形にプレスで打ち抜いた薄板の鋼板を積層する。薄板の鋼板の厚さは0.35 mmが標準である。0.1～0.5 mmのものもある。珪素の含有率2～3％の低珪素鋼板が使用される。スロットは，低圧電動機は半閉溝，高圧電動機では開溝が主に採用されている。

 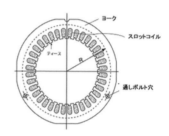

固定子巻線の写真　　　　固定子鉄心の断面図

Q35 軸受とロータ鉄心はどのような構成か

A 軸受はベアリングブラケットの外枠の両側に取り付けられ，固定子巻線のコイル端を保護すると共に，中央部に軸受を持っている。軸受は軸受玉および潤滑グリスまたは，大形機ではメタル，給油環などにより構成され，軸と軸受との間に給油が行われる。

ロータ鉄心は，円形の成層鉄心で，外側に溝があり，ロータ導体を納める。ロータ導体籠型ロータならば絶縁しない銅棒，巻線型ロータならば絶縁した導体をロータ鉄心の溝内に納める。軸は鋼鉄で作り，ロータを支え外部の負荷へ機械力を伝達する。

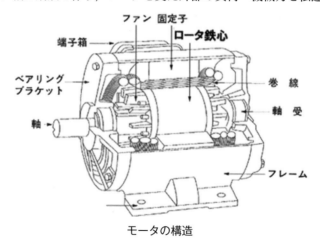

モータの構造

Q36
ブラシレス DC モータ構造はどのような特性なのか

A ブラシレス DC モータの断面図を示す。回転子にネオジウムなどの強力な永久磁石を有している。磁石の位置と磁極検出のために，ホール素子などの磁極位置センサが固定子側に配置されている。これは，直流モータの固定子側の磁極が回転子に移動し，電機子である回転子が固定子になったものである。直流モータではブラシと整流子により，磁極（磁石）のある電機子の巻線には，常に一定方向の直流が流れている。

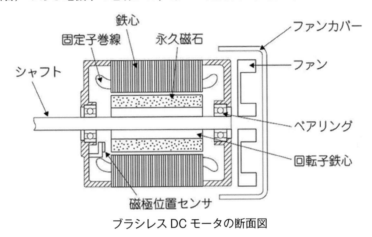

ブラシレス DC モータの断面図

Q37
ブラシレス DC モータの位置センサは何のためにあるのか

A ブラシレス DC モータでは，磁極位置センサにより磁極の極性と位置を検出し，磁極の固定子巻線に常に一定方向の直流を流してフレミングの左手の法則による電磁力，すなわち回転力が発生するように，制御回路やドライバで行っている。ブラシレス DC モータは，制御回路やドライバがないと運転できない。コストは高性能磁石と制御回路やドライバで直流モータより高くなる。しかし，メンテナンスフリーや効率が良いため，急速に用途を拡大している。

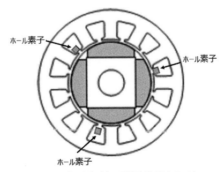

ホール素子などの磁極位置センサ

Q38
ブラシレス DC モータの回転子の磁石の配置にはどのようなものがあるのか

A 回転子の磁石の配置に特徴があり，その一例を示す。他にも種々な配置があり，これらの磁石の配置や回転子の構造には多数の特許が出されている。

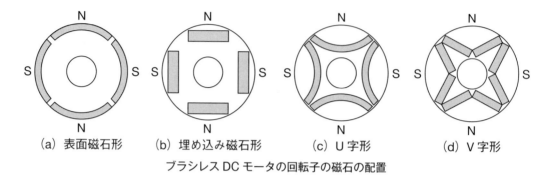

(a) 表面磁石形　　(b) 埋め込み磁石形　　(c) U字形　　(d) V字形

ブラシレス DC モータの回転子の磁石の配置

Q39
回転子の磁石配置による特徴を比較するとどう示されるのか

A 表面磁石形と埋め込み磁石形の回転子の磁石配置による特徴を比較した表を示す。振動や騒音の点から見るとやや表面磁石形が優れている。一方，埋め込み磁石形は遠心力による機械強度に優れている。

回転子の磁石配置による特徴の比較

	表面磁石形	埋め込み磁石形
有効磁束量	○	△
弱め界磁	△	○
リラクタンストルク	ー	○
コア渦電流損	△	○
トルクリプル	○	△
磁石重量	△	○
機械強度	△	○
振動・騒音	○	△

○：優，△：普通

Q40
ブラシレスDCモータの巻線はどのような構造か

A ブラシレスDCモータの固定子の巻線にも特徴があり,電気自動車では従来の誘導モータのように,多数のスロットがある分布巻である。エアコンやその他のコスト優先の用途では,図に示すような集中巻が主流である。

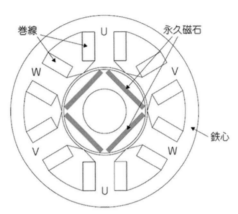

ブラシレスDCモータの基本的な構成特性

Q41
ブラシレスDCモータはどのような特性か

A ブラシレスDCモータの特性として,トルク-回転数,トルク-電流値の特性を示す。トルクが大きくなると回転数が低下し電流値は逆に上昇する。実機のモータの特性は制御回路と組み合わせて実測する必要があり,誘導モータのように,簡単な試験から特性を計算する方法は確立されていない。ブラシレスDCモータを運転する場合は,制御回路を通して行われる。制御回路からモータに印加される波形にも種々あり,単純な矩形波よりも擬似正弦波駆動(PWM)の方が騒音は低い。

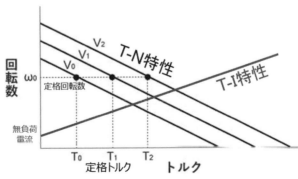

回転子の磁石配置による特徴の比較

第1章　モータ騒音・振動全般

Q42 ブラシレスDCモータの特性での逆起電力とは

A　逆起電力とは，回転中のモータに印加している電圧に対抗してモータが発電する電圧のことである。永久磁石を使うモータの場合で，逆起電力 E は回転速度に比例し，その比例係数 K_E を逆起電力定数と呼ぶ。DCモータの場合，$E=K_E$ と記される。ブラシレスモータの場合には，逆起電力は交流であり，図のようなセットアップで計測することができる。

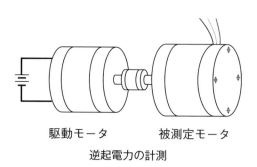

駆動モータ　　被測定モータ

逆起電力の計測

Q43 ブラシレスDCモータのインバータ駆動の制御でデューティ比とは何か。振動騒音に影響するのか

A　インバータ駆動の制御において周期的な現象の"ある期間"に占める"その期間で現象が継続される期間"の割合である。図に示すように，PWM駆動の1周期（T_o）のうち高電圧が印加されている期間（T_H）の比率を示す。デューティ比によってトルクリップに影響したり，モータの構造共振に影響する場合がある。

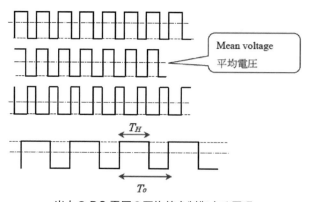

出力のDC電圧の平均値を制御する原理

Q44 モータ制御における振動抑制とは

A 振幅が時間とともに徐々に小さくなるような振動現象で，単振動などは永久に動き続ける運動である。実際にそのような実験を行うと，空気抵抗や摩擦力などの抵抗力を受け，いずれは停止してしまう。そのような運動を減衰振動と呼ぶ。モータの速度や位置の制御において振動の制動は重要な課題である。たとえば，静止しているモータを起動・加速させて一定速度に引き入れるとき（上図）では電流が大きく変動し，振動が発生している。これは微分補償という方式で，電流を制御し振動を抑制できる事例（下図）である。

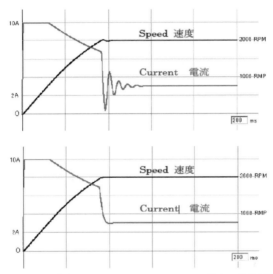

出典：見城尚志，佐渡友茂：メカトロニクスのモーター技術，技術評論社(2020).

振動抑制 [14]

● 文献
1) Paul Waide, Conrad U. Brunner et al.：IEA Energy Efficiency Series(2011).
2) （一社）日本電気工業会：トップランナーモータ．
3) NEMA：米国電機工業会．
4) 見城尚志，佐渡友茂，木村玄：イラスト図解　最新小型モータのすべてがわかる，技術評論社，図 2.1, 14(2006).
5) TDK(株)：電気と磁気の？館　No.4　手回し発電機にみるハイテク今昔物語．
https://www.tdk.com/ja/tech-mag/hatena/004
6) 見城尚志，佐渡友茂：メカトロニクスのモーター技術，技術評論社，図 2.17(b), 59(2020).
7) 見城尚志，佐渡友茂：メカトロニクスのモーター技術，技術評論社，図 2.11, 51(2020).
8) 見城尚志，佐渡友茂：メカトロニクスのモーター技術，技術評論社，図 8.2, 347(2020).
9) 東芝デバイス＆ストレージ(株)HP：第 2 章 ブラシレスモーターの駆動原理：
https://toshiba.semicon-storage.com/jp/semiconductor/knowledge/e-learning/brushless-

motor/chapter2/the-relationship-between-poles-phases-and-slots.html
10) 見城尚志, 佐渡友茂, 木村玄：イラスト図解　最新小型モータのすべてがわかる，技術評論社，図 2.2, 16(2006).
11) 稲葉好昭, 川村清隆, 今澤和基：高効率・低コストを実現したエアコン用圧縮機モータ，東芝レビュー，55(1), 68-71(2000).
https://www.global.toshiba/content/dam/toshiba/migration/corp/techReviewAssets/tech/review/2000/01/f03.pdf
12) 高野剛次：技術資料, コギングトルク低減のためのスキュー条件最適化, 電気製鋼, 大同特殊鋼, 82(1)(2011).
https://www.daido.co.jp/common/pdf/pages/technology/journal/backno/2011/10_technical_data.pdf
13) 百目鬼英雄：東京都市大学電気電子通信工学科電機モビリティ制御研究室．
14) 見城尚志, 佐渡友茂：メカトロニクスのモーター技術, 技術評論社, 図 5.18, 225(2020).
15) 電気学会(難波江章, 金東海, 高橋勲, 仲村節男, 山田速敏)：基礎電気機器学, 電気学会, 5-75(2009).
16) ㈱日立製作所総合教育センタ技術研修所編：わかりやすい小形モータの技術, オーム社(2002).
17) 藤了念：解説　誘導機(Ⅰ)(Ⅱ), オーム社(1962).
18) 秋山勇治：はじめてのモータ技術, 工業調査会(1999).
19) 山田博：精密小形モータの基礎と応用, 総合電子出版(1985).
20) 見城尚志, 永守重信：新・ブラシレスモータ, 総合電子出版(2000).
21) 正田英介監修, 吉永淳編：アルテ 21　電気機器, オーム社(1997).
22) AC モータ技術研究会編：AC 小形モータがわかる本, 工業調査会(1998).
23) 見城尚志, 佐渡友茂, 木村玄：イラスト図解　最新小型モータのすべてがわかる，技術評論社(2006).
24) 電気学会：電気学会大学講座　電気機器工学　Ⅰ Ⅱ, 電気学会(1999).
25) 柴田岩夫, 三澤茂：エネルギー変換工学, 森北出版(1998).
26) 電気学会：電気機械工学, 電気学会(1999).
27) 電気学会：小形モータ, コロナ社(1996).
28) 野田伸一：モータの騒音・振動とその低減対策, エヌ・ティー・エス(2011).
29) 野田伸一：モータの騒音・振動とその対策設計法, 科学情報出版(2014).

第2章
モータ電磁音

2.1 電磁音

【解 説】

　モータの電磁音の種類とその特徴を解説する。①モータ加振力である電磁力の周波数と電磁力モード，②その電磁力を受けるモータステータの運転中の振動モードと電磁力モードからの騒音について解説する。

Q1 モータの振動騒音の種類は何か

A　モータの騒音を発生原因により大別すると，電磁騒音，通風騒音および機械騒音の3種類がある。その中でも電磁騒音はモータの騒音の中でも耳障りな音として，近年特に問題視されている。

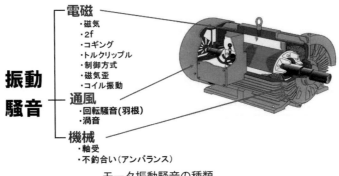

モータ振動騒音の種類

Q2 電磁音の加振動力の電磁力を導き出す基本波主磁束による式はどうなるのか

A　モータのステータとロータのギャップにおける磁束密度は，ロータの円周に沿って空間的に，かつ時間的にも正弦波に分布している。磁束密度を次式で示す。

$$B = B_0 \sin(P\theta - \omega t)$$

ここに，B_0：基本波磁束密度の振幅，P：磁極対の数，f：電源周波数
　　　　ω：角速度（$2\pi f$），θ：ロータの中心軸での角度

　この磁束密度による力 F は，次式に示すように基本波磁束密度の振幅 B_0 を二乗することから，電磁力 F の周波数は，電源周波数の f の2倍すなわち $2f$ となる。

$$F = \frac{B_0^2}{2\mu_0}\{1 - \cos(2P\theta - \omega t)\}$$

Q3 2f電磁力と磁束密度 B の関係を図で示すとどうなるのか

A 磁束密度 B による力 F は，図式に示すように基本波磁束密度の振幅 B_0 を二乗する。電磁力 F の周波数は，磁束密度の B のマイナス成分が二乗でプラス側に移動し，周期が電源周波数の f の2倍すなわち $2f$ となる。このことから $2f$ 振動といわれる。

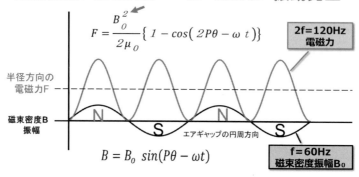

磁束密度 B と $2f$ 電磁力 F の関係

Q4 モータの電磁振動および騒音の発生メカニズムとは何か

A
(1) ステータ鉄心とロータのエアギャップ内の基本波磁束と高調波磁束によって，ステータ鉄心とロータ鉄心が相互に吸引し合う。
(2) この吸引力によってステータ鉄心が多角形に変形する。この吸引力は電磁力によって発生するため，ステータは多角形変形の振動を生じることになる。
(3) ステータ鉄心との固有振動数と電磁力の周波数が一致すると，この振動にモータの構成部材が共振する。そこで，大きな振動または電磁騒音が発生する。

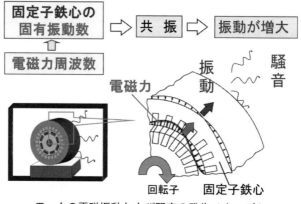

モータの電磁振動および騒音の発生メカニズム

Q5
電磁音の要因は主に何か

A 電磁音が発生する要因となる加振力は，ステータとロータに働く半径方向の電磁力である。その電磁力がステータを振動させ，フレームから騒音を放射する。モータの騒音の中でも電磁騒音は耳障りな音として，近年特に問題視されている。

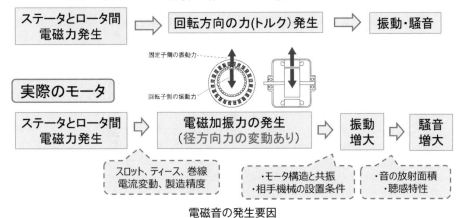

電磁音の発生要因

Q6
回転方向の振動力とは何か。その原因は何か

A モータを駆動させるには回転方向にトルクが作用する。その時にロータ（回転子）とステータ（固定子）に同じ大きさで90°向きの振動力が働く。回転子方向には自由に回転するため，回転子側，固定子側に同一の力が現れる。振動力の原因は，電源周波数の2倍で発生するトルク脈動やコギングトルクによるトルク脈動である。

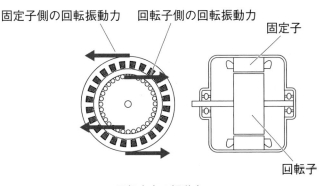

回転方向の振動力

Q7 半径方向の振動力,原因は何か

A トルク成分には,90°方向の半径方向にも電磁力が作用する。回転子と固定子に同じ大きさの力が逆向きには作用する。半径方向の構造剛性が大きければ,振動は発生しにくい。発生する振動力の原因は,ロータ外径とステータ内径のギャップ不同による振動である。発生周波数は電源周波数の2倍およびその高調波である。振動の大きさは,ギャップの磁束密度の二乗に比例する。

原因の2番目はスロット高調波である。スロット数と極数,回転数によって発生周波数は決まる。振動の大きさは,ギャップの磁束密度の二乗に比例する。

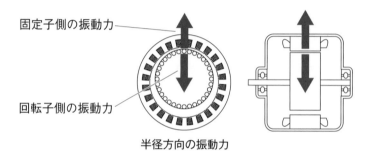

半径方向の振動力

Q8 電磁力の半径方向と周方向に作用する力の割合はどのくらいなのか

A エアギャップに作用する電磁力を計算した。図に示すように電磁力は半径方向と周方向に作用する。半径方向と周方向の電磁力の大きさは機種,極数,出力などによって異なる。半径方向の電磁力はステータヨークの円環振動に影響する。トルクはロータを回転させる力である。

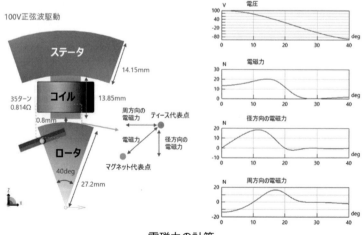

電磁力の計算

Q9 トルクは極数とスロット数との関係はどうなるのか

A モータは2極6スロット，4極6スロット，16極12スロットなどがある。極数，スロット数が多くなると大きなトルクが得られ，トルク脈動も小さくなる。スロットとは，固定ステータのコイルの数を表し3相モータでは3の倍数である。

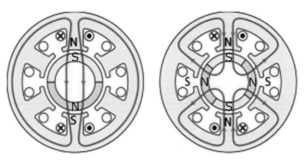

(a) 2極6スロット　　(b) 4極6スロット

出典：CHARACTERISTICS OF A DC MOTOR, A SIMULATION BASED MINOR PROJECT REPORT(2016).
極数とスロットの数およびトルクとの関係[1]

Q10 スロット，ティースとは何か

A スロット（Slots）とは，電機子巻線を設置するためにステータ鉄心やロータ鉄心の円周上に空けた複数の溝である。基本的にはティース(teeth, 歯)2個の間に1個のスロットがあり，ティースとスロット数は等しい。

Q11 極（Pole）とは何か

A 2つの意味で使われる。1つは磁極のN極あるいはS極を意味する。もう1つは，ティースが機械的に飛び出た構造を意味する。これが磁極を構成する構造でもある。機械的な極が無くても，回転磁界型モータのように磁極を形成することができる。

Q12 極数とスロットではどのような組み合わせがあるのか。その組み合わせで，振動の発生周波数はどう示されるのか

A ブラシレスモータのステータ鉄心のスロット数（あるいはティース）とロータの磁極数の組み合わせはさまざまある。

コギングトルクとトルクリップルの発生周波数は，極数とスロット数の数によって発生する。基本的には，回転数×6倍の整数倍Nが発生する。回転方向の振動力であるコギングトルクとトルクリップルの周波数について，表にまとめた。ここでfは電気角周波数（Hz）を示す。

トルクリップル発生周波数　回転周波数Nの6倍

4極6スロット

8極12スロット

ブラシレスモータ	コギング	トルクリップル	
4極6スロット	12×f	12×f	6N
4極24スロット	24×f	12×f	6N
4極36スロット	36×f	12×f	6N
8極12スロット	24×f	24×f	6N
8極9スロット	72×f	24×f	6N

f：電気角周波数（Hz），N：回転周波数（rps）

Q13 スロット数の組み合わせと電磁力モードはどのように計算するのか

A モータの電磁力による騒音は，ステータのスロットとロータのスロット数の組み合わせによる現象である。ステータとロータの間のギャップにおける高調波磁束の相互干渉によって生じる。電磁力によるステータ鉄心とフレームの変形あるいはロータの振動がその主原因である。電磁騒音の発生メカニズムを概説すれば次のようになる。表に電磁力モードMと電磁力の発生周波数 f_k の関係から計算式をまとめた。

ここでステータスロット数 z_1，ロータのスロット数 z_2，極対数 p，電源周波数 f とする。

電磁力の発生周波数とモード

電磁力モードM	電磁力の発生周波数 f_k（Hz）
$\|z_1 - z_2 + 2p\|$	$\left\{k\dfrac{z_2}{p}(1-s) - 2\right\}f$
$\|z_2 - z_1 + 2p\|$	$\left\{k\dfrac{z_2}{p}(1-s) + 2\right\}f$
$\|z_2 - z_1\|$	$\left\{k\dfrac{z_2}{p}(1-s)\right\}f$

Q14 実際のモータに当てはめて,具体的な数値を入れて計算してみるとどうなるのか

A 実際のモータに当てはめて計算してみる。ステータのスロット数 $z_1=36$,ロータのスロット数 $z_2=44$,極対数 $p=2$,すべり $s=0$,電源周波数 $f=60$(Hz)とする。

(1) $|z_1-z_2+2p|$ の発生周波数

電磁力モード M は $|36-44+4|=4$ となり,発生周波数 f_k は次のようになる。

$$\left\{1\times\frac{44}{2}(1-0)-2\right\}\times 60 = 1200\ \text{Hz}$$

(2) $|z_2-z_1+2p|$ の発生周波数

電磁力モード M は $|44-36+4|=12$ となり,その発生周波数 f_k は次のようになる。

$$\left\{1\times\frac{44}{2}(1-0)+2\right\}\times 60 = 1440\ \text{Hz}$$

(3) $|z_2-z_1|$ の発生周波数

電磁力モード M は $|44-36|=8$ となり,発生周波数 f_k は $k=3$ のときに次のようになる。

$$\left\{3\times\frac{44}{2}(1-0)\right\}\times 60 = 3960\ \text{Hz}$$

No.	電磁力モード(M)	発生周波数 f(Hz)
1	4	1200
2	12	1440
3	8	3960

Q15 電磁力モードと発生周波数はどうなるのか

A Q14の表に,電磁力モードと発生周波数の計算結果をまとめたものを示した。また,電磁力モードを図に示す。1200 Hz は M=4 の4角形モード,1440 Hz は12角形モード,3960 Hz は8角形モードである。

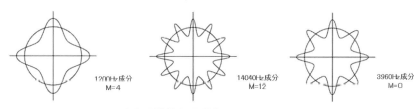

発生周波数と電磁力モード

Q16 電磁力による振動応答の挙動（モード）はモータの状態で異なるのか

A 有限要素法解析を用いた結果を示す。上図に固有振動数の解析結果，下図にその固有振動数の解析結果を基に電磁力を与えて時間ステップ応答解析を行った結果を示す。1200 Hz 成分の電磁加振力モードは M=4 である。振動応答モードは $M_0=2$ となっている。1440 Hz 成分の電磁加振力モードは M=12 である。振動応答モードは $M_0=2$ となっている。3960 Hz 成分の電磁加振力モードは M=8 である。振動応答モードは少しひずんだモード $M_0=3$ となっている。これらの結果から，運転中のモードは加振力モードにより，近接の固有振動モード n=2 と n=3 の構造の影響を受けていることがわかる。

ここで，n：固有振動モード，M：電磁加振力モード，M_0：振動応答モード（運転中のモード）とする。

破線；変形前，実線；変形後

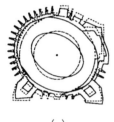 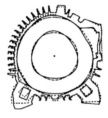 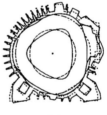 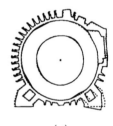

(a)　　　　　(b)　　　　　(c)　　　　　(d)

(a) 1562 Hz　モード n=2
(b) 3737 Hz　モード n=3
(c) 4242 Hz　モード n=3
(d) 5592 Hz　モード n=4

モータの固有振動モード（計算結果）

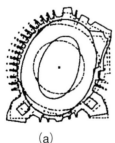 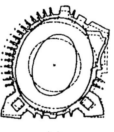 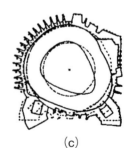

(a)　　　　　(b)　　　　　(c)

(a) 1200 Hz，$M_0=2$（加振力モード M=4）
(b) 1440 Hz，$M_0=2$（加振力モード M=12）
(c) 3960 Hz，$M_0=3$（加振力モード M=8）

電磁力による振動応答（計算結果）

Q17 実験検証でのモータ状態で電磁力による振動応答の挙動（モード）はどうなるのか

A 図に周波数 1200 Hz，1440 Hz と 3960 Hz について，運転中の振動モードを測定した結果を示す。この結果を見ると運転中の振動モードは，1200 Hz および 1440 Hz がモード $M_0=2$，3960 Hz はモード $M_0=3$ を示している。これは，前述の有限要素法解析の結果と一致している。すなわち，電磁力モードが $M=4$，$M=12$ と $M=8$ であるのに対し，実際の振動応答モードは，共振領域では機械系の固有振動数モードに支配され，$M_0=2$ と $M_0=3$ であることが確認できた。

実線：変形（運転時），破線：変形前（停止時）

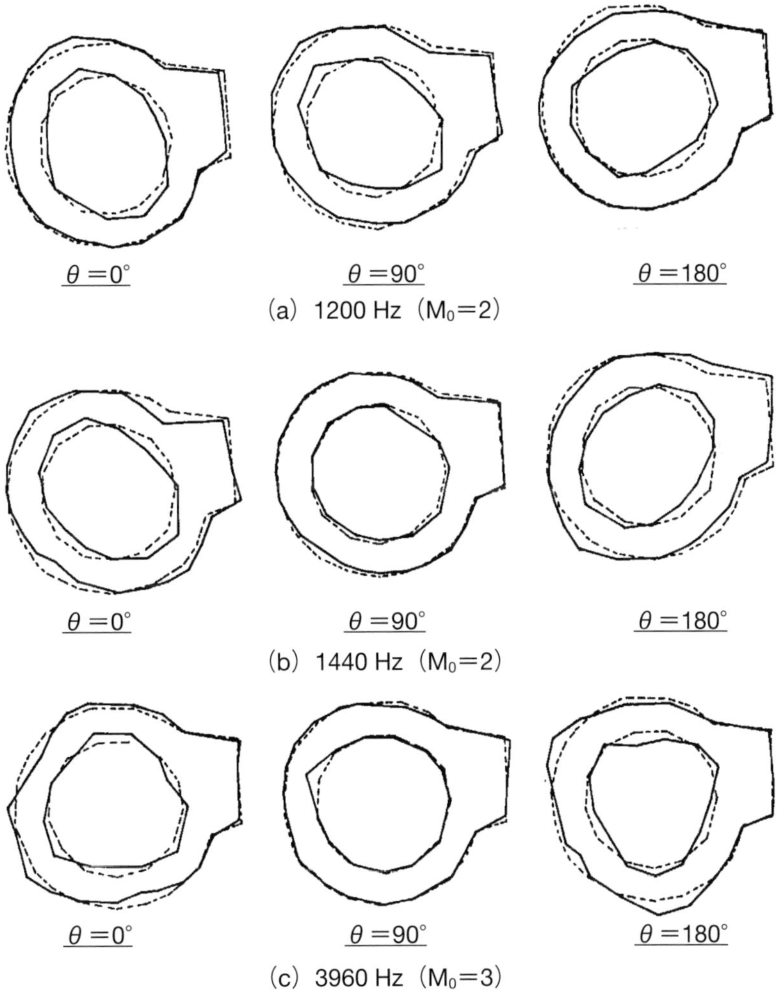

$\theta=0°$　　$\theta=90°$　　$\theta=180°$
(a) 1200 Hz（$M_0=2$）

$\theta=0°$　　$\theta=90°$　　$\theta=180°$
(b) 1440 Hz（$M_0=2$）

$\theta=0°$　　$\theta=90°$　　$\theta=180°$
(c) 3960 Hz（$M_0=3$）

運転中の振動モード（実験）

Q18 軸方向に表れる振動力の原因は何か

A 軸方向に自由に動ける構成の場合は，ロータ側，ステータ側に同一の力が表れる。原因はマグネットセンターの不一致であり，ロータスキュー構造になっている。

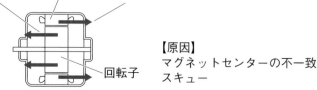

スリーブ軸受けの場合
スラスト受けに弾性体を使用すると
振動が発生する場合あり

玉軸受けの場合
比較的剛性は大きい

軸方向の振動

Q19 モータの振動原因として「電気的か機械的」によるものかはどう判断するのか

A モータの振動の原因には，大別して「電気的起振力によるもの」と「機械的起振力によるもの」がある。その判断をするには，次のような手順による。

(1) モータ自身の振動か相手機械の振動か

モータを機械にセットして振動が発生している場合，振動がモータから発生しているものか，相手機械から発生しているものかは明確でない場合が多い。したがって直結をはずすことにより，その原因がモータ側にあるのか，相手機械にあるのか，または直結部，すなわちカップリング（直結の仕方も含めて）にあるのかが予測できる。

(2) 電気的振動か機械的振動か

モータの定格回転時に電源を遮断してみる。このとき振幅が瞬時に減少するならば，電気的振動と推定できる。逆に電源を遮断しても全く振幅に変化がなければ機械的振動であると断定できる。

このようにして振動の現象の概要をつかむことができたら，後述するような原因を細分し，それぞれの対策をすることにより，問題解決を図ることができる。

Q20
電気的な電磁振動はどのようなものがあるのか

一般に問題になる電気振動は,1〜4に示すとおりである。

1. 主磁束による変形力
2. 主磁束による不平衡吸引力
   ・回転子の静的偏心による不均衡
   ・回転子の曲りによる不平衡
   ・固定子と回転子が異なった振動を行なう場合
3. 固定子と回転子巻線の電流の相互間に働く力
4. トルク脈動

電気的な電磁振動

Q21
固定子の電磁力による変形量はどのように計算できるのか

固定子の変形量は次式で求められる。

変形量＝(定数)×(空隙の磁束密度)^2
　　　　×{(固定子の平均直径)^4/(固定子の厚さ)^2×(ヤング率)}
　　　　×{1/1－(2f/(固定子の固有振動数))}×(12/(M^2－1)^2)
　　　　M：多角変形力の極対数 M ≠ 0

磁束密度の大きさは端子電圧によって決まり,変形量は端子電圧の2乗に比例し,Mの数が小さく,固定子の多角変形の固有振動数が2fに近いほど大きくなる。

4極以上の多極機においてはMの数が大きいため,変形量としては小さく,Mの数の小さい2極機において問題になる。特に数100kW以上の大形モータでは,固定子の固有振動が2fに近付くことが多く,変形量が大きくなり,製作時に十分検討される。しかし固有振動数は,基礎台の剛性によっても変化するため,注意が必要である。

Q22
主磁束による不平衡吸引力とは何か

機械角で180°に相対する主磁束による吸引力の大きさが異なる場合は,固定子と回転子が一方向に引き合う力となる。このように力の分布が不平衡になり,ある方向に作用する力を不平衡吸引力と呼ぶ。不平衡吸引力は,主磁束による不平衡吸引力の大きさは負荷状態に関係なく,エアギャップの不平衡,巻線の不平衡などの磁気回路の不平衡が原因となる。不平衡吸引力による振動は,図に示すようにモータが振動する。その性質を空隙の不平衡吸引力とする。

第2章 モータ電磁音

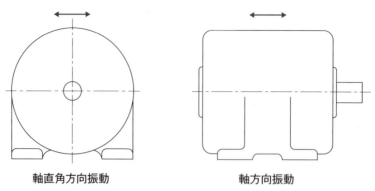

軸直角方向振動　　　　軸方向振動
不平衡吸引力の振動

Q23
不平衡の三相交流電源とはどのような状態なのか

A 図のような三相交流電圧（E_a, E_b, E_c）が不平衡な場合や，各相の負荷（P_a, P_b, P_c）や負荷電流（I_a, I_b, I_c）が異なるような三相交流回路のことを指している。

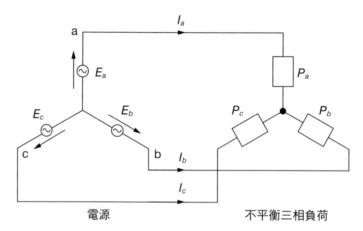

電源　　　　　　　　不平衡三相負荷

Q24
三相交流電圧・電流が不平衡となる要因は何か

A 負荷端の電圧・電流が不平衡となる要因としては，次のような理由があげられる。
(1) 配線が長い配電からの供給電圧が，各相負荷の不平衡によって発生する。
(2) 受配電設備の異容量V結線変圧器などのインピーダンスのアンバランスと不平衡三相負荷によって電圧不平衡率を大きくする。
(3) 単相負荷の機器（偏った設備の稼働）で同じ電源盤を使用している場合に，特定の相だけがアンバランス不平衡によって発生する。
(4) 同じ電源盤から，他の電源負荷が高い機械装置の電源と共有する。
　このように，主な一次原因は負荷の不平衡に起因している。

Q25
回転子の静的偏心による不均衡とは何か

A　図に示すように，固定子の中心に対し，静的偏心（回転子の中心がずれている）の場合は，矢印方向の不平衡吸引力は主磁束の極が矢印部のとき最大になる。極と極の中間が矢印部のときは最小で，主磁束の1回転に対し2回変動するため，2fの周波数で脈動する。2f以外にも高次の周波数の不平衡吸引力が生じ，振動の増加の一因となる。力は小さく，振動力としては無視できる。

　不平衡吸引力の大きさは偏心量，空隙の磁束密度に比例することは当然だが，図に示した静的な吸引力は，極数が大きくなるほど大きく，脈動吸引力は極数が小さくなるほど大きくなる。この不平衡吸引力の大きさは，回転子の曲がり量に比例し極数が小さいほど大きい。

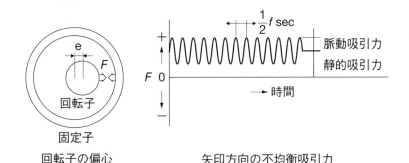

回転子の偏心
　b：偏心量
　F：不平衡吸引力

矢印方向の不均衡吸引力

回転子の静的偏心による不均衡

Q26
回転子の曲がりによる不平衡とは何か

A　図に示すように，回転中心と回転子の中心がずれている場合，たとえば回転子の中心に曲がりがあるときや，回転子がアンバランス振動により振れ回っているときにおいては，空隙は回転子の回転とともに変化し複雑になる。主磁束の極の回転は同期速度f/Pである。回転子の回転はこれよりすべり周波数sf/Pだけ遅れるので（sはすべり），矢印方向の不平衡吸引力はf/Pの周波数で脈動し，$2sf$の周波数でうなる。

第2章 モータ電磁音

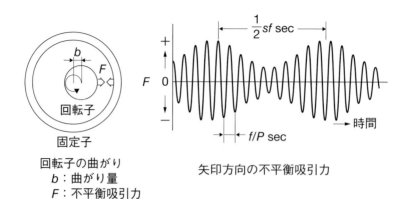

回転子の曲がり
b：曲がり量
F：不平衡吸引力

矢印方向の不平衡吸引力

回転子の曲がりによる不平衡

Q27
ステータとロータが動的偏心の場合はどうなるのか

A　ステータとロータの間には，軸，軸受，ブラケットなどが介在し，これらが完全な剛体ではないため，ステータとロータは異なった振動をする。振動を生じる力としては不平衡吸引力や，機械的な力である。これらの力により空隙が振動すると，不平衡吸引力が増加し，さらに空隙の振動を増大させる可能性があり，結果的にステータとロータの振動・騒音を非常に大きくする。

ステータとロータの偏心不平衡による主磁束が変化する

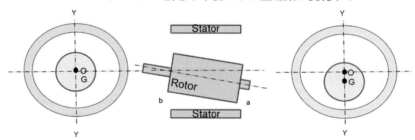

ステータとロータが動的偏心

Q28
巻線の不平衡による主磁束の不平衡吸引力とは何か

A　巻線の不平衡による主磁束の不平衡吸引力は，ステータおよびロータ巻線が円周方向に等分布していない場合などに生じ，空隙の不平衡時と同様の性質になる。これらの不平衡吸引力が生じ振動が大きくなるときは，Q25～27に述べた各要因を消去することが望まれる。それ以外に図に示すようにステータ巻線を並列回路とし，機械角で180°に相対する巻線に均圧線を設けることにより循環電流が流れ，磁束分布を平衡にする作用が働き，不平衡吸引力を小にするため振動の減少が期待できる。均圧線の効果は巻線のピッチが小さいほど，その影響が大きいと考えられる。

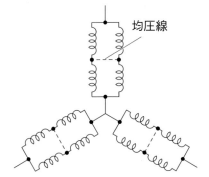

巻線の不平衡による主磁束の不平衡吸引力

Q29 ステータとロータ巻線の電流の相互間に働く力とは何か

A ステータとロータ巻線の電流の相互間に働く力がある2導体に同一方向の電流が流れていると，この導体の間には吸引力が働く。これと同様にステータとロータ巻線の電流の相互間に吸引力または反発力が働き，巻線に振動が生じる。場合によってはステータおよびロータを振動させる。力の大きさはステータ電流の積に比例するため，無負荷状態では力が弱く，負荷時および起動時に大きい。その周波数は 2f である。

この力による振動は製作時に検討され，使用時には一般に問題にならない。使用条件が苛酷な場合，まれにロータ巻線の一部が切断したり，ブラシとスリップリングの接触不良によりロータ回路が不平衡になると，不平衡吸引力として作用することがある。このようにロータ回路が不平衡になった場合は，ステータの電流が脈動するので検出できる。

Q30 電磁力による振動の例は他にもあるのか

A ステータおよびロータの溝数，巻線ピッチ，磁気飽和などから空隙に生じる高調波磁束により，かなり高い振動数の振動力が発生し音として問題になることがある。ステータおよびロータ巻線などに整流回路を設けた特殊なモータにおいては，それ特有の振動力が発生する。

Q31 モータの振動をなくすことはできないのか。その後の経時によるモータの振動に変化はあるのか

A これらのモータの振動力を全くなくすことは難しい。大部分は，製造時の工場試験で検査される。異常な場合は適切な対策，処置がなされる。現地で相手機械に連結され，長

年運転されると，先述の振動力に影響を与える因子（基礎の剛性ロータの剛性，軸受の隙間，空隙の不平衡，巻線の不平衡など）が変化し，異常な振動が発生することがある。

Q32 現地で経時変化が起こったときの対処法とは

A 経験によると，異常振動の多くは据え付け基礎の剛性に問題があり，モータの基礎を含めた系としての固有振動数と振動力の周波数が接近し，共振状態になっているものである。したがって振動が大きいときは，最初に振動の大きい方向に対するモータの固有振動数を調査し，振動数に近くないか検討することが望まれる。共振状態でないのに振動が大きいときは振動力が増加しているためで，その特性によりどの振動力かを判別し，それぞれの因子について検討する必要がある。

Q33 モータの騒音・振動の要因を究明するのはどうするのか

A モータの騒音・振動の要因を究明するには，1つひとつ条件を追求していく。その条件を検証し確かめることにより，その要因の判断ができる。下の要因図は一例にすぎず，全てを網羅しているわけではない。騒音・振動が発生したときに状況，条件に応じての要因図を作成するのが基本であり実用的である。振動は各部に機械的な振動障害をもたらすとともに，相手機械・精度・絶縁および軸受に影響をもたらす。したがって安定に運転するには，許容値内に収める必要がある。

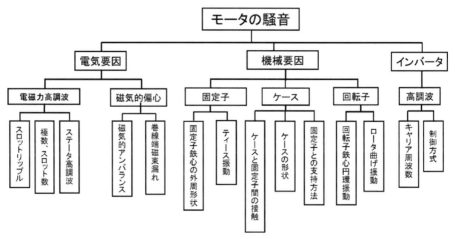

モータの騒音・振動の要因

2.2 電磁騒音—高調波—

Q34
電磁音の中で，時間高調波と空間高調波とは何か

A 時間高調波とは，一般的によく使う高調波（高い周波数成分）であり，電磁音を周波数の軸で扱うときに書く周波数を単位時間あたりで示す波のことである。

空間高調波とは，周波数を見るときに単位長さ(角度)あたりで扱う周波数であり，モータの内部の磁束分布などを考えるときに使う用語である。たとえば，2極のモータであると磁束は回転方向一回転あたりに一周期の変化（基本波）をする。これに対して3次の空間高調波は一回転あたりに3周期の変化をする。これを空間高調波という。

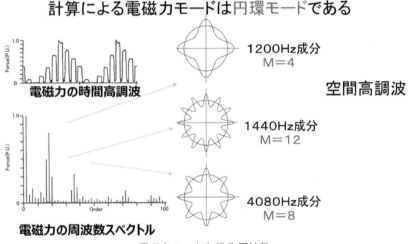

電磁力モードと発生周波数

Q35
インバータ（PWM）の電磁騒音について測定する中で，騒音の発生原因に時間高調波が発生する。この時間高調波，空間高調波とは，何が原因で発生するのか

A モータ内の高調波磁束は，電源に起因する時間高調波，磁気回路に起因する空間高調波の両者が複雑にからんで存在しており，騒音，振動，トルクの異常の原因となる。巻線方式で積極的に高調波磁束を発生させ，多極同期モータを実現する手段としても用いられている。

Q36
電磁力モードは空間高調波という認識で良いのか

空間高調波と認識される。空間高調波はモータのステータとロータの隙間に空間的に空間高調波と認識され分布するもので，基本波の空間分布に対し高次の空間分布をするものである。

Q37
空間高調波とは何か

空間高調波はモータ内部のエアギャップ（空間）に分布するもので，基本波の空間分布に対し高次の空間分布をする。たとえば，4極機の場合，基本波磁束密度は空間的に180°で一周期の分布で3次の空間高調波が存在した場合，基本波の空間分布に対し3周期の分布をする。

　スロット構造を持つモータでは，磁束密度などは時間高調波と空間高調波を持つことが知られている。時間高調波を簡単に説明すると，電源から入力される基本波に高調波が重畳している状態，たとえばPWM電圧駆動により電流に高調波が重畳する場合に見られる。

Q38
インバータの電磁音とは何か

チョッパーやインバータなどの高周波のスイッチング作用によって発生する電磁気的な騒音（ノイズ）をいう。広義的には，モータ，コントローラなどから直接発生する騒音や，電波雑音である。ラジオノイズやそのほか通信機，医療機器などへ影響のある騒音である。前者の場合は，独特の騒音が車外や車内で聞くことができる。

Q39
電磁騒音の特徴は何か

モータの騒音の中でも，電磁騒音は耳障りな音として近年特に問題視されている。電磁音が発生する要因となる加振力は，固定子鉄心と回転子鉄心に働く電磁力である。その電磁力が固定子鉄心を振動させ，フレームから騒音を放射する。

Q40 高調波とは何か

A 高調波とは,「交流の基本波に対する整数倍の周波数成分をもつ波形」のことである。基本波の3倍の周波数をもつ正弦波成分を「第3次高調波」, 5倍の周波数をもつ正弦波成分を「第5次高調波」, N倍の周波数をもつ正弦波成分を「第N次高調波」という。

また,基本波は「商用電源の周波数」であり,東日本では50 Hz, 西日本では60 Hzとなる。そのため,商用電源の周波数が50 Hzの場合,第3次高調波は150 Hz (50 Hz×3), 第5次高調波は50 Hz (50 Hz×5) の正弦波成分となる。

図は50 Hzの基本波に対して,第3次高調波を30%,第5次高調波を10%足し合わせた時の波形である。基本波に高調波成分が加わると,波形に歪みが生じる。

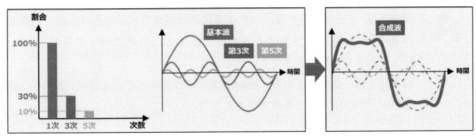

出典:Electrical Information HP より
※口絵参照

交流の基本波に対する整数倍の波形[2)]

Q41 高調波とノイズの違いは何か

A ノイズは単発的に発生し,商用電源の周波数 (50 Hz, 60 Hz) と同期しない。一方,高調波は商用電源の周波数に同期する。

項 目	高調波	ノイズ
特 徴	商用電源の周波数 (50 Hz, 60 Hz) と同期する。	単発的に発生し,商用電源の周波数 (50 Hz, 60 Hz) と同期しない。
周波数	一般には基本波の40次程度までの周波数 (商用電源の周波数が50 Hzの場合は2 kHz程度まで, 60 Hzの場合は2.4 kHz程度まで)。	≒ 150 kHz以上

第 2 章　モータ電磁音

Q42
ブラシレス DC モータのノイズは何か。電気的,機械的なノイズのどちらになるのか

A　ブラシレス DC モータではブラシ,コミュテータという電気的,機械的な摺動部分がないためスパークによる電気ノイズ,両者の摩擦による機械的ノイズはない。ブラシ付き DC モータは,コミュテータとブラシが通電する瞬間にスパークが発生することで電気的ノイズが発生する。

Q43
高調波と高周波の違いは何か

A　高調波とは,「交流の基本波に対する整数倍の周波数成分をもつ波形」である。一般的には基本波の 48 次程度までの周波数なので,商用電源の周波数が 50 Hz の場合は 2 kHz 程度までの周波数となる。
　高周波とはその名のとおり,高い周波数のことである。特に何 Hz からという決まりはないが,2 kHz を超える周波数を高周波ということが多い。

Q44
励磁音の仕組みは何か

A　コイルの鉄心などの磁性体は,交番磁界を加えられるとわずかに膨張したり収縮したりする性質(磁歪)を持ち,この体積変化が冷却油や空気を振動させる。特に,人の耳に聞こえる周波数で振動している場合に騒音として扱われることがある。

Q45
モータ運転中にうなりが発生する。うなりの原因は何か

A　うなりとは,わずかに異なる周波数の音が干渉するときに生じる「ウワーン,ウワーン」と周期的な音の強弱を繰り返す現象である。干渉が起こるときに 2 音の周波数が異なると,ある瞬間にタイミングがピッタリ合って強め合ったとしても,その後徐々にずれが生じて弱め合うようになる。さらに時間が経つと,再びタイミングが合って強め合う。

2.2 電磁騒音―高調波―

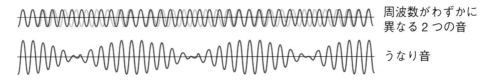

周波数がわずかに
異なる2つの音

うなり音

$f_u=|f_1-f_2|$　f_u：うなり音変動周波数

Q46
実例でモータの騒音でのうなりの現象はあるのか

A 右図に117 Hzと120 Hzにピークが存在することを確認した。うなりが発生する原因は117 Hz, 120 Hz成分時刻歴波形を求めた。単一周波数成分は1 Hz前後で揺れ，異音の現象とは異なることがわかった。3 Hzで揺れ動いており，うなり音と同等であることがわかった。そこで原因は，117 Hz成分と120 Hz成分の近接した2成分によるうなりであることが確認できた。

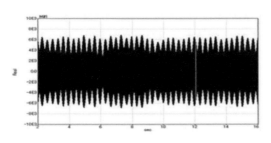

1秒間に2～3回の周期で発生

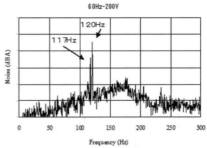

騒音の周波数分析結果

Q47
うなりの現象の身近な例は何か

A 身近な例では，お寺の鐘の音もよく聞くとうなりが感じられる。振動数がわずかに異なる2つの音を同時に鳴らすと，音が大きくなったり小さくなったりする不思議な現象が起こる。この現象をうなりという。

第 2 章　モータ電磁音

Q48
VVVF 音はなぜ発生するのか。VVVF 電車が加速・減速するときに独特な音が鳴る理由は何か

A この音の正体は，VVVF インバータ装置が直流を交流に切り換える際のスイッチングノイズがインバータの出力電流に重畳し，モータ機構部が変形・振動してスピーカのように音として発したものである。この音は，磁歪音や磁励音と呼ばれることもある。

Q49
VVVF インバータとは何か

A Variable Voltage Variable Frequency の略である。VVVF とは，交流で動作するモータなどで用いられる，電圧と周波数を自由に可変制御できる電源のことである。
　VVVF を実現する電力変換装置（インバータ）は「VVVF インバータ」と呼ばれており，特に電車の電力制御方式などとしてよく用いられている。VVVF はモータ類の回転などに合わせて電圧や周波数を制御し最適な状態に調整することができる。従来であれば，抵抗器を用いて電力量の調節を行っていたため，抵抗器の発熱によって電気エネルギーを浪費してしまっていたが，VVVF インバータの登場によってエネルギーを節約することが可能となった。

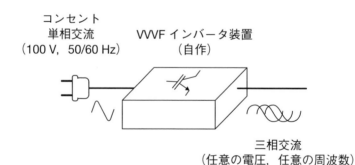

2.3 トルクリップルによる振動

【解　説】
　トルクリップル：永久磁石の進歩により，モータ出力/体積比の有効なブラシレスDCモータが普及している。反面，IM誘導機に比べてトルクリップルやコギングが大きいという問題がある。ブラシレスDCモータに要求される特性のうち，トルクリップル（回転ムラ）は最も重要な課題となる。仕様要求を満足するためにモータ特性，構造形状，モータ制御に対して改善・変更が加えられている。トルクリップルの発生原理や低減設計について解説する。

Q 50
モータのトルクリップルの発生要因とは何か

A　モータのトルクリップルは，磁石による磁束とコイル通電による磁束との相互作用で発生する。ステータスロット形状やロータ極形状の影響により，磁束の粗密が分布することで出力トルクに脈動が発生する現象である。
　軸受の真円度，モータ制御波形，速度検出器の精度もリップルの構造要因である。

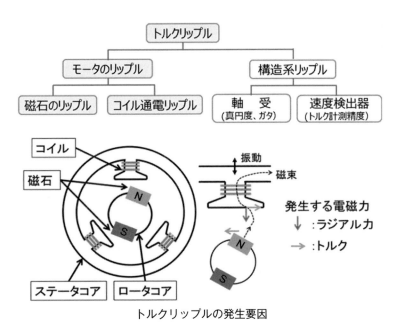

トルクリップルの発生要因

Q51 トルクリップルの振動挙動を簡易的に見る調査方法はあるのか

A 主磁束とロータ電流との間にトルクが生じ，ロータを回転する。その反作用としてステータにもトルクが働く。このトルクに脈動があると，図に示すようにステータを円周方向に振動させる力となる。電源電圧の不平衡，巻線の不平衡によりトルクが2fの周波数にて脈動することがある。その極端な場合が，トルクの大きさは電圧と電流の大きさに比例する。この振動が生じているかどうかは，モータを固定しない状態の弾性体上で円周の方向に振動しているかを調査すればよい。

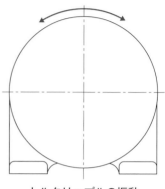

トルクリップルの振動

Q52 トルクリップルは，騒音・振動の測定結果にどのように表れるのか

A 回転数の上昇変化によって注目する次数成分の騒音・振動の大きさがどのように変化するかを測定した。その結果，「回転—次数分析」の結果から6次トルクリップル振動成分が見られる。

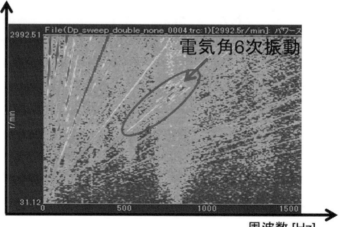

※口絵参照
トルクリップルの振動スペクトル「回転—トラッキング分析」

Q53
1回転あたりのトルクリップルの次数6次が発生する。極数とスロットの組み合わせや形状的な観点で何に起因するのか

A トルクリップルの次数6次が発生する理由は、「磁石次数×電流次数」および「インダクタンス次数×電流次数」の3n次の整数倍がトルクリップルになる。一般例として、電流1次で通電すると、次の組み合わせでトルク6次が発生する。そのため、磁石磁束とインダクタンス成分のFFTフーリエ展開をして確認する。磁石の誘起電圧の5次、7次高調波が発生する。

磁石（5次と7次）×電流1次＝5±1, 7±1の間で6次が出現する。解析シミュレーションで磁石の有無により出現を検証できる。

磁石電磁力 F_m は次式で表され、誘起電圧 E と電流 I との積に比例し、誘起電圧に5倍または7倍の高調波が含まれる場合、6fリップルが発生する。

$$F_m = \frac{E_u \cdot I_u + E_v \cdot I_v + E_w \cdot I_w}{\dfrac{dr}{dt}}$$

$$= \frac{E_d \cdot I_d + E_q \cdot I_q}{\dfrac{dr}{dt}}$$

ここで、u, v, w は3相、d, q は d-q 軸成分、r は方向、t は時間を示す。

インダクタンス×電流＝鎖交磁束の（4次と8次）×電流1次で34次と8次の中間の6次が出現する。

また、3相電源であることも6次が発生する。

Q54
相手機械の負荷イナシャーで運転した時の、立ち上がりトルクリップルの波形はどうなるのか

A 対象モデル:6極18スロット、回転数:200～9800 rpm。相手機械の負荷イナシャー：モータロータのイナシャーの10%。計算条件：起動立ち上がりを計算したトルク結果を示す。トルク波形とFFTを見る限りでは、6次成分が卓越し、12次と6次の整数倍のトルクリップルが発生していることが認められる。

第2章　モータ電磁音

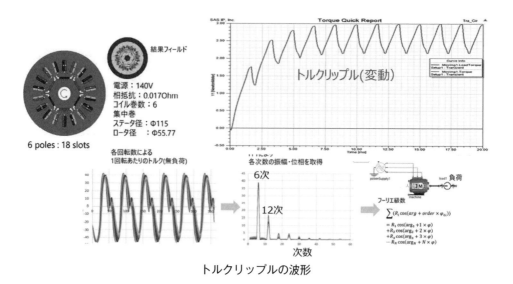

トルクリップルの波形

Q 55 モータ自身のトルクリップルが発生するのはどのような要因があるのか

A トルクリップル要因分析と影響を予測するには，制御，電磁界，構造でそれぞれ調査が必要となる。トルクリップルの要因図を示す。影響度が大きさから 1，2，3，4 と判断した。

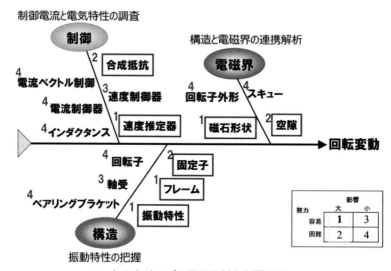

トルクリップル要因分析と影響予測

Q 56
ブラシレスDCモータと永久磁石同期モータの違いは何か。モータ諸元の違いはあるのか

A ブラシレスDCモータと永久磁石同期モータと緒元（特性，仕様）では，違いはない。ただし，永久磁石同期モータは正弦波駆動であり，ブラシレスDCモータは矩形波駆動の違いはある。

駆動電源からみると，ブラシレスDCモータは交流ACモータに分類することになる。分類の方法によって分けており，ブラシレスDCモータは，その名のとおりDCモータに分類する場合もある。ブラシレスDCモータはブラシ付きDCモータからの発想であり，同期モータは商用3相電源からの発想である。結果的に同じところに到達している。

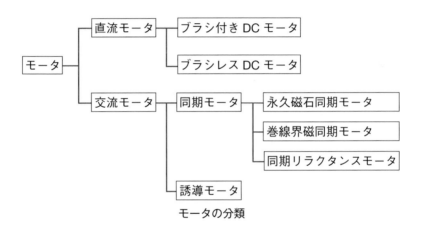

モータの分類

Q 57
矩形波駆動と正弦波駆動とは何か

A 矩形波駆動：矩形波状（120度/150度）の電圧を印加することで駆動する。
正弦波駆動：矩形波駆動の問題である振動，騒音やトルクリップルを抑えるために正弦波状の電圧を印加することで駆動する。多くの場合，トルクや位相を線形独立に制御するためにベクトル制御を用いる。

第2章　モータ電磁音

Q 58
ブラシレスDCモータで，ホールセンサ出力を利用した矩形波駆動により運転させた。ホール素子で検出される区間の切り替わりの瞬間にトルクリップル（変動）がある。これにはどのような原因が考えられるのか

A トルクリップルは，ブラシレスDCモータの矩形波整流の場合，トルクリップル（変動）が多元に生じる。モータによって大小はあるが，特に低速域において顕著となる傾向がある。

Q 59
モータ制御でトルクリップルを低減する方法はないのか

A モータ制御において，このトルクリップルに逆位相となるトルク波形を掛け合わせることができればトルクリップルをキャンセルすることが可能となり，実際に実用化されている。方法は，励磁電流に積極的にその周波数の高調波電流を流すようにする方法である。誘起電圧の高調波成分と同一の次数を有する高調波電流を励磁電流に重畳することにより，新たな高調波振動トルクを発生させ，この振動トルクにより消滅させる。そしてロータ出力として定常トルクを出力させる方法である。

　図に事例を示す。1400～2100 rpmの範囲で電気角6次の振動が3～10 dBと大幅に低減できている。

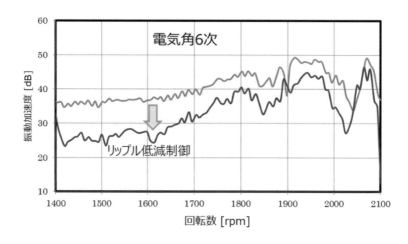

— 60 —

Q60
回転変動(リップル)を定量化できる測定方法はあるのか

A　エンコーダパルスから回転速度に換算し,回転速度をヒストグラム化,変動比を算出すると,図のように定量化できる。一般的な方法は,ストロボによる可視化である。視覚的にわかりやすい利点があるが定性的でない。

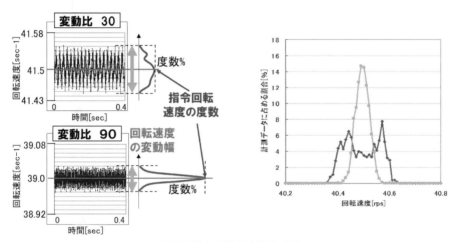

回転変動の統計的定量化手法

Q61
他の方法で回転変動(リップル)を定量化できる測定方法はあるのか

A　回転変動(リップル)を定量化できる測定方法として,電流を分析する方法がある。運転周波数 83 Hz の電流分析から 83 Hz±2 Hz 側帯波が見られる。これで回転ムラ(リップル)が 4980 rpm±120 rpm リップル発生を定量的に確認できる。

第2章 モータ電磁音

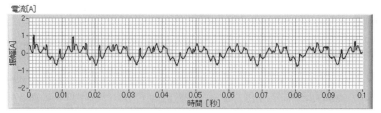

電流の時間軸波形

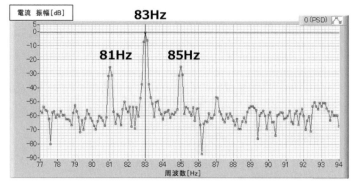

回転変動の定量化（電流波形の周波数分析）

Q62
モータ構造でトルクリップルを減らす方法とは何か

A トルクリップルを減らす方法として，ロータの回転方向に対して斜めに電磁鋼板を入れ，磁石を斜めに配置する。スキュー（skew）または斜溝という。

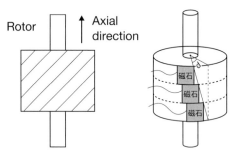

スキューを考慮した振動低減

Q63
トルクリップルに対してコギング（Cogging）とは何か

A モータコイルに通電してない時，モータシャフトを手で回すとロータの歯と永久磁石の作用によって，ゴツゴツとして反抗力を感じることがある。これをコギングと呼ぶ。

モータにおいて電機子と回転子との磁気的吸引力が回転角度に依存して細かく脈動する現象であり，回転トルクの変動とは区別される。電機子の位置や形状と回転子の磁束分布が相互に影響することによって生じる。コギングトルクが小さいとモータは滑らかに回転し，精度の高い制御が行える。

Q64
コギングを低減するにはどうするのか

A 永久磁石同期モータでは，両端の厚みが薄い瓦状磁石を用いたり，スキュー着磁をしたり，さらには界磁をスキューするなどして，コギングを低減する工夫がなされている。

2極15スロットの場合，斜溝によるコギング軽減の実験事例を図に示す。直溝（No Skew）の場合の基本波成分は30サイクルだが，この場合には偏心などの非対称性のために1/2調波成分が目立ち，回転非対称形になる。斜溝によって回転対称に近くなることがある。2/3歯ピッチ斜溝のときに基本の30サイクルが目立つが，全歯ピッチ（1-tooth）斜溝では1/2調波成分で低減効果がある。

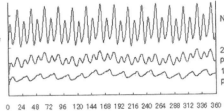

(a) 可変斜溝鉄心　　　　(b) 斜溝によるとコギングトルク波形の変化

斜溝によるコギング軽減の実験事例[3]

Q65
磁場解析ツールより出力したトルクリップルをモータシステムで再現する取り組みをしている。モータ開発での注意点は何か

A 実務での課題は，モータ設計と製造技術を含めてモータトルクリップルの影響を低減することである。

- ・コイル形状，抵抗コイル位置のバラツキ
- ・マグネット極間磁束，角度，取り付け偏心のバラツキ
- ・相手機械の負荷において，軸ねじり共振特性，ティース周方向曲げなどの振動特性

　これらの影響を磁場解析ツールで検討し，モータの最適化ができればモータ開発がスピード化できる。

2.4 ダイレクトドライブモータ（DDM）の騒音

Q66
ダイレクトドライブモータ（DDM）とはどのような機構なのか

A ダイレクトドライブ（Direct drive：DD）とは，モータの回転力を減速機（ギア）やベルトなどの間接的機構を介さずに直接，駆動対象に伝達する方式，または機構である。
　たとえば，DDMの代表である洗濯機を例に構造を図に示す。DDM方式はプーリーやベルトを使用せずに直接洗濯槽を回転させる機構である。

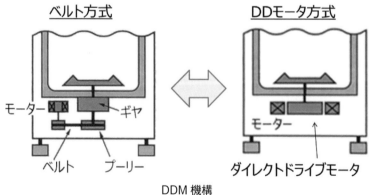

DDM機構

2.4 ダイレクトドライブモータ（DDM）の騒音

Q67
DDM を使用した装置の特長として「静音性」とあるが，なぜ静かになるのか

A　モータの高回転による機械的な摩擦音や減速機による摩擦の摺動音は，DD 機構にて装置が製作されることで，無くなるためである。DDM では，ステータの歯数や磁極数を多くして，より振動の少ない（低コギング）滑らかな回転を実現している。

たとえば，一般モータ 4 極→ 20 極のロータとしたものでは，モータを洗濯槽の直下に取り付けるため重心の偏りがなく，ガタガタといった振動音を減らすことができる。

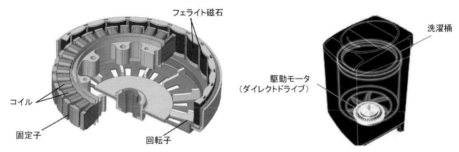

搭載製品の全自動洗濯機および DDM のカットモデル

Q68
DDM の洗濯機での騒音問題，その対策方法とは

A　(1) 対象モータ

3 相-48 極-100 V（倍電圧）-300 W。アウターロータ形 SPM 構成。搭載製品は全自動洗濯機で，洗濯物を入れて回転させる桶とモータが直結される DD 機構である。

(2) 現象と目標

洗濯機は，騒音を増幅しやすい共振周波数域が多い構造となっている。駆動モータの設計では，製品全体への加振力となるトルクリップルの低減と，周方向に分割したコア同士の干渉音を低減する。

(3) 対策

　(1) 回転子磁石形状は，中央部が肉厚となる円筒面にした。これより誘起電圧は正弦波に近似し，歪み率を 1 % 程度にできた。

　(2) 固定子コア開口部は，不均一ピッチとしてコギングトルクを半減し，騒音値は 5 dB 低減を達成した。

　(3) 固定子コアの分割の周方向隙間に溝部を形成し絶縁用樹脂モールドを介在させ，高調波音 3.9 kHz 付近の異音を消滅させた。

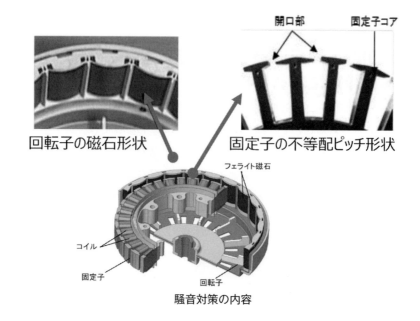

騒音対策の内容

Q69
DDM の高速回転ができない課題は何か。対策はあるのか

A　要因は，一般にブラシレス DC モータを用いた場合と同じ要因である。洗濯時の回転数と負荷トルクに合わせてモータを設計した場合，脱水時の高速回転数まで駆動させるとモータ自身の誘起電圧により端子電圧が上昇しモータ電流が十分に得られず，高速回転ができない課題がある。

この課題を解決する1つの対策として，発電量を抑制し高速化するいわゆる"弱め界磁制御"がある。この"弱め界磁制御"は，高速化の反面トルクが小さくなる課題があった。このため DDM では，この高速域でのトルク低下を補うため，磁石トルク以外にリラクタンストルクを有効利用するため，主に脱水時には進み角制御をしている。

Q70
モータ分類の中で DDM という種類のモータがあるのか

A　DDM という分類のモータはない。減速機やベルトなどの変速機構などを介さず負荷を直接駆動することを DD といい，それに使うモータを DDM という。高効率，低騒音，長寿命などのメリットがある。モータの汎用性に乏しく高価になりやすい。

Q71
洗濯機用モータ駆動方式を比較した特長からどういうことがいえるのか

A　DDMのモータ効率は60%（洗濯40%）と低い。洗濯時の低速, 脱水は高速であり, 2つの特性を満足するためにモータ効率が犠牲になっている。

伝達効率としてダイレクト駆動は大きい。モータにギヤヘッドを接続してトルクを増幅する時の効率である。%（パーセント）で表示すると, ギヤヘッドに使用している軸受, 歯車の摩擦および潤滑油の抵抗などで決まる。伝達効率は, ギヤヘッドの場合を例にとると, ギヤヘッド減速段数1段あたり90%と考え, 最も減速段数の少ない2段のもので81%となっている。減速比が大きくなると減速段数が増えて, 73%, 66%と低下する。

駆動方式の比較

駆動方式	Vベルトメカ型	DDメカ型	DD型
構成（縦型）			
モータサイズ	小	中	大
トルク	小～中	中	大
モータ価格	安価	中	高価
その他特徴	ACモータから置換え容易	中間的な位置付け	薄型化の実現
伝達効率	小	中	大
モータ効率	○ 70%	◎ 80%	△ 60%（低速洗濯40%）
騒音・振動	大 洗濯40 dB/脱水45 dB	中 洗濯38 dB/脱水45 dB	小 洗濯30 dB/脱水40dB
モータ構造			

Q72
DDMと一般的なモータを比較して, 減速機を使用した方が部品は増えるがモータ自体は小さくできる効果が大きい。そのため小形軽量化できると思われるがどのように考えればよいか

A　DDMでは減速機を使わないので, モータ自体を高いトルクにする必要がある。ロータ径を大きくし, コイルの巻き線を増やしたりして, モータは大形で重量が大きくなる。そこで, DDMにおいて, パワー密度を向上しつつフレーム重量を大幅に抑制した。小形軽量化したモータにインバータと電磁ブレーキを一体化することで, 全体のシステム

で小形軽量を可能にできる。

DDMの全体システムは，高効率，低騒音，長寿命，メンテナンス性などのメリットが十分にある。デメリットはトルクリップルが発生しやすい，モータの汎用性に乏しく高価になりやすいなどの点がある。したがって全体システムで判断して，DDMを採用するかを決定する。

Q73
DDMで発熱への課題，その対策は何か

A 一般モータと同様にDDMでも，脱炭素化のモータへの課題の中で発熱への課題はある。「小形軽量，省エネルギー」に含んでいる。モータが発熱する原因は，モータコイルの巻線抵抗と流れる電力から発生する損失である。「銅損」や磁界とその変化による損失の「鉄損」，モータ内の摩擦や空気抵抗などによる損失の「機械損」などが原因となる。積層鋼板を使用しているモータは，高速回転で運転させた際に「鉄損」による損失が顕著となる。損失の低減，放熱面積の拡大，熱伝達や熱伝導を良くすること。1例の具体的には，スロット内巻線の占積率を向上させるため丸線から角線を使用する。固定子鉄心とフレームの密着度を向上させるため熱伝導接着剤を使用する。冷却ファンの風の流れのCAE解析を利用して改善する。

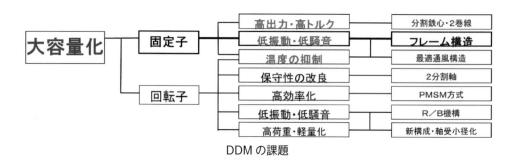

DDMの課題

Q74
DDMの構造性能の向上は何か

A 中間機構の減速機の省略により駆動系の剛性が高まり，モータの共振点を高めることが可能となる。モータの制御特性をダイレクトに機械装置に反映させることができる。このことにより，応答性能，速度安定性能，位置決め精度などの機械性能が大幅に向上し，高品質化，高生産性などの向上も図れる。

2.4 ダイレクトドライブモータ（DDM）の騒音

Q75
DDM の省スペース化の観点はどうなるのか

A 省スペース化は中間機構の省略により機械の小形化，設計自由度の向上を実現する。たとえば，油圧制御から電動化への置き換えは省スペース化になる。

Q76
DDM 方式の洗濯機において，ベルトとギアをなくすとモータにとってどのような影響があるのか

A DDM 方式の洗濯機用モータには，苛酷な性能が求められる。ベルトやギアをなくすと，洗濯の始動時には誘導モータの 10 倍以上の始動トルクが必要になり，また，脱水時には高速回転が必要になる。

Q77
DDM により環境性の向上メンテナンスの軽減ができるのか

A 減速機の省略により，機械的な騒音が減少する。中間機構部の摩耗による粉塵もないため，クリーン化が図れる。油圧からの電動化の場合は，油漏れなどがなくなり，環境性，安全性が向上し，メンテナンスの軽減ができる。中間機構の破損，調整，摩擦寿命による交換が不要となる。

Q78
DDM を現場で使用するメリットとは

A 高効率，低騒音，長寿命，省スペース，メンテナンス性，高い応答などのメリットがある。大トルクを発生する減速機は，構造上大形となりスペースが必要となる。DDM は減速機が不要なため，駆動システム全体で見ると，省スペース・小形化が可能となる。

モータ＋減速機の組み合わせの場合，減速機のギア摺動部分の摩耗の影響で，脱落した金属粉，劣化グリスなど除去のための分解・清掃・組立調整が必要なのに対し，DDM は，ギア摺動部そのものがないシンプルな構成であり，基本的にメンテナンス不要である。また，減速機構を持たないため，急加速・急減速させても故障や破損などの心配がない。

低イナーシャ回転部と駆動系の剛性アップにより，制御特性がダイレクトに反映するため，機械性能を向上させることができる。

Q 79
DDM の実用面での欠点は何か

A　DDM では減速機などの変速機構を使わないので，モータ自体を高いトルクに作る必要がある。ロータ径を大きくしたりコイルの巻き線を増やしたりして，モータは大きく重くなる。磁石を使ったモータでは，軸の回転停止位置が決まっている（模型用の小形モータの軸を指で回してみると60°間隔で停止する）ため，滑らかな動きが出しにくい。

　減速機構があると停止角が細かく分割されるので，動きも滑らかになるが，DDM では極数を増やして停止角を分割するため，構造が複雑で作りにくく高価になる。

Q 80
DDM を適用した製品は何があるのか

A
- ビデオデッキ，ハードディスクドライブ
  高い回転精度を必要とする。5400，7200，10000，15000 rpm が主である。
- レコードプレーヤー，テープデッキのリールモータ
  高級機に DD を採用した機種が存在した。
- 洗濯機
  DD 方式の洗濯機。普通の全自動洗濯機では高価格な機種が減ったためベルトドライブに回帰している。
- 電車の駆動用モータ
  DD 方式の試作電車。
- 工作機械の主軸駆動
  マシニングセンタなどの主軸で多くの採用例が見られ，サーボモータと組み合わせることで高い位置決め精度をバックラッシュの影響なく再現し，回転数と送り速度を同期させたタップによる加工が可能となる。
- ドローン用モータ
  軽量，低消費電力，低振動，耐食性が要求され，ブラシレス DC モータが採用されている。

2.5 インバータによるモータ騒音対策
—キャリア音,キャリア分散—

【解 説】
　インバータ駆動時の振動や騒音について,発生メカニズムと周波数成分について解説する。次に,発生レベルを決定づけている要因の1つとして,モータの構造系の固有振動数とインバータの制御波形,運転状況,キャリア周波数についても言及する。インバータの制御法の改善による騒音低減の手法として,ランダム変調制御とキャリア分散法について紹介する。

Q 81
インバータ装置とはどんな装置か。インバータのどの部分で騒音が発生するのか

A　インバータは交流の電圧を直流に変更し(コンバータ部),直流を再び交流に変換する際に電圧や周波数を変える(インバータ部)装置である。インバータ回路での調整により,可変可能な任意の周波数と電圧を作り出すことができる。この電圧波形と周波数によってモータ騒音が発生する。

Q 82
なぜインバータ装置が必要なのか

A　回転数とトルクが一定で駆動しているモータ仕様であれば良いが,エアコンなどでは室内の温度に応じて回転数を速くしたり,逆に遅くしなければならなかったりする。そのため電圧や周波数の変更が必要となる。そこで登場するのがインバータである。電圧や周波数を変更することで,その状況に応じた適切な回転数やトルクを提供でき,高電圧の電源を用いても,低電圧のモータをうまく作動させることも可能である。その強さや動きが変わるようなモータ仕様にも柔軟に対応できるため,節電の効果も期待できる。

Q 83
インバータ駆動運転にモータからキーンという甲高い金属音が発生する要因は何か

A　インバータ出力波形に含まれる高い周波数成分に起因するキャリア音である。キーンという甲高い音の周波数は,図に示すように分析結果から4000 Hz,8000 Hz近傍のスペクトル成分である。騒音要因は電磁・構造・キャリアによる複合要因の関係で発生している。

第2章 モータ電磁音

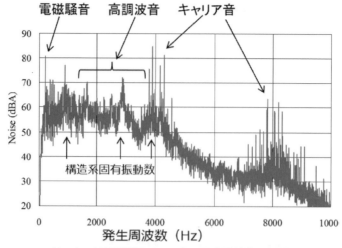

インバータ駆動運転でモータの騒音周波数分析結果

Q84
キャリア音によるキーンという音が出る。静かにモータを運転することはできないのか

A　キャリア周波数は，工場出荷時に一般的には 4 kHz になっている。静かに聞こえるようにするには，キャリア周波数を約 15 〜 20 kHz の範囲で段階的に調整することで，人の聴感特性から外れ静音運転ができる。

Q85
キャリア周波数を上げたときの問題点と注意点は何か

A
(1) インバータ本体の発熱量が増す。このため，負荷率を低減する必要がある。
(2) インバータ側の温度上昇もあり，注意点を確認の上，最適なキャリア周波数の値に設定することが必要となる。
(3) モータとインバータでの配線が長い場合，漏れ電流が増加する。
(4) 漏電ブレーカの誤動作（トリップ）を引き起こす要因となる。
(5) 周辺機器への放射ノイズの影響が出やすくなる。

Q86
キャリア周波数を標準値以下に下げたときの問題点は何か

A　設定値を下げた場合も調整を行う。電流の波形歪が発生し，トルクリップルが増大する場合がある。ベクトル制御運転では，キャリア周波数を設定値以下にするとトルク低下をまねく場合がある。ベクトル制御時には注意が必要である。

Q87
インバータ駆動時の騒音・振動の要因についてさらに掘り下げると要因はどうなるのか

A 要因を掘り下げて分析していく手法のドリル・ダウン・ツリーを用いる。モータの騒音は，電気要因であるモータ内部の起磁力の電磁力高調波や機械要因である固有振動数特性にある。それにインバータ駆動時の電流の高調波成分に起因して発生する。ある周波数の電磁加振力が発生し，その周波数成分と機械要因の共振周波数が一致すると騒音が大きくなる条件がそろうことで振動や騒音が増大することになる。

インバータ駆動モータの騒音を検討するには，電磁加振力の周波数成分と，機械系の周波数特性の双方を把握しておく必要がある。特に，インバータの出力電圧や出力電流には，基本波に加えて一連の高調波成分を含んでいる。可変速運転のために運転周波数（インバータの基本波周波数）を変化させるため，発生しうる加振力の周波数成分が広帯域にわたる点で商用電源の場合と比較して格段の注意が求められる。

インバータのPWMキャリア周波数や制御方式による加振力が大きいときは，機械要因の共振の有無にかかわらず騒音が大きくなる場合もある。

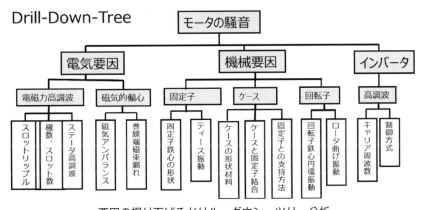

要因の掘り下げるドリル・ダウン・ツリー分析

Q88
キャリア音は卓越成分となっている。騒音レベルよりうるさく感じられるのはなぜか

A 音のうるささは，ノイジネス（noisiness）で判定できる。ISO7779 ノイジネス（騒音の心理的不快感の判定）とは，卓越成分をもつ騒音は心理的に非常にうるさく感じられ，卓越スペクトルが他の周波数領域より6 dB以上突出して大きいとノイジネス判定ではNGとなる。

たとえば，図において $L_t - L_n = 7.5 \text{ dB} > 6 \text{ dB}$ なので，ノイジネス判定はNGである。

なお，騒音測定の規定では，ノイジネス NG となった場合，騒音のオーバーオール値に 3 dB 加算することになっている。したがってキャリア音の卓越成分は，ノイジネス（騒音の心理的不快感）でうるさく感じる。

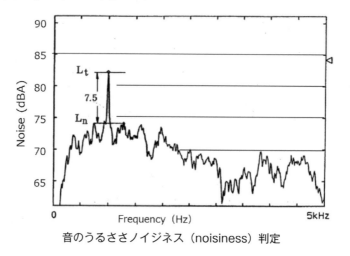

音のうるささノイジネス（noisiness）判定

Q89 インバータの制御方式で PWM 制御とは何か

A PWM（Pulse Width Modulation）の略であり，半導体を使った電力を制御する方式である。on と off の繰り返しスイッチングを行い，出力される電圧（電力）を制御する。一定電圧の入力から，パルス列の on と off の一定周期を作り，on の時間幅（デューティ幅）を変化させる電力制御方式を PWM と呼ぶ。

　速い周期でスイッチングを行うことで，on のパルス幅に比例した任意の電圧が得られる。インバータ回路にて，PWM 制御の on のデューティ幅を周期的に変化させることにより，最適な疑似正弦波の交流電圧を送り込みモータ駆動をする。

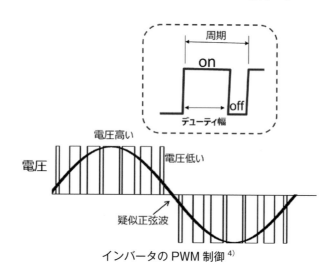

インバータの PWM 制御 [4]

Q 90
PWM制御はデューティ幅を周期的にどのように変化させるのか。このデューティ幅の周期がキャリア周波数なのか

A PWM制御の信号生成として，三角波形のキャリア周波数と基準正弦波の信号波を比較する方式である。信号波が三角波より大きいときを正論理として，トランジスタをonする。三相交流波形はモータの回転数に同期した周波数の信号波（基準正弦波）を設定する。三角波はスイッチング周波数を決定する。これがキャリア周波数である。

　両波形のレベルを比較し，信号波値＞三角波値のときハイサイド側トランジスタにon信号を入れる。各相間電圧は，信号生成時の基準正弦波と同じ周波数の波形となってモータに供給される。モータへの供給電圧は，PWM信号生成時の三相交流と三角波のレベルを変えることにより行う。

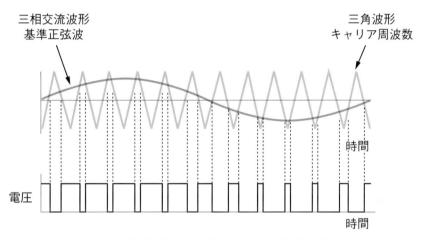

PWM制御信号生成　三相変調（三角波比較方式）

Q 91
キャリア周波数を上げると電圧の波形，騒音はどうなるのか

A PWM制御方式において，パルス幅変調の周期を決定する周波数のことである。このキャリア周波数で，被変調波を変調する。矩形波の数はキャリア周波数により決まり，このキャリア周波数が高いほど，インバータ出力の電圧波形が矩形波から正弦波に近づき，その結果モータの高調波の騒音も低下する。

Q92 PWMインバータ駆動時に回転数が上昇すると，4 kHz および 8 kHz が数本に分岐して低下する周波数と上昇する周波数が見られるのは何か

A 騒音キャンベル線図（左）から 4 kHz および 8 kHz において低下する周波数ラインと上昇する周波数ラインの数本ラインが見られる。これは側帯波の周波数である。PWM インバータに印加電圧に含まれる時間高調波成分により生じる空間高調波である。

右図は，キャリア周波数 4 kHz と 8 kHz の PWM インバータが発生する側帯波の周波数を線図で表した図である。どのような側帯波が発生するのかを示す。一般的に採用される搬送波として三角波，信号波として三相正弦波を用いた非同期式 PWM 制御インバータについて，次式に示す側帯波周波数 f_s で示すことができる[5]。

f_o：基本周波数が変化すると，f_s：側帯波周波数（サイドバンド）は分岐して低下する成分と上昇する成分にわかれる。

$$f_s = nf_c \pm kf_o$$

ここで，f_s：側帯周波数（サイドバンド），f_c：キャリア周波数，f_o：基本周波数

n：奇数の時　$k = 3 \cdot (2m-1) \pm 1$　$m = 1, 2, 3 \cdots\cdots$

n：偶数の時　$k = 6m \pm 1$　$m = 0, 1, 2 \cdots$

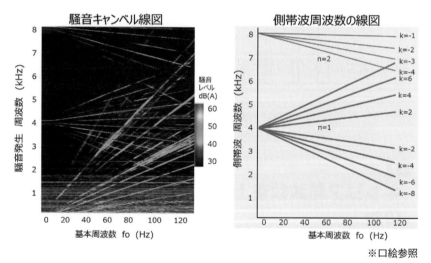

※口絵参照

PWM インバータ駆動時に回転数が上昇時の騒音キャンベル線図と側帯波周波数

Q93
側帯波を周波数軸で表すとどう示されるのか

A インバータ回路にて，PWM制御のonの時間幅（デューティ）を周期的に変化させることにより，モータ駆動に最適な正弦波の交流電圧を作ることができる。その際に電圧波形は，図に示すように周波数軸で表すとキャリア周波数および側帯波周波数のスペクトラムが含まれる。

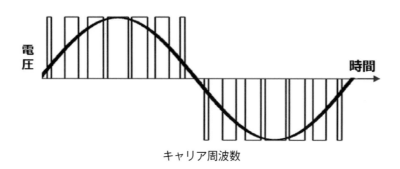

Q94
キャリア周波数はエアーギャップに作用する電磁力なのか

A キャリア周波数はエアーギャップに作用する電磁力ではなく，磁気ひずみとされている。電圧型PWMインバータ波形により，電磁鋼板を励磁した場合の磁気ひずみを計測した結果を示す。基本励磁周波数は60 Hzで，キャリア周波数は49次の2940 Hzである。この結果から以下のことがわかる。

- 磁気ひずみの高調波成分は周波数依存性があり，周波数の増大につれて磁気ひずみは増加する。
- インバータ励磁における磁気ひずみの特性は，広範囲の周波数にわたり磁気ひずみが生じる。
- 試料形状による共振周波数（11.5 kHz）と高次192次の励磁周波数が一致すると大きな磁気ひずみ振動を励起する。

第2章　モータ電磁音

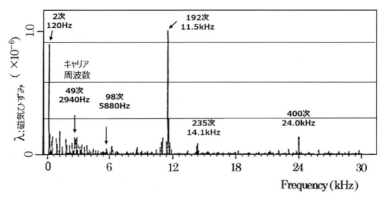

キャリア周波数の励磁における電磁鋼板の磁気ひずみの測定結果

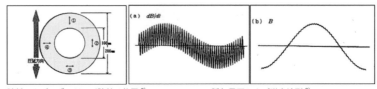

試料およびひずみゲージ貼付け位置[6]　　　誘起電圧および磁束波形[6]

Q95
高調波の影響で磁気ひずみ振動が大きく励起しているが，どのような振動なのか

どのような振動をしているかを見るため，計算シミュレーションを行った。その結果を図に示す。

- 磁気ひずみの計算結果から 11.27 kHz，14.12 kHz，24.00 kHz 近傍で磁気ひずみ振動が発生。
- それぞれの振動モードは M=0，1，2 を示す。
- 試料形状による固有周波数とキャリア励磁周波数が一致すると磁気ひずみ振動が励起する。
- 特に振動モード M=0 は膨張・収縮であり，騒音の放射面積から見て放射係数が大きく，大きな音になりやすいと考える。

2.5 インバータによるモータ騒音対策—キャリア音，キャリア分散—

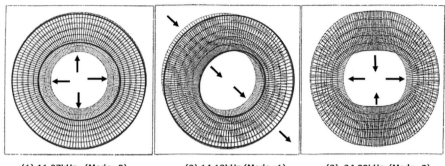

キャリア周波数の励磁における磁気ひずみ振動モード（計算シミュレーション結果）[7]

Q96
電磁力と磁気ひずみ力を比較するとどちらが大きいのか

A モータは，エアーギャップに発生する高調波磁束の半径方向の電磁力である。磁気ひずみは，強磁性体の特性であり，強磁性体に磁場を印加し磁化させると形状にひずみが現れる現象である。モータにインバータ電源を投入すると，モータが回転していなくてもキャリア音が発生しているのはこの磁気ひずみ現象である。

振動力の発生現象は異なるため直接は比較できないが，単位面積あたりの応力で比較する。

- 磁気ひずみの応力は 0.4 〜 12.6％であり，電磁力の方が大きい。
- 共振周波数で高次の励磁周波数と一致すると磁気ひずみ振動が励起する。

電磁力と磁気ひずみ力の比較[7]

Frequency (Hz)	応力（kg/mm²）		
	電磁応力 σ	磁気ひずみ応力 λ	λ/σ ％
1200	3.16×10^{-4}	9.80×10^{-6}	3.1
1440	2.39×10^{-4}	3.01×10^{-5}	12.6
4080	6.65×10^{-4}	2.65×10^{-6}	0.4

Q97
インバータで V/f 制御とベクトル制御とは何か

A インバータ制御で交流モータの可変速を行う制御方式として，V/f 制御とベクトル制御が代表的である。V/f 制御は，電源の周波数を制御する。基本的な制御パターンの1つで，電圧（V）を出力周波数（f）で割った値 V/f 比が一定の大きさになるように調整する。出力周波数が高くなれば，その分，出力電圧も増えるのが基本的な V/f パターンである。誘導モータの定常時の回転速度は，およそ電源周波数に比例する。このため，

電源周波数が目的の値となるようにインバータを制御することによって，誘導モータの回転速度をおおまかに制御することができる。

　ベクトル制御は，モータに流す電流を制御することでトルクを制御する。トルクの制御は，モータ/インバータを含めたフィードバック制御によって実現する。ベクトル制御では，トルク指令値の算出にモータを含めた運動方程式を用いることで，回転速度制御や位置制御が行える。これは，機械系/モータ/インバータ/制御系でのフィードバックによって実現する。

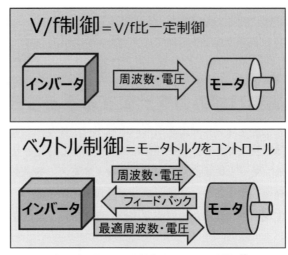

インバータでV/f制御とベクトル制御[8]

Q98 ブラシレスDCモータの場合の回転速度は何で決まるのか

A　ブラシレスDCモータでは，回転速度は印加電圧と負荷トルクの関係で決まる。モータを使用する時に電圧を変えることで回転速度を制御する。ブラシレスDCモータはモータを回転させるために必ず駆動回路があり，電圧や電流を調節することで速度制御を行うのが基本的な考え方である。

　一方，騒音の観点からはモータの回転速度は，インバータ運転の基本周波数 f_o で示した方が都合の良い場合もある。図はブラシレスDCモータの運転中の電流と電圧の時間波形の測定結果である。1例ではあるが1サイクル＝周波数1000 Hz，2極機において，回転数＝6000 min^{-1} となる。モータの磁界現象から見ると出力電圧波形からモータの回転速度は，インバータ運転の基本周波数 f_o で決まることになる。ブラシレスDCモータの場合もモータ電磁音2fとの高調波を説明する騒音キャンベル線図では，インバータ運転の基本周波数 f_o との整数倍の高調波2f，4f，6f…で扱うことが多い。

2.5 インバータによるモータ騒音対策—キャリア音,キャリア分散—

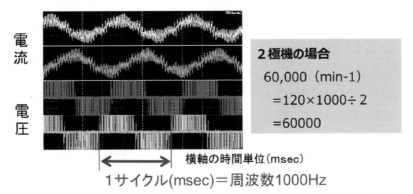

回転数N(min⁻¹)＝120×基本周波数/モータ極数

2極機の場合
60,000（min-1）
＝120×1000÷2
＝60000

横軸の時間単位(msec)
1サイクル(msec)＝周波数1000Hz

※口絵参照

ブラシレスDCモータ電流と電圧から見た周波数

Q99
PWM制御の120°通電,正弦波通電駆動180°通電とは何か。ベクトル制御の違いは何か

A 120°通電は,図に示すように120°(度) on して60°(度) off という矩形波による電圧パターンを利用してモータを駆動する制御方法である。この制御方法は,マイクロコントローラMCUで必要な演算量が比較的少ないのが特徴である。回転子に働くトルクの角度が一定でないため,振動や騒音を大きく生じることがある。正弦波通電駆動は180°通電であり,ゼロから最大値を正弦波で連続的に電流を変化させて通電することから,なめらかな動作になり低騒音の動作が得られる。

一方,ベクトル制御は界磁コイルに流れる電流値とロータ位置から,きめ細かにベクトル演算を行い,回転するトルクを最大限に生み出すモータ駆動電流を計算で導き出す方式である。

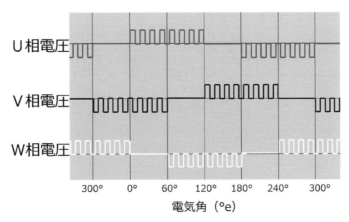

出典：マクソンジャパン(株)
PWM制御の120°通電 [9]

— 81 —

Q100
120°通電駆動と正弦波駆動の実際の電流波形はどうなっているのか

A　矩形波駆動120°通電と正弦波駆動の実際の電流波形を図に示す。矩形波駆動は印加電圧の波形に対してひずみがあり，騒音振動の高調波の影響になる。正弦波駆動は印加電圧の波形と類似の正弦波に近い電流波形である。

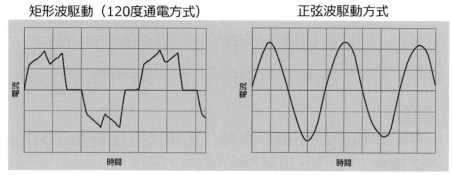

出典：オリエンタルモーター(株)

各駆動方式の電流波形 [10]

Q101
矩形波駆動120°通電と正弦波駆動の実際の騒音はどのように違うのか

A　ブラシレスDCモータの騒音測定の結果を図に示す。騒音キャンベル線図で以下のことがわかる。
- 矩形波：騒音レベル45 dB以上が3000〜6000 rpmで多発している。
- 正弦波：45 dB以上が少なくない。4 kHzと7 kHzの高調波が25 dB以下となっている。
- モータ制御音：回転数6200 rpmの周波数分析の結果（下図）から矩形波と正弦波の騒音スペクトルの比較から3 kHz以上の高調波成分が明確に違う。

2.5 インバータによるモータ騒音対策—キャリア音，キャリア分散—

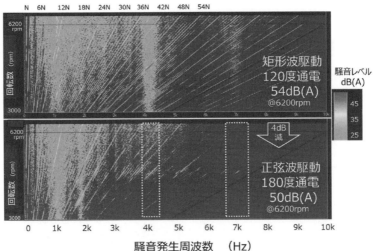

騒音キャンベル線図

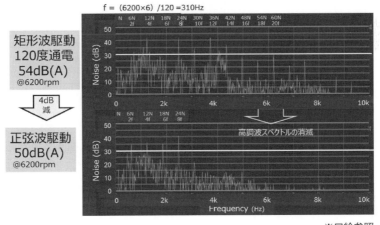

※口絵参照

回転数 6200 rpm においての周波数分析の結果

Q102
ブラシレス DC モータ（BLDC）と永久磁石同期モータ（PMSM）の違いは何か

A　ブラシレス DC（BLDC）モータは，固定子巻線の集中巻により台形波状の逆起電力を持つ，永久磁石同期モータ（PMSM）として一般的に定義されている。永久磁石同期モータ PMSM は，固定子巻線の分布巻により正弦波状の逆起電力を持つ。

Q103
キャリア周波数の高調波電磁力の対策は何があるのか

A インバータ制御の手法によるキャリア高調波電磁力の対策の代表として，表に示すものがある。騒音低減効果が大きいのはキャリア分散法である。次に対策手法について，順次Q&Aにて解説していく。

モータの制御手法による高調波電磁力対策

No.	対策手法	内容
1	キャリア周波数変更	キャリア周波数を高くすることにより聴感特性をよくする
2	ジャンプ周波数	ジャンプ周波数のパラメータで，その値を入力することによりその前後の運転周波数では運転できないようになる
3	ランダム変調制御	ランダム変調用のランダムデータとしては，一様分布のランダムデータが使われる。高調波成分のピーク値はまだ残って構造系の共振を回避できない場合がある
4	キャリア分散法	周波数全領域でキャリア周波数を選択し構造系共振を避ける

Q104
キャリア周波数を変更すると騒音レベルはどうなるのか

A スイッチング周波数を高めることによる騒音の低減に関する実測結果を示す。PWMキャリア周波数を変化させた場合の騒音の実測例を図に示す。キャリア周波数が高くなるにしたがって騒音のレベルが6dB程度低減し，商用電源運転のレベルに近づく。

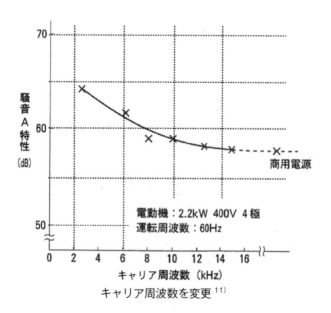

キャリア周波数を変更[11]

Q105
共振周波数では，インバータ設定でのジャンプ周波数の選定で騒音が低減できるのか

A インバータには手動でジャンプ周波数を設定できるパラメータがある。その値を入力することによりその前後の運転周波数では運転できないようにジャンプする。図に示すのは，1例ではあるが騒音が大きい3つの構造系共振点の周波数を回避選定すると騒音低下ができる。

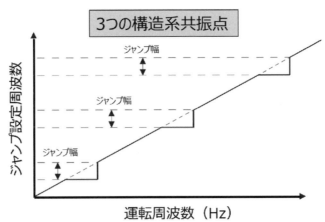

出典：三菱電機(株)：インバータ FREQROL-E700P シリーズカタログ
インバータのジャンプ周波数[12]

Q106
ランダム変調制御の低減効果はどうなるのか

A 電磁音を抑制する技術の1つとして，PWMキャリア周波数のランダム変調制御がある。この手法はキャリア周波数をランダム関数に基づいて周波数変調することで高周波スペクトルを分散する。一般的な変調制御（左図）のように特定の卓越した高調波成分を出さないようにしてノイジネス(noisiness)を低減する制御方法である。高速演算プロセッサの適用により，前記のランダム変調は容易となる。制御周期や A/D（アナログ/デジタル変換）割込みタイミングを PWM キャリアに同期させることができるために，変動音を生じることもなく安定した制御系が構築できる。

適用事例として，対象モータ：4極6スロット，ブラシレスDCモータで測定した。PWMランダム変調制御の適用領域では，騒音が卓越したスペクトル 3 kHz や 6 kHz の成分が 20 dB の低減効果がある。ただし，ランダム変調波制御においても 3 kHz 成分の高調波成分のピーク値は 50 dB と大きく，構造系の共振の影響が残る。

第2章 モータ電磁音

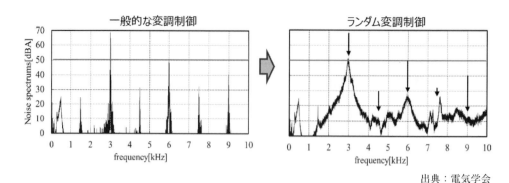

ランダム変調制御により卓越したノイジネス低減 [13]

Q107
ランダム変調制御において構造系の共振回避ができない場合とはどういう現象なのか

A 構造系の固有振動数と固有振動モードを図に示す。対象モータ：4極6スロット，ブラシレスDCモータである。PWMランダム変調制御において，騒音が卓越したスペクトル3kHzや6kHzの成分の低減効果が出ている。ランダム周波数のため共振周波数を回避したわけでない。そこで固有振動数特性に示すように2.8kHzと6.0kHzの固有振動数が存在し，ランダム周波数の1周波数と一致している。

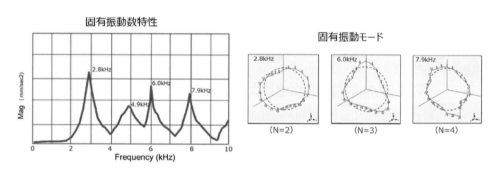

構造系の固有振動数と固有振動モード

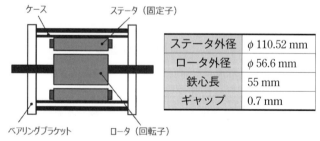

対象モータ：4極6スロット　ブラシレスDCモータ

Q108
キャリア分散法の低減効果はどのくらいなのか

A　キャリア分散法は選択の全周波数領域でキャリア周波数を選択し，構造系共振を抑制する方法である。図にキャリア分散法の結果を示す。Q107で示した固有振動数の 2.8 kHz と 6.0 kHz において，一般的な変調制御に対して 40 dB 以上の低減効果が見られる。騒音測定によって，キャリア分散法は機械共振点を分散して特定周波数の発生を抑制できる大きな効果がある。

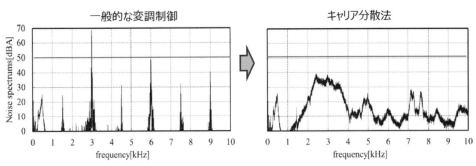

出典：電気学会

キャリア分散法の低減効果[13)]

Q109
キャリア分散法の手法はどのようなことか

A　ランダム変調制御は，高調波成分の制御ができず選択する平均周波数が増大することから，構造系の共振を考慮できない問題がある。これに対してキャリア分散法は，2つのキャリア周波数から固有振動数を選択し，両周波数の変移確率によって高調波を制御する[13)]。

(1) キャリア周波数の平均周波数を構造系固有振動数の共振のピーク値と一致するように設定する。

(2) キャリア周波数の選択範囲は可能であれば，騒音の伝達関数が極小点を取る周波数に設定する。

(3) 選択範囲が狭い場合には，可能な限り広くする。変移確率をいずれも小さくする。

第 2 章 モータ電磁音

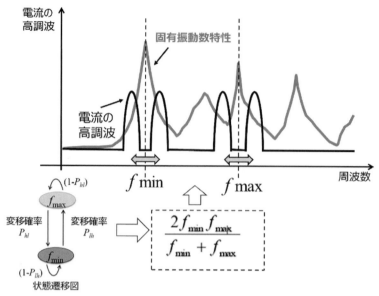

キャリア分散法の手法[13]

出典：電気学会

Q110
インバータ電源回路に AC リアクトル，DC リアクトル，ノイズフィルタの設置は騒音低減するうえで必要なのか

A リアクトルの取付けは，力率改善，サージ抑制（入力リアクトルのみ），高調波成分の低減効果がある。それぞれの目的に合わせて設置する。ノイズフィルタについては，インバータの入力系統に近接した測定機器などがある場合には，騒音低減と測定機器の誤動作を避けるために設置を推奨する。

2.5 インバータによるモータ騒音対策—キャリア音, キャリア分散—

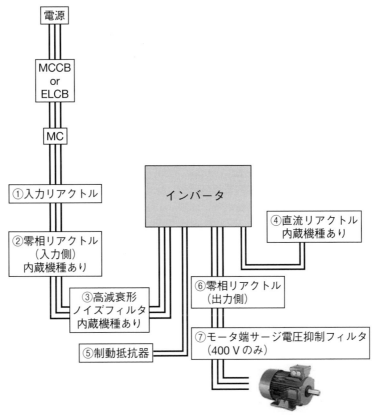

インバータ電源回路に AC リアクトル, DC リアクトル, ノイズフィルタの設置 [14]

Q111
モータ始動時の各種方法とインバータ駆動について騒音はどのような影響があるのか

(1) 直入れ始動：電磁接触器 MC の投入でモータに全電圧をかける方法。始動操作が容易，始動トルクは定格の 200〜300％と大きい。始動電流が 600〜800％と大きいため電源容量に制限を受けることから，小形モータで使用される。始動時の騒音時は大きくなる。

(2) スターデルタ始動：モータとの接続配線をスター結線で始動して，同期回転速度に近付いた状態でデルタ結線に切り替える方法。始動電流が直入れ始動の 1/3 と小さいことから直入れよりは騒音も小さい。

(3) リアクトル始動：モータの始動回路にリアクトルを入れ，リアクトルによる電圧降下を加減することで，始動電流・始動トルクを加減する方法。始動電流は直入れの 50〜90％で制御され，始動トルクは直入れの 25〜81％と比較的広範囲の始動の騒音は抑制される。

(4) インバータ始動：インバータによって，数 Hz 程度の低い周波数から始動を始め，

周波数をあらかじめ決められた加速時間で増速する。同一容量のインバータを使用した場合，始動トルクは定格の 70 〜 200％であるのに対し，始動電流は 150 〜 200％と比較的小さく，始動時の騒音は上記の中では小さい。

◉文献

1) CHARACTERISTICS OF A DC MOTOR. A SIMULATION BASED MINOR PROJECT REPORT (2016).
2) Electrical Information HP：https://detail-infomation.com/harmonic/
3) T. Kikuchi and T. Kenjo：*IEEDAB*, **41** (4) (1998).
https://www.ewh.ieee.org/soc/es/Nov1998/12/BEGIN.HTM
4) 東芝デバイス＆ストレージ(株)HP：https://toshiba.semicon-storage.com/jp/semiconductor/knowledge/e-learning/brushless-motor/chapter3/what-pwm.html
5) 奥山吉彦，大沢博：インバータ駆動誘導電動機の電磁騒音，富士時報，**69** (11) (1996).
6) 佐々木堂，髙田俊次，佐伯鈴弘，石橋文徳，野田伸一：高次高調波を重畳した励磁における電磁鋼板の磁気ひずみ，*T.IEE Japan*, **112-A**, 6 (1992).
7) 石橋文徳，野田伸一，柳瀬俊次，佐々木堂：磁気歪みと電動機の振動について，電気学会論文誌 A, **123** (6) (2003).
8) (株)安川電機 HP：https://www.yaskawa.co.jp/product/inverter/type
9) マクソンジャパン(株)HP：https://maxonjapan.com/column/column_10/
10) オリエンタルモーター(株)：テクニカルマニュアル ブラシレスモーター編，22.
https://www.orientalmotor.co.jp/ja/tech/technicalmanual/brushless
11) 甲斐徹，渡辺英司：インバータの要素技術，安川電機，**54** (209), 372 (1990).
12) 三菱電機(株)：インバータ FREQROL-F700P シリーズ カタログ (PDF), 41.
https://dl.mitsubishielectric.co.jp/dl/fa/document/catalog/inv/l06063/l06063h.pdf
13) 谷口峻，上條芳武，安井和也，松下真琴，結城和明，若尾真治：モータ電磁騒音低減のための新しい PWM キャリア分散手法，電気学会論文誌 D, **135** (12), 1144 (2015).
https://www.jstage.jst.go.jp/article/ieejias/135/12/135_1144/_pdf/-char/ja
14) 中沢洋介，逸見琢磨，青山育也：鉄道車両用パワーエレクトロニクス装置，東芝レビュー，**58**, 9 (2003).
15) 電巧社(上海)貿易有限公司 HP：https://denkosha.asia/p_i_option.html
16) S. Noda, S. Mori, F. Ishibashi and K. Itomi：Effect of coils on natural frequencies of stator core in small induction motor, *IEEE Trans Energy Conv.*, **EC2-1**, 93 (1987).
17) 野田伸一，石橋文徳，森貞明：小形誘導電動機の電磁振動について，電気学会論文誌 D, **112** (3), 307 (1992).
18) 野田伸一，石橋文徳，井手勝記：誘導電動機固定子鉄心の振動応答解析，日本機械学会論文集 C 編，**59** (562), 1650 (1993).
19) 野田伸一，鈴木功，糸見和信，石橋文徳，森貞明：電動機固定子鉄心の固有振動数の簡易計算法，日本機械学会論文集 C 編，**60** (578), 3245 (1994).
20) S. Noda, F. Ishibashi and K. Ide：Vibration response analysis of Induction motor stator core, *JSME International Journal, Series C*, **38** (3), 420 (1995).
21) 野田伸一，鈴木功，糸見和信，石橋文徳，森貞明，池田洋一：誘導電動機のフレーム付き固定子鉄心の固有振動数，日本機械学会論文集 C 編，**61** (591), 4195 (1995).
22) 石橋文徳，野田伸一：Frequencies and modes of electromagnetic vibration of a small Induction motor，電気学会論文誌 D, **116** (11), 1110 (1996).

23) 糸見和信, 野田伸一, 鈴木功, 石橋文徳：電動機固定子鉄心の固有振動数解析, 日本機械学会論文集 C 編, **64**(624), 2833(1998).
24) 野田伸一, 糸見和信, 石橋文徳, 井手勝記：二層円環におけるはめあい面圧と固有振動数, 日本機械学会論文集 C 編, **65**(629), 23(1999).
25) F. Ishibashi, S. Noda and M. Mochizuki：Numerical simulation of electromagneticvibration of small induction motors, *IEE Proc. -Electr. Power Appl.*, **145**(6), 528(1998).
26) 石橋文徳, 野田伸一：誘導電動機の電磁場–振動・騒音場連系解析, 日本 AME 学会誌, **7**(1), 21(1999).
27) 野田伸一：モータの騒音・振動とその低減対策, エヌ・ティー・エス(2011).
28) 野田伸一：モータの騒音・振動とその対策設計法, 科学情報出版(2014).

第3章
モータ構成部品の固有振動数

3.1 ステータ鉄心の固有振動数

【解　説】

　モータの構成部品であるステータ鉄心の固有振動数についてQ&Aで解説する。電磁振動の増大を回避するためには，ステータ鉄心の固有振動数と電磁力周波数を一致させないことが重要である。実機のステータ鉄心では，スロット内巻線，ティース付き，外周切除の円環などが，固有振動数にどのように影響を与えるのかについて実験結果を交えて解説する。

Q1　モータの振動は，ステータ鉄心やロータ鉄心からどのようにして音になるのか

A　ステータ鉄心は，ロータ鉄心のギャップに働く電磁力によって振動する。特に，電磁力周波数と固有振動数が一致して共振した場合には，この振動がフレームに伝わり大きな音を放射する。ステータ鉄心は厚肉であることから，曲げ剛性およびねじり剛性が大きい部分であるが，騒音が発生しやすい部分である。

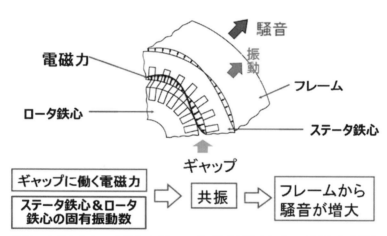

ステータ鉄心とロータ鉄心のギャップに働く電磁力によって発生する振動と騒音

Q2　ティースなどを有するステータ鉄心の固有振動数はどのように扱って計算するのか

A　ステータ鉄心は，ティース，通しボルト孔，外形4ヵ所の切除などから構成されるため複雑構造となる。そこで，単純円環として固有振動数を計算する。ティースは円環剛性の寄与が小さいことから負荷質量として扱う。通しボルト孔，外形4ヵ所の切除は等価半径Rとして扱う。

第3章 モータ構成部品の固有振動数

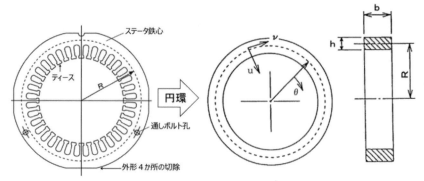

ステータ鉄心の固有振動数の計算手法

Q3
円環の固有振動数の計算となる対象モデルの寸法は何か

A 対象の円環の寸法を示す。B：円環の幅は，ねじり固有振動の計算をするため，軸方向長さ B（66，90，120，180 mm）を4点で計算と実測値と比較して考察する。

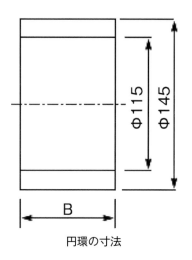

円環の寸法

Q4
固有振動数の計算値はどう示すのか

A 半径方向の曲げ固有振動数を $n \geq 2$ の場合の式に示す。表に計算で用いる数値を示す。この固有振動数の式からわかることは，中立軸の半径（R_c）の2乗に逆比例して，固有振動数は，変化する。また，円環の厚さ（h）の1.5乗に比例して固有振動数は高くなることを意味している。$n=2$ のときの固有振動数を計算する。

3.1 ステータ鉄心の固有振動数

$$f_{n\geq 2} = \frac{1}{2\pi} \frac{n(n^2-1)}{\sqrt{(n^2+1)}} \sqrt{\frac{EI}{A\rho R_c^4}}$$

$$f_{n=2} = \frac{1}{2\pi} \frac{2(2^2-1)}{\sqrt{(2^2+1)}} \sqrt{\frac{2.114 \times 10^{11} \times 1.86 \times 10^{-8}}{0.00099 \times 7800 \times 0.065^4}}$$

$$\approx 2278 \text{ Hz}$$

円環モデルの計算に用いる数値

E：ヤング率（GPa）	211.4
h：円環の厚さ（m）	0.015
B：円環の幅（m）	0.066, 0.09, 0.12, 0.18
A：円環の断面積（m²）	$0.066 \times 0.015 = 0.00099$
$I=bh^3/12$ 円環の断面二次モーメント（m⁴）	$0.066 \times 0.015^3/12 = 1.86 \times 10^{-8}$
ρ：密度（kg/m³）	7800
R_c：中立軸の半径（m）	0.065
n：円環振動のモード次数	2, 3, 4, 5・・

Q5
計算式の中にある n：振動のモード次数とは何か

A 円環の振動モードとは，力に反応して揺れるときの振動形態で，どのように振動するかを表す。円環振動は n＝0, n＝1, n＝2, n＝3・・・に変形する振動モードを有する。n の次数は，図に示すように振動をしない部分の節を結ぶ線の数 n を示す。n は，円周方向の振幅の山数を表す次数である。円環の振動モードは対応する周期とセットで求められ，それぞれの円環に固有の特性である。振動モードと対応する周期のことをそれぞれ固有モード，固有周期と呼ぶこともある。

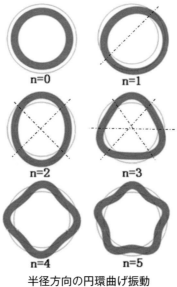

半径方向の円環曲げ振動

Q6 半径方向の曲げ固有振動数の実験値との誤差とBの軸方向長さが変化するとどのような影響があるのか

A 実験値との誤差も2.6％以内である。Bの長さが変化すると固有振動数は，2219～2301 HzまでBの長さが大きくなるほど，漸近的に固有振動数が大きくなることもわかる。円環の平均直径D＝180 mmとB＝120 mm円環軸方向の長さが近いほど，誤差が少ないと考える。

n＝2の固有振動数

B（mm）	66	90	120	180
簡易式	2279	2279	2279	2279
実験値	2219	2239	2288	2301
誤差（％）	2.6	1.7	0.4	0.97

Q7 n＝0の場合の固有振動数の計算例はどう示すのか

A 半径方向の曲げ固有振動数n＝0の式を示す。この固有振動数の式からわかることは，半径（R_c）の2乗に逆比例して，固有振動数は変化することを意味している。表に示すように，円環幅Bが66～120 mmにおいては誤差が1.5％と小さい。180 mmでは計算誤差が7.4％と大きくなる傾向にある。

$$f_{n=0} = \frac{1}{2\pi}\sqrt{\frac{E}{\rho R_c^2}}$$

$$f_{n=0} = \frac{1}{2\pi}\sqrt{\frac{2.114\times 10^{11}}{7800\times 0.065^2}}$$

$$\fallingdotseq 12747.1 \text{Hz}$$

計算結果

B（mm）	66	90	120	180
簡易式	12747	12747	12747	12747
実験値	12754	12696	12560	11809
誤差（％）	0.1	0.4	1.5	7.4

Q8
円環ねじり固有振動モードとはどのような形態か

A ねじり振動モード図を示す。円環の軸方向に逆位相を示す振動モードである。軸方向の振動モードの節の数をmで示す。

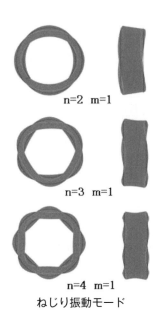

n=2 m=1

n=3 m=1

n=4 m=1

ねじり振動モード

Q9
ねじり固有振動数の計算式はどう示すのか

A Q8で振動モード図を示したように，ねじり振動の固有振動数を式に示す。式としては，ねじりの3次元振動モードを計算することから複雑となる。

$$f_{A(n-1)NT} = \frac{\frac{\sqrt{3}}{6\pi}n(n^2-1)\delta \frac{1}{Rc}\sqrt{\frac{E}{\rho}}}{\sqrt{(1-\nu^2)\left(\frac{\delta}{\chi}\right)^2 \frac{n^2(n^2+1)\delta^2+3}{n^2\delta^2+6(1-\nu)} + n^2 + \lambda}}$$

$\chi = 2Ro/2Rc - 1, \quad \delta = B/2Rc$

$$\lambda = \frac{1+\nu}{2-1.26\zeta(1-\zeta^4/12)}$$

$\zeta = \min\left(\frac{\chi}{\delta}, \frac{\delta}{\chi}\right)$

Q10
ねじり固有振動数の計算例はどう示すのか

A $n=2$, 3, $m=1$ のときの固有振動数を計算する。$B：0.066m$ の場合の，$n=2$ の固有振動数を計算する。

$$\chi=0.0725\times 2/(2\times 0.065)-1=0.115$$
$$\delta=0.066/(2\times 0.065)=0.508$$
$$\zeta=\min（0.115/0.508,\ 0.508/0.115）=\min（0.226,\ 4.417）$$

式から小さい方（min）を選定し，$\zeta=0.226$ とする。

$$\lambda=\frac{1+0.293}{2-1.26\times 0.226\times\left(1-0.226^4/12\right)}$$
$$\fallingdotseq 0.755$$

$$f_{A(2-1)NT}=\frac{\frac{\sqrt{3}}{6\pi}2\times(2^2-1)\times 0.508\times\frac{1}{0.065}\sqrt{\frac{2.114\times 10^{11}}{7800}}}{\sqrt{(1-0.293^2)\left(\frac{0.508}{0.115}\right)^2\frac{2^2(2^2+1)0.508^2+3}{2^2\times 0.508^2+6(1-0.293)}+2^2+0.755}}$$

$$\fallingdotseq 3955.29\ \text{Hz}$$

Q11
ねじり振動モードの固有振動数の計算結果はどう示すのか

A 計算結果を示す。3次元に挙動するねじり振動モードは，計算誤差が13.6%から8.3%と大きい。また，Bの長さが短いほど，計算誤差が大きくなる。固有振動数のオーダ的な予測の計算法として用いることになる。

n=2, m=1

B（mm）	66	90	120	180
簡易式	3955	3604	3243	2846
実験値	3462	3224	3026	2702
誤差（%）	12.5	10.5	7.0	5.1

n=3, m=1

B（mm）	66	90	120	180
簡易式	10000	8938	8141	7426
実験値	8643	7857	7363	6811
誤差（%）	13.6	12.1	9.6	8.3

Q12
実験と有限要素法（FEM）の結果はどう示されるのか

図に軸方向長さ $L=66$ mm の場合の各ピークにおける振動モードを示す。また，対応する有限要素法の解析結果を示す。m は軸方向の節線数を表す次数である。たとえば，n＝2，m＝0 は，半径方向に同相で変形する楕円変形モードであり，n＝2，m＝1 は，楕円変形モードで両端が逆位相で変形するモードである。

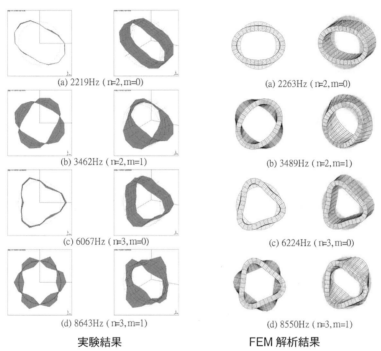

(a) 2219Hz (n=2, m=0)　　(a) 2263Hz (n=2, m=0)
(b) 3462Hz (n=2, m=1)　　(b) 3489Hz (n=2, m=1)
(c) 6067Hz (n=3, m=0)　　(c) 6224Hz (n=3, m=0)
(d) 8643Hz (n=3, m=1)　　(d) 8550Hz (n=3, m=1)

実験結果　　　　　　　　FEM 解析結果

厚肉円筒の振動モードと固有振動数（$L=66$ mm）

Q13
厚肉円筒モデルの打撃試験で得られた周波数応答関数の結果はどう示されるのか

打撃試験で得られた周波数応答関数（FRF）の一例を示す。$L=66$ mm モデルにおいて周波数応答関数を観察する。2219 Hz および 6067 Hz に明確な卓越したスペクトル周波数である。それらのスペクトル周波数よりもレベルは低いスペクトル周波数 3462 Hz と 8643 Hz が見られることがわかる。このスペクトルは逆位相のねじれモードである。振動センサの取り付け位置が中央であるため，スペクトルが小さいことによる。右図に $L=90$ mm モデルを示す。僅かにスペクトル周波数は異なるが，傾向は $L=66$ mm と同じである。

第3章 モータ構成部品の固有振動数

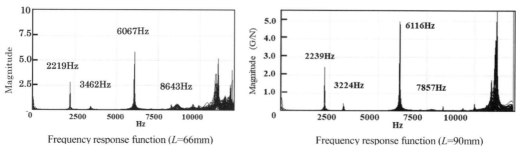

周波数応答関数 $L=66$ mm と 90 mm モデル

Q14
厚肉円筒モデルにおいて軸方向の長さと固有振動数におよぼす影響と関係はどのようなものか

A 図に厚肉円筒モデル長さ B(L)と固有振動数との関係を示す。図中の括弧内の数字は(円周方向の山数 n, 軸方向の節線数 m)を表している。同相モードは長さ L が変化しても固有振動数は変わらない。逆相モードの固有振動数は，軸長 L が長くなるほど低下することがわかる。逆相モードの固有振動数は，同相モードの固有振動数を下回ることはない。

打撃試験（○ Exp.）および有限要素法解析（FEM）で得られた楕円モード（同相，逆相），および三角形モード（同相，逆相）の固有振動数は良く一致している。固有振動数は誤差3%以内で一致した。

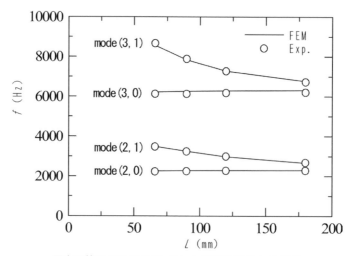

厚肉円筒モデル長さ B(L) と固有振動数との関係

3.1 ステータ鉄心の固有振動数

Q15
実際のモータのステータ鉄心の固有振動数を計算する方法のポイントはどこか

A 実際に使用されているモータのステータ鉄心の固有振動数と振動モードを計算する方法を説明する。簡易計算による方法と有限要素法での予測上のポイントであるスロット底,ティース,外周面4ヵ所の切除,通しボルト孔およびスロット内の巻線の影響である。

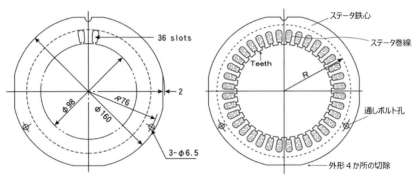

ステータ鉄心の固有振動数

Q16
実際のモータのステータ鉄心の固有振動数を簡易に計算する方法とは何か

A ステータ鉄心の固有振動数を簡単に計算するのに,従来から使われてきた簡易式を用いて計算を試みる。この計算式は,Q4で求めた円環の固有振動数の式を基本にして,ティースおよび巻線を単に付加質量として取り扱ったものである。近似的に固有振動数を知るために,設計段階で一般に用いられている式である。

$$f_{n \geq 2} = \frac{1}{2\pi} \frac{n(n^2-1)}{\sqrt{(n^2+1)}} \sqrt{\frac{E\,I}{A\,\rho\,R_C^4\,\Delta}}$$

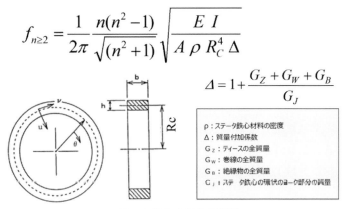

ステータ鉄心の固有振動数

第3章　モータ構成部品の固有振動数

Q17
$n=0$ の場合の固有振動数の計算式はどう示すのか

A $n=0$ の場合の固有振動数は，ティース，巻線および絶縁物の質量を質量付加係数 Δ として加味した式によって計算される。

$$f_{n=0} = \frac{1}{2\pi}\sqrt{\frac{E}{\rho\,R_C^2\,\Delta}}$$

$$\Delta = 1 + \frac{G_Z + G_W + G_B}{G_J}$$

ここで，E：固定子鉄心材料の縦弾性係数，R_C：中立軸の半径（$R_O - R_S$），
　　　R_O：鉄心の外径，R_S：鉄心のスロットを除く内径，
　　　ρ：固定子鉄心材料の密度，Δ：変位に対する質量付加係数，
　　　G_Z：ティースの全質量，G_W：巻線の全質量，G_B：絶縁物の全質量，
　　　G_J：固定子鉄心の環状のヨーク部分の質量

Q18
$n \geqq 2$ の場合の固有振動数の計算式はどう示すのか

A 円周方向の振動モードが $n=2$ に等しいか，または $n=2$ 以上のときの固有振動数は，ティース，巻線および絶縁物の質量を質量付加係数 Δ として加味したものが次式によって計算される。ここで，Δ は Q16 の式で定義されているものと同じである。

$$f_{n\geqq 2} = \frac{1}{2\pi}\frac{n(n^2-1)}{\sqrt{(n^2+1)}}\sqrt{\frac{E\,I}{A\,\rho\,R_C^4\,\Delta}}$$

Q19
実際の固定子鉄心における固有振動数の計算結果はどのようなものか

A 固有振動数を計算した結果を表に示す。振動モード次数 n において Low と High の一対の固有振動数が現れるのは，主として外周面4ヵ所の切除の影響である。実測値との比較から，低次のモード $n=2$ では比較的良い一致がみられる。モード次数 $n=3$ 以上では誤差が 10% 以上となり，かなり誤差が大きくなることが認められる。

固有振動数の実測値と計算値

モード次数 n	実測値（Hz）	計算値（Hz）	誤差（%）
0	9604	9904	＋3.1
2 Low	1574	1549	－1.6
2 High	1714	1751	＋2.1
3 Low	4268	4383	＋2.7
3 High	4488	4953	＋10.4
4 Low	7561	8405	＋11.2
4 High	7848	9498	＋21.0
5 Low	11055	15360	＋38.9

Q20 Q19において，モード次数 n=3 次以上の高次では計算誤差が大きくなるのはなぜか

A　Q16の円環の固有振動数の式を曲げ基本にして，ティースおよび巻線を単に付加質量として取り扱ったものである。しかし，円環振動では振動モードの節ではせん断力が働く。このせん断力を考慮していないため，高次モードになるほどせん断力が働く過小が多くなり，計算誤差が大きくなる。

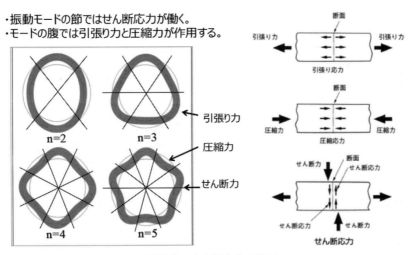

円環振動のせん断応力の効果

Q21
モード次数 n=3 次以上の高次では計算誤差の修正式はあるのか

A 式（Q17）は，低次の n=2 の場合の固有振動数を計算する際には，実際の値と良好な誤差範囲にあることが多い。しかし，n=3 以上の高次では，ティースの影響が現れるせん断効果を考慮した修正式を用いた方が，多くの場合好ましい結果が得られることが多い。ここで，β はせん断係数である。

$$f'_{n\geq 2} = \sqrt{\frac{1}{1+n^2\alpha}} \cdot f_{n\geq 2}$$

$$\alpha = \frac{h^2}{12R_C^2} \cdot \frac{E}{G} \cdot \frac{1}{\beta}$$

Q22
スロット内巻線，ティース付き，外周 4 ヵ所切除の円環などが固有振動数にどのように影響を与えるかを検証する方法とは何か

A 各部分の影響を観測するため，実験に用いる供試モデルとして表のように 5 種類のモデルを作成した。モデルは産業用モータの中で最も生産量の多い機種の 1 つである標準モータの 4 極，2.2 kW を対象とする。実験に使用する電動機鉄心の断面，および，モデルの外観写真を示す。

供試モデルの内容

モデル名	内　容
モデルⅠ	円環（ヨーク部分の円環に相当）
モデルⅡ	外周 4 ヵ所切除の円環
モデルⅢ	通しボルト孔および外周 4 ヵ所切除の円環
モデルⅣ	実際の電動機の固定子鉄心単体（積層している）
モデルⅤ	スロット内巻線付き，ワニス処理後の固定子鉄心

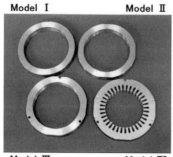

鉄心スロット内にのみ巻線をもつ固定子鉄心

Q23 単純円環のモデルⅠから実際の電動機の固定子鉄心単体モデルⅣの伝達関数スペクトルの測定結果はどうなるのか

A モデルⅠの単純円環からモデルⅣの実際の電動機の固定子鉄心までの固有振動数の測定結果と固有振動数スペクトルを図に示す。結果を以下に述べる。

(1) モデルⅠの単純円環は，固有振動数スペクトルがシャープに卓越している。

(2) モデルⅡは外周4ヵ所の切除により，5357 Hzのスペクトルを除いて，各スペクトルにおいて近接する2つの固有振動数が出現しているのが見られる。一対スペクトルに2つの固有振動数が表れることは，4ヵ所の切り欠きによる非対称形状の影響である。

(3) モデルⅢの通しボルト孔の影響で，固有振動数が低下していることが認められる。低下率は高次のモードほど大きい傾向を示す。

(4) 実際の固定子鉄心のモデルⅣでは，ティースの影響で高次の固有振動数の低下が大きいことがわかる。

(5) グラフ上の斜めの線は，伝達関数スペクトルの大きさを示す基準線である。モデルⅣにおいて他のモデルと比較して伝達関数スペクトルのゲイン（G/N）が低減している。ティース（歯）の付加質量の効果と考える。

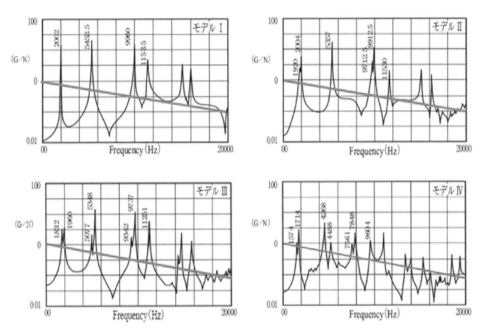

モデルⅠからモデルⅣの伝達関数スペクトルの結果

Q24
モデルⅠの単純円環から，スロット内に巻線をもつモデルⅤの固有振動数の測定結果の数値および固有振動数の推移はどうなるのか

A モデルⅠの単純円環からモデルⅤの固有振動数の推移をまとめたものを表と図に示す。モデルⅣのティースが付く場合は，高次モードほど固有振動数の低下率が大きく，n＝4では，20％程度低下している。鉄心スロット内に巻線をもたないモデルⅣと比較して，スロット内に巻線をもつモデルⅤの固有振動数はわずかに低下していることが認められる。モデルⅣと比較して，スロット内に巻線をもつモデルⅤの固有振動数は高次モードのn＝0で低下していることが認められる。

固有振動数の測定結果

振動モード次数 n	モデルⅠ (Hz)	モデルⅡ (Hz)	モデルⅢ (Hz)	モデルⅣ (Hz)	モデルⅤ (Hz)
2	2002	1920	1832	1574	1570
2	-	2004	1960	1714	1710
3	5452	5357	5077	4268	4208
3	-	-	5348	4488	4415
4	9960	9712	9342	7561	7430
4	-	9912	9737	7848	7668
0	11535	11530	11251	9604	9122

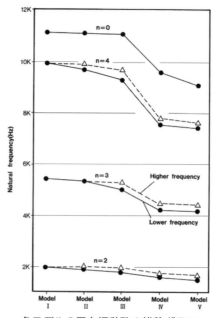

各モデルの固有振動数の推移グラフ

Q25
振動モードはどのように計測したのか。その結果はどうなったのか

A モデルは紐で吊るした条件とする。インパルスハンマーで外周部を半径方向に打撃し、ハンマーの移動法で行う。振動加速度センサは固定して振動応答を測定する。振動モードの計測点は、ステータ鉄心の内周部のティース（歯）36個および外周部を36点の合計72点で測定する。

代表の振動モードとしてモデルVを図に示す。振動モードから見られるように n=2、n=3、n=4 そして n=0 が確認できる。その次に n=5 観測できる。各次数において二重の固有振動数も確認できる。4ヵ所の切り欠き軸を腹とする振動モードも確認できる。もう一方、切り欠きのない外径の4ヵ所部分の軸を腹とする振動モードが測定から確認できる。また、外周と内周のティース部分は半径方向には、同じような挙動を示すことがわかる。

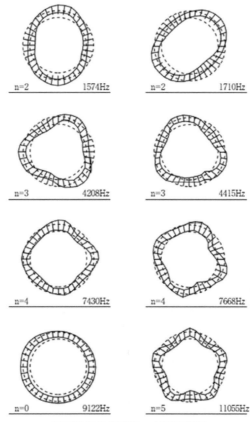

モデルVの振動モード測定結果

Q26 モデルⅠで見られないモデルⅡ，Ⅲ，Ⅳで周波数が接近した二重の固有振動数が表れるのはなぜか

A 二重の固有振動数が表れるのは，4ヵ所の切り欠きによって曲げ剛性が異なるからである。図に示すように単純円環のモデルⅠでは各次数の固有振動数スペクトルが1つしか見られない。固定子鉄心モデルⅣでは，外周4ヵ所の切り欠きが存在する。4ヵ所の切り欠きをX1-X1，Y1-Y2の軸を振動モードの腹とする。もう一方，切り欠きのない外径の4ヵ所部分X2-X2，Y2-Y2の軸を振動モードの腹とする二重の固有振動数を形成するからである。

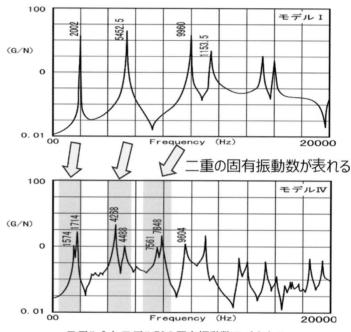

モデルⅠとモデルⅣの固有振動数スペクトル

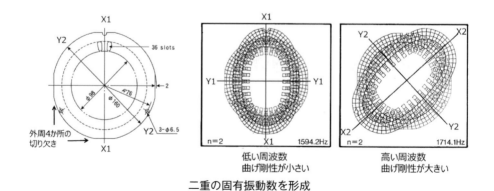

二重の固有振動数を形成

3.2 巻線端付きの固有振動数

【解　説】

　巻線端が付いたモータの固定子鉄心の固有振動数の影響についてQ&Aで説明する。巻線端をもつ固定子鉄心の固有振動数は，巻線端が単なる付加質量として影響するだけではなく，円環剛性が影響する。固定子鉄心の固有振動数を正確に予測する方法および巻線端を利用して振動を低減する方法を説明する。

Q 27
分布巻の巻線端とはどのような方式か。その巻線とコイルは呼び方が異なるのか

A 分布巻のステータ巻線は，あらかじめ巻き取られたコイルをステータスロット内に入れる方式である。この方式は分布巻方式と呼ばれ，1つのコイルが約1/4周区間のステータコアの端面を渡っているため，巻線端が張り出す。モータでは，極（ポール）に電線を巻いたものを「コイル（coil）」と呼び，各コイルを相互に結線した状態を「巻線（winding）」と呼ぶ。

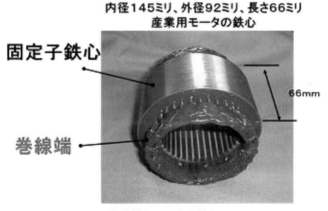

巻線付きの固定子鉄心

Q 28
分布巻と集中巻の違いは何か

A 分布巻は，毎極毎相のスロット数が2個以上の場合，同じ相でも異なるスロットに巻かれている。コイルの誘導起電力は，同じ位相にならない。このようなコイルの巻き方を，分布巻という。

　集中巻モータは，写真のようにステータ巻線をステータティースに絶縁物を介して直接コイルを巻き付ける直巻方式のことである。毎極毎相のスロット数によって定義するのではなく，1つの固定子ティースにコイルを直巻したものが集中巻である。

第3章　モータ構成部品の固有振動数

出典：ダイキン工業(株)より提供

Q29 巻線の材料は銅線だけなのか。電源からの電線の呼び方，巻線の英語での呼び方は何か

A　巻線の材料は銅が一般的であるが，モータによってはアルミニウムが使用される場合もある。電線は，電源からモータへと電力を供給するための「リード線」と呼ぶ。モータ内部に巻かれて結線された線を「巻線」と呼ぶ。磁界を発生するための電線という意味から，巻線のことを英語では「magnet wire」と称する。

Q30 コイル素線は被覆で絶縁されている。ワニス処理後の素線回りの構成はどうなるのか

A　構成は図に示すように素線とたとえば0.6 mm 絶縁皮膜の周りにワニスが充填され固着化している。空隙やボイドも見られる。

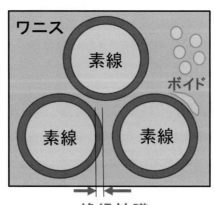

ワニス処理の充填の模式図

Q31
モータに用いられる一般ワニスの種類，その用途や特徴は何か

A ワニスは，一般に採用されている E 種絶縁用のアルキド系ポリエステルワニスがある。耐熱性や耐薬品性，耐水性などを必要とする用途にはシリコン系ワニスが使われる。耐熱性や高い巻線開性を必要とする用途には，エポキシ系ワニスが使われる。ワニスの特徴は，巻線を浸漬後，加熱乾燥処理して固化させる。その硬度が著しく高いエポキシ系ワニスと，逆に，硬化の著しく低いシリコン系ワニスがある。その中間がアルキド系ポリエステルワニスである。

Q32
分布巻の絶縁ワニスの役目は何か

A 集中巻のコイルでは，ワニス処理を追加して絶縁はしていない。絶縁ワニスは，コイル含浸後に加熱硬化させることにより，以下の効果が得られる。

- 素線やコア間の空隙間をうめ，固着して電磁力などの振動を抑制する。
- エナメル線被覆の破壊や騒音の抑制，遠心力などの外力によるコイルの変形，ズレを防止する。
- 絶縁の隙間を埋め，絶縁性を向上させる。
- 熱伝導率を向上し，機器の温度上昇を緩和する。
- 主絶縁内への水分，ガス，異物などの浸入を防止し機能低下の抑制（機器の信頼性向上）を計る。
- 酸化を防止し，耐熱性を向上する。
- 防錆能を向上し，美粧性の維持を図る。

Q33
対象とする巻線端が付いたステータ鉄心の特徴は何か

A 巻線端が付いたステータ鉄心の特徴を以下に述べる。
(1) 巻線は一般に，直径 1.5 mm 以下の丸断面の絶縁被覆電線が，不規則に鉄心溝内に納められている（乱巻きコイルと呼ばれる）。
(2) 鉄心の長さや外径に比べ，鉄心の両側面から出ている巻線端（コイルエンド）の長さが，大形モータのそれに比べると比較的長い。
(3) 巻線は鉄心と一体にワニス絶縁処理され，鉄心溝内の絶縁紙と一体に固着化されているので巻線の剛性は無視できない。同時に巻線端の剛性も比較的に高い。
(4) 鉄心を構成する電磁鋼板（一般に 0.5 mm 厚さ）は，材料の歩留り向上のために，

第3章 モータ構成部品の固有振動数

円形外周の4ヵ所ないし8ヵ所が切り取られる。したがって，単純な円環に比べ振動解析がやや複雑となる。

Q34
巻線端が固定子鉄心の固有振動数に与える影響を検証するためにはどのようなモデルで実験されたのか。実験の目的，狙いは何か

A 巻線端が固定子鉄心の固有振動数に与える影響を把握するため，実験モデルで検証した。実験モデルには，3種類のモデルⅠ，Ⅱ，Ⅲを用意した。

・モデルⅠ：通常使用されている巻線端をもつ固定子鉄心である。
・モデルⅡ：スロット内にのみ巻線をもつ固定子鉄心で，スロット内に巻線がある固定子鉄心の振動挙動を知るためのものである。
・モデルⅢ：巻線端の円環剛性をなくすために，巻線端の円周方向に12ヵ所の等分の切り込みを入れたもので，巻線端が鉄心に対する単なる付加質量として影響する場合の振動挙動を知るためのものである。

モデルⅠ	巻線端をもつ通常の固定子鉄心
モデルⅡ	巻線端を切除し，鉄心スロット内にのみ巻線をもつ固定子鉄心
モデルⅢ	巻線端を円周方向に12等分して，中心線方向に切り込みを入れた固定子鉄心

固有振動数におよぼす巻線端の影響（実験）

Q35
巻線端の付いた鉄心の固有振動数の測定結果はどのような振動スペクトルが検出されたのか。その結果から振動現象といえるのか

A モデルⅠは固有振動数のスペクトルが2つ（1490 Hz，1910 Hz）存在する。モデルⅡとモデルⅢでは，振動モード $n=2$ は1つだけ出現する。モデルⅢは，巻線端に切り込みを入れることにより円環剛性をなくし，鉄心に対して単なる付加質量とするために作ったモデルである。

したがって，通常の巻線端をもつモデルⅠの振動系を，巻線端を鉄心の付加質量と見なした振動系として取り扱うことは妥当ではない。巻線端が円環剛性を持ち，固定子鉄心の円環剛性と，2自由度の連成振動をしている。

モデルⅢのインパルス応答スペクトルを巻線端のないモデルⅡの応答スペクトルと比較してみると，モデルⅢでは，モデルⅡに比較して，付加質量分だけ固有振動数が低下していることがわかる。

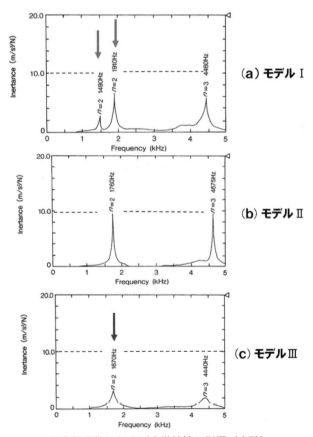

固有振動数におよぼす巻線端の影響（実験）

第3章 モータ構成部品の固有振動数

Q36
巻線端の付いた鉄心の固有振動数の測定結果によりどのような振動モードが検出されたのか

A モデルⅠに対する $n=2$ の固有振動数について，特に，長手方向の振動モードに着目した測定を行った。その結果を図に示した。振動していない状態を基準にとって点線で示し，鉄心（Core）と巻線端（Coil end）の長手方向あるいは円周方向のある位置の振動変位の状態を示す。図の中程の変位曲線は長手方向の変位を示すもので，1490 Hz と 1910 Hz は鉄心と巻線端とが同位相で振動するモードを表している。環状の鉄心と巻線端とが同位相と逆位相モードで振動する場合の変位の状態を示した。巻線端の付いた鉄心のこのような振動挙動は連成振動をしている。

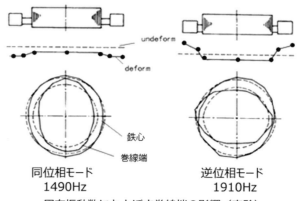

固有振動数におよぼす巻線端の影響（実験）

Q37
巻線端のみの固有振動数の実測データはどうなるのか

A 鉄心から巻線端を切り離し，巻線端だけのモデルのインパルス応答スペクトルを図に示した。$n=2, 3$ の固有振動数は顕著に現れている。振動減衰効果が大きい。モデルⅡの鉄心の固有振動数 1760 Hz と比較してみると，巻線端のみの固有振動数は 596 Hz と低い。

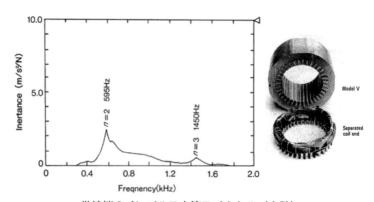

巻線端のインパルス応答スペクトル（実験）

Q38
連成振動とは何か。その振動モデルはどのようなモデルか

A 鉄心①と巻線端②を2つの単独の円環として扱い,その2つの円環が,質量とばねで結合されている振動モデルで扱う。

- 固定子鉄心は,両端の巻線端に対して対称であることから,鉄心の長手方向の中央から1/2を振動モデル化して考える。
- 鉄心①と巻線端②は,円筒形状の3次元構造であるが,この場合,軸方向の振動は電磁力が小さいことから無視し,半径方向と円周方向の円環振動についてだけ取り扱う。
- 振動モデルとしては,2つの円環が半径方向の結合ばねで,平面上に連結されているものを考える。
- 結合ばねは,図に示すように鉄心端から巻線端までの部分,すなわちスロット巻線の延長部分(長さLceの部分)をばねに置き換えとして考える。
- ばねの本数は,スロットの数と同じにする。

円環振動を2自由度系モデルにする

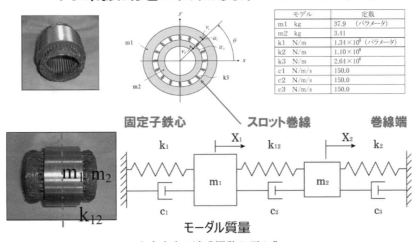

2自由度の連成振動モデル化

Q39
2自由度振動系の固有角振動数 ω_n はどのような式か。結合ばね k に対して固有振動数はどのように変化するのか

A 2自由度振動系の固有角振動数は,次式から求められる。2つの固有振動数の解をもち,同相モードと逆相モードの2つの固有振動モードが存在する。横軸に結合ばね k に対して,縦軸に固有振動数を示す。結合ばね k の定数によって固有振動数が大きく変化することがわかる。

第3章　モータ構成部品の固有振動数

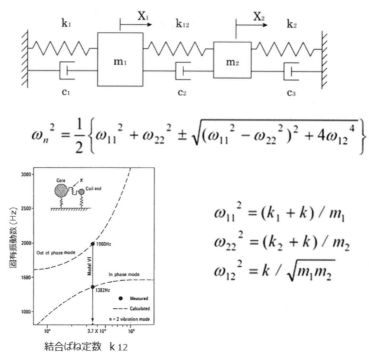

$$\omega_n^2 = \frac{1}{2}\left\{\omega_{11}^2 + \omega_{22}^2 \pm \sqrt{(\omega_{11}^2 - \omega_{22}^2)^2 + 4\omega_{12}^4}\right\}$$

$$\omega_{11}^2 = (k_1 + k)/m_1$$
$$\omega_{22}^2 = (k_2 + k)/m_2$$
$$\omega_{12}^2 = k/\sqrt{m_1 m_2}$$

2自由度振動系の固有角振動数

Q40
ステータの円環振動モードを1Dモデルにする等価的な質量とばね定数の求め方は何か

A 円環の等価質量 m_1 は，レイリー・リッツのエネルギー法から求めた等価質量 m_i が，実際の質量 M_i に対して，$(1+1/n^2)$ の係数を乗じたものに相当することを意味する。すなわち，等価質量 m_1 は式で表すことができる。1自由度系の固有角振動数と等価質量が得られていることから式より求められる。式の導き方は省略する。

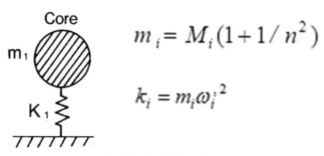

$$m_i = M_i(1 + 1/n^2)$$

$$k_i = m_i \omega_i^2$$

1自由度の振動モデル

Q41
一定の定格出力の範囲ごとに，同一軸中心高さ，すなわち同一鉄心外径の中で鉄心長を変え，鉄心内径や鉄心溝寸法を変えた設計が行われる。外径が同一で鉄心長が変わった場合の固有振動数の計算の信頼性はあるのか

A　鉄心長 L が変わった場合の適合性を確認するため，巻線端は同一として鉄心長 L のみを変えた 4 つの実験用鉄心を用意し，$n=2$ における固有振動数の実測値と計算値との比較を行った。この結果を図に示した。($L/\ell e$) が 1.0 に近い場合に，逆位相モードで実測値と計算値の乖離が少し認められる。結合ばね定数 k は逆位相モードの固有振動数に急激に変化しやすいからと考察する。したがって，簡便な方法で固有振動数の予測ができる見通しが得られた。従来から行われてきた，巻線を鉄心に対して単なる付加質量とみなして固有振動数や振動モードを算出する方法に比べ，著しく計算結果の精度の向上が期待できる。

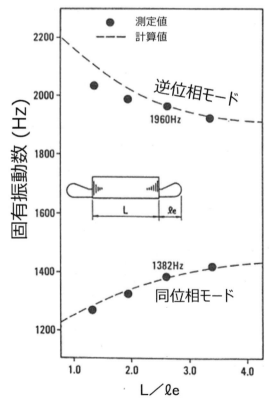

2 自由度振動系の固有角振動数

Q42
巻線部の材料定数はどう扱うのか

A 巻線部は，図に示すように素線や絶縁物，ワニス材など複合材料で構成されている。そこで巻線部の材料定数としては複合則を用いる。巻線部の複合材料モデルは，以下に説明する異方性材料として扱う。

- 巻線は円形断面の銅線が絶縁用樹脂によって束ねられた構造
- 銅線方向と銅線と直角方向では材料特性は異なる
- 巻線の銅線を強化繊維，絶縁用樹脂を母材とする一方向複合材料
- 銅線方向についての異方性材料として材料定数を求める

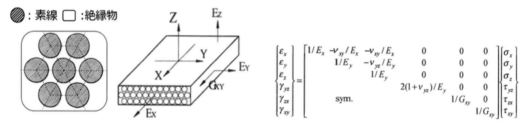

複合則の材料定数

Q43
複合則とは何か

A 複合則とは，図に示すように銅素線，ワニス絶縁などを含めた複合材料における各構成相の材料定数（縦弾性係数：E）に，それぞれの体積含有率 V を乗じて，複合材料全体の材料定数（等価縦弾性係数 E_2）を推定する手法である。

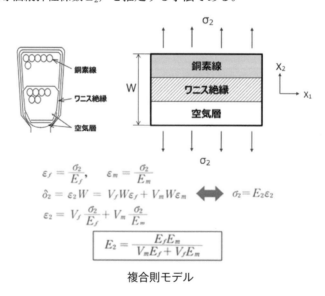

$$\varepsilon_f = \frac{\sigma_2}{E_f}, \quad \varepsilon_m = \frac{\sigma_2}{E_m}$$

$$\delta_2 = \varepsilon_2 W = V_f W \varepsilon_f + V_m W \varepsilon_m \quad \Longleftrightarrow \quad \sigma_2 = E_2 \varepsilon_2$$

$$\varepsilon_2 = V_f \frac{\sigma_2}{E_f} + V_m \frac{\sigma_2}{E_m}$$

$$\boxed{E_2 = \frac{E_f E_m}{V_m E_f + V_f E_m}}$$

複合則モデル

Q44 スロット内巻線の等価縦弾性係数はどのように扱うのか

A 鉄心スロット内の巻線はワニス処理されているので，絶縁物，ワニス，多数の銅線が互いに固着し合っている。さらにスロット内にある絶縁紙は，鉄心のティースとも固着していることから，スロット内巻線は単なる付加質量として扱うのではなく，鉄心に対して一定の剛性効果を与えるものとして取り扱う必要がある。

スロット内巻線の等価縦弾性係数 E_r は，図に示すように複合材の縦弾性係数として扱う。Halpin-Tsai 則の式を利用して複合則に，C：隣接係数を補足した。隣接係数とは素線の同士の接触状態を示す値である。隣接係数とは素線と素線の接触度合いである。スロット面積に占める導体の割合を占積率と呼ぶ。占積率が高いほど隣接係数 C が大きくなる。

スロット巻線は複合材として扱い
銅線の約1/100

◇複合材の縦弾性係数として扱う
Halpin-Tsai則の式を利用
複合則に経験値を補足

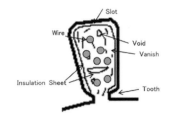

$$E_T = 2\left[1 - v_f + (v_f - v_m)V_m\right] \times \left\{(1-C)\frac{K_f(2K_m + G_m) - G_m(K_f - K_m)V_m}{(2K_m + G_m) + (K_f - K_m)V_m} + C\frac{K_f(2K_m + G_f) + G_f(K_m - K_f)V_m}{(2K_m + G_f) - 2(K_m - K_f)V_m}\right\}$$

$K_m = E_m/[2(1-v_m)]$, $K_f = E_f/[2(1-v_f)]$
$G_m = E_m/[2(1+v_m)]$, $G_f = E_f/[2(1+v_f)]$
E_m, v_m：ワニスの縦弾性係数およびポアソン比
E_f, v_f：銅線の縦弾性係数およびポアソン比
C：隣接係数 ($0 \leq C \leq 1$)
V_f：スロット面積に対する銅線断面積の割合
V_m：ワニスの面積率 $(1-V_f)$

ワニス：0.27×10^3 MPa
複合巻線：1.0×10^3 MPa
銅　線：100.0×10^3 MPa
電磁鋼板：200.0×10^3 MPa

スロット内巻線の等価縦弾性係数

第3章 モータ構成部品の固有振動数

Q45 固定子鉄心とスロット,巻線端の寸法はどうなっているのか

A 対象とする固定子鉄心の主要寸法を表と図に示す。スロットの形状および巻線端の形状寸法を示す。この寸法にて断面2次モーメントから固有振動数を計算する。

(単位:mm)

モデル出力	φd_o	φd_i	ℓc	ℓe	h	b	銅線径	スロット数
0.4 kW	128	75	47	33	12	3.5	0.6	36
2.2 kW	145	92	92	34	12	4.5	0.6	36
3.7 kW	190	120	98	40	16	5.0	0.8	48

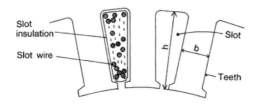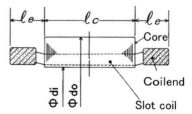

固定子鉄心の主要寸法

Q46 占積率とスロット巻線の等価縦弾性係数(ヤング率)の関係はどうなるのか

A 占積率とスロット等価縦弾性係数(ヤング率)の関係を図に示す。Halpin-Tsai則の式を利用して,占積率(スペースファクタ)78%の場合 C:隣接係数0.5とした。計算した結果と実験を比較する。実験値が少しばらつくのは固有振動数がばらつくからである。スロット内の巻線は占積率が45%以下はボイド(空気層)の割合が多くなり,0.4×10^3 MPa 一定の値を示している。占積率と巻線の等価縦弾性係数 E_2(ヤング率)の関係の式を図内に示す。これらから等価縦弾性係数は,およそ $0.4 \sim 1.5 \times 10^3$ MPa であることがわかる。

$$E_2 = [0.0319S - 1.05] \times 10^3 \, MPa$$

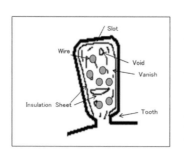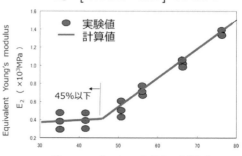

スロット断面図と占積率と巻線の等価縦弾性係数(ヤング率)の関係

3.2 巻線端付きの固有振動数

Q 47
CAE解析においても同位相モードと逆位相モードの振動挙動を示すのか。高次モードまで連成はあるのか。解析精度は一致が認められるのか

A CAE解析結果から次のようなことが得られた。
(1) ばね結合された鉄心と巻線端は，同位相モードと逆位相モードの振動挙動を示すことが確認できた。
(2) 同じ次数（$n=2, 3, 4$）のモードが生じていることから，連成振動が生じていることが認められた。
(3) 2つの円環モデルに対する理論解析および有限要素法解析によって得られた固有振動数を比較すると，同位相および逆位相ともに比較的良い一致が認められる。
(4) 同じ次数では，同位相モードの固有振動数より逆位相モードの固有振動数の方が大きい。

以上のことから，鉄心と巻線端の2つの円環の間がばねで結合されているとした場合，鉄心と巻線端は，同じ次数のモードだけで連成振動することが確認でき，理論解析が妥当であることが確認できた。

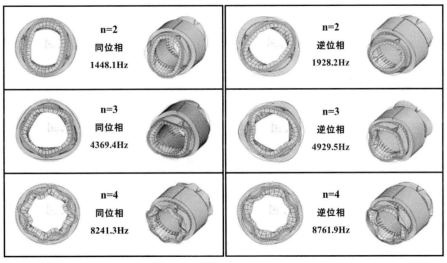

CAE解析結果

Q48
巻線端の等価縦弾性係数はどう扱うのか

A Halpin-Tsai 則の式を利用して，占積率を変化させて実験と比較した。C:隣接係数 0.5 とした。ワニス処理で2回と3回では3回の方が，等価縦弾性係数が大きくなる傾向が実験からわかる。ワニス層が厚くなり，強固になったと推定する。これらから等価縦弾性係数は，およそ $1.5 \sim 4.5 \times 10^3$ MPa であることがわかる。

巻線端は銅線とこれを包む絶縁紙が，ワニスによって強固に固着され，1つの複合体を構成している。比重量は，諸材料の単位体積あたりの質量から算出する。スロット内の巻線の剛性は，等価縦弾性係数として処理し，その物体の縦弾性係数をその都度，仮定して求める。

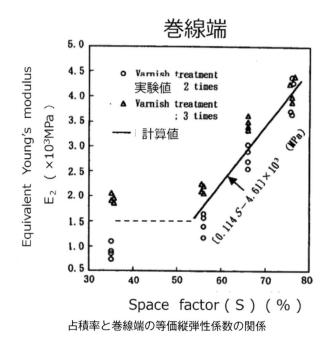

占積率と巻線端の等価縦弾性係数の関係

Q49
有限要素法解析でスロット内巻線の等価縦弾性係数はどうするのか

A 有限要素法で解析を進めるにあたっては，スロット内巻線による構成材料の材料定数を求める必要がある。巻線端がなくスロット内にのみ巻線をもつ鉄心についての有限要素法による解析で，実測値と計算値との誤差を小さくするにはどうすればよいか。すなわち計算精度をどうしたら高められるかの検討を行う。横軸の等価縦弾性係数を $1.0 \times 10^2 \sim 1.0 \times 10^5$ MPa まで変化させたときの固有振動数の推移の結果を，左図に示す。この結果から $1.0 \times 10^3 \sim 1.0 \times 10^5$ MPa の間では，固有振動数の変化が高次モードほ

3.2 巻線端付きの固有振動数

ど大きいといえる。

次に右図に示すように計算値と実測値の比が 1.0 すなわち両者が一致する値を等価縦弾性係数として求めた。これらから等価縦弾性係数は，およそ 1.0×10^3 MPa であることがわかる。実側値との比較結果は，右図に示すように誤差は 3% 以内となった。この等価縦弾性係数は，巻線素線である銅の縦弾性係数の 1/100 に相当する。前述の Halpin-Tsai 則の式の理論式で用いた等価縦弾性係数である $0.4 \sim 1.5\times10^3$ MPa と一致する。

ワンス絶縁物の硬度の大きいエポキシ系樹脂の縦弾性係数は，2.0×10^3 MPa である。大形電動機の型巻き巻線で 0.5×10^3 MPa である。したがって，求めた鉄心スロット内巻線の等価縦弾性係数は実用性のある数値である。

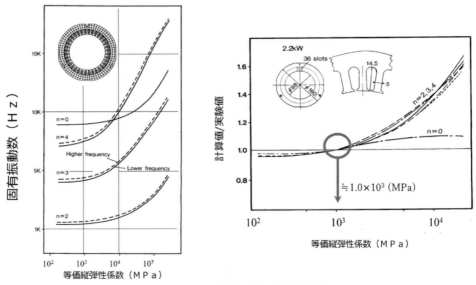

スロット内の巻線の等価縦弾性係数

Q50
スロット内巻線による有限要素法解析の結果は実測値と比較するとどうなるのか

等価縦弾性係数 $E_2=1.0×10^3$ MPa を用いて，有限要素法解析の結果は，表に示すように高次の固有振動数まで解析誤差 2.55% 以内で一致が認められた。

スロット内に巻線がある鉄心の固有振動数の実測値と計算値

モード次数 n	実測値 (Hz)	有限要素法による計算値		簡易式による計算値	
		周波数 (Hz)	誤差 (%)	周波数 (Hz)	誤差 (%)
0	9022	9084.1	−0.68	9904.5	＋3.1
2 Low	1574	1590.1	＋1.02	1550.0	−1.53
2 High	1710	1707.5	−0.01	1751.4	＋1.59
3 Low	4208	4285.1	＋1.84	4383.7	＋4.18
3 High	4415	4435.0	＋0.45	4953.7	＋12.20
4 Low	7430	7547.0	＋1.57	8405.3	＋13.13
4 High	7668	7863.3	＋2.55	9498.3	＋23.87

Q51
巻線が付いた3次元有限要素法解析においても同位相モードと逆位相モードの振動挙動を示すのか。高次モードまで連成はあるのか

3次元有限要素法解析の結果から次のようなことが得られた。占積率は65%として巻線端4の等価縦弾性係数は $3.0×10^3$ MPa およびスロット内巻線の等価縦弾性率は $1.0×10^3$ MPa を用いた。

(1) ばね結合された鉄心と巻線端は，同位相モードと逆位相モードの振動挙動を示すことが確認できた。

(2) 同じ次数（n=2, 3, 4）のモードが生じていることから，連成振動が生じていることが認められた。

(3) 2つの円環モデルに対する理論解析および有限要素法解析によって得られた固有振動数を比較すると，同位相および逆位相ともに比較的良い一致が認められる。

(4) 同じ次数では，同位相モードの固有振動数より逆位相モードの固有振動数の方が大きい。

3.2 巻線端付きの固有振動数

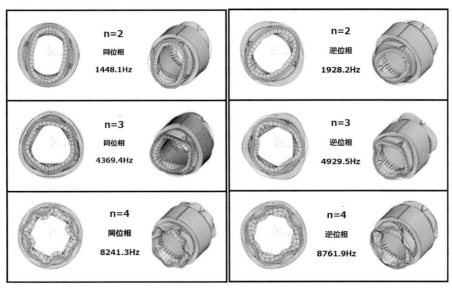

巻線が付いた3次元有限要素法解析の結果

Q 52
巻線が付いた3次元有限要素法解析において解析精度は一致が認められるのか

巻線が付いた3次元有限要素法解析と振動モードを含めた実験結果を比較した図表を示す。以下のようなことが得られた。

(1) 実験においても鉄心と巻線端は，同位相モードと逆位相モードの振動挙動を示すことが確認できた。
(2) 同じ次数（n＝2, 3）のモードが生じていることから，連成振動が生じていることがわかる。
(3) 2つの円環モデルに対する実験および有限要素法解析によって得られた固有振動数を比較すると，同位相および逆位相ともに±2.2%以内で比較的良い一致が認められる。

以上のことから，鉄心と巻線端の2つの円環の間がばねで結合されているとした場合，鉄心と巻線端は，同じ次数のモードだけで連成振動することが確認でき，3次元有限要素法解析理論解析が妥当であることが確認できた。

第3章 モータ構成部品の固有振動数

解析結果および誤差

	理論解析	実験	有限要素法	誤差
n=2 同位相	1450	1417	1448	－2.2%
n=2 逆位相	1970	1969	1928	2.2%
n=3 同位相	4110	4408	4369	0.9%
n=3 同位相	4630	5010	4930	1.6%

巻線が付いた3次元有限要素法解析結果と実験との比較

Q53 ワニス樹脂による振動減衰効果があると推定すると結果はどうなるのか

A 振動減衰効果は，ワニス樹脂の硬さによる影響が大きいと推察した。硬さの種類を変えたワニス樹脂の試料を用意し，実験を行った。インパルス応答スペクトルを図に示した。特徴としては，アルキド系ワニス樹脂であるモデルと比較すると，エポキシ系ワニス樹脂では，$n=2$ で同位相モードの固有振動数のみが現れ，逆位相モードが見られない。これは，エポキシ系ワニス樹脂で処理したものは巻線の剛性が高くなり，鉄心と巻線端が一体化して同位相モードのみの振動となったためと推察される。

シリコン系ワニス樹脂では，振動応答を左右する振動の減衰が大きい。この影響によって，高い振動数領域での固有振動数が明確に現れない。これは，電磁力との共振による耳障りな電磁騒音を避けるための効果的な対策の1つである。

3.2 巻線端付きの固有振動数

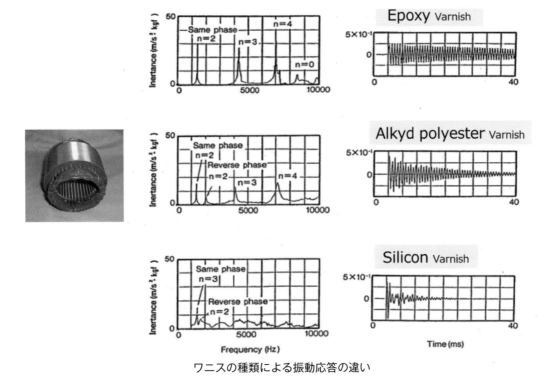

ワニスの種類による振動応答の違い

Q 54
ワニス（エポキシ，アルキド，シリコン）樹脂の硬度の順番と特徴はどうなるのか

A 硬度は，エポキシ＞アルキド＞シリコンの順である。
- エポキシ樹脂は付着性，耐薬品性に優れ，高温硬化性、耐候性が悪い。
- アルキド樹脂は，金属への密着性に優れ，防食性が向上する性能がある。耐屈曲性，耐衝撃性，耐摩耗性などの機械的物性が良く，肉持ち感，ツヤ出しなど外観用としての性能に優れている。油の含有量の違いによって特徴や性質が変わる性質にある。
- シリコン樹脂は，耐熱性，耐候性に優れている。作業性，耐油性が悪い。

●文献
1) 松平精：基礎振動学，共立出版，255(1973).
2) S. P. Verma and R. S. Girgis：Experimental verification of resonant frequencies and vibration behaviour of stators of electrical machines, Part2-Experimental investigations and results Proceedings of the Institution of the Electrical Engineers, *B. Electrical Power and Applications*, **128**, 22(1981).
3) R. S. Girgis and S. P. Verma：Method for accurate determination of resonant frequencies and vibration behaviour of stators of electrical machines, *Proc. IEE.*, **128**-B(1), 1(1981).

4) S. Watanabe, S. Kenjo, K. Ide, F. Sato and M. Yamamoto：Natural frequencies and vibration behaviour of motor stators, *IEEE Transactions on Power Apparatus and Systems*, **PAS-102**(12), 949(1982).
5) 志賀元弘：誘導電動機固定子の固有振動数(第1報，半径方向振動特性)，日本機械学会論文集C編，**50**(451), 464(1984).
6) 志賀元弘：誘導電動機固定子の固有振動数(第2報，半径方向固有振動数解析)，日本機械学会論文集C編，**51**(461), 26(1985).
7) 志賀元弘：導電動機固定子の固有振動数，日本機械学会論文集C編，**51**(471), 2760(1985).
8) S. Noda, S. Mori, F. Ishibashi and K. Itomi：Effect of coils on natural frequencies of stator core in small induction motor, *IEEE Trans Energy Conv.*, **EC2-1**, 93(1987).
9) R. K. Singal, K. Williams and S. P. Verma：Vibration behaviour of stators of electrical machines, part II: experimental study, *Journal of Sound and Vibration*, **115**, 13(1987).
10) S. Noda, S. Mori, F. Ishibashi, I. Suzuki and K. Itomi：Analysis of natural frequencies in small induction motor, Asia-Pacific Vibration Conference. '93, Dynamics of M & S, 1277(1993).
11) 野田伸一，石橋文徳，井手勝記：誘導電動機固定子鉄心の振動応答解析，日本機械学会論文集C編，**59**(562), 1650(1993).
12) 野田伸一，鈴木功，糸見和信，石橋文徳，森貞明：電動機固定子鉄心の固有振動数の簡易計算法，日本機械学会論文集C編，**60**(578), 3245(1994).
13) 斉藤文利訳：ロー・ノイズ・モータ―電気機械の騒音の測定と抑制法―，総合電子出版，53(1983).
14) 野田伸一，石橋文徳，糸見和信，井手勝記：二層円環における面圧と固有振動数，日本機械学会論文集C編，**65**(629), 23(1999).
15) 野田伸一：モータの騒音・振動とその低減対策，エヌ・ティー・エス(2011).
16) 野田伸一：モータの騒音・振動とその対策設計法，科学情報出版(2014).

第4章
通風音
―騒音発生メカニズム―

4.1 ファン騒音の発生メカニズム

【解 説】

　モータ騒音の中に通風音がある。多くの場合，冷却ファンよってモータ全体の騒音レベルが左右されるので，低騒音化が重要である。冷却ファンは，一般に両方向に回転運転する。

　ファンの羽根は半径方向に向かう直線羽根（ラジアルファン）を用いることから冷却効率が低く，しかも騒音は大きい。ファン騒音には，回転数 f と羽根枚数 z の積とする回転音 fz と，風の流れが乱れることで発生する乱流音がある。

　本章は，モータの①ファン騒音のレベル，発生周波数，騒音の相似則。②ファンカバー内の共鳴音。③不等配ピッチ羽根による回転音成分 fz の騒音低減対策，ファンガードの干渉を Q&A にて解説する。

Q1 ファン騒音を低減するにはどうすればいいのか

A　発生原因には，羽根の先端から渦が発生することで音が発生する場合や，羽根翼の表面の境界層で空気が剥離することで音が発生する場合がある。羽根先端ハブの端面の R 加工を流線形として，主流の乱れに起因する騒音の低減に効果がある。

　翼表面の境界層もある回転数では，凸凹を付けた方が騒音低減効果を示す場合もある。また，ファンカバーやケーシングの吸込口の端面も R 加工の丸みを持たすことで騒音低減になる。

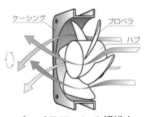

プロペラファンの構造と送風の仕組み[1)]
画像提供：オリムベクスタ㈱

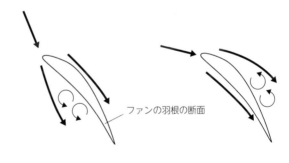

羽根の先端から渦が発生

Q2 ファン騒音は「大小さまざまな渦の発生」とは何か

A　図に示すように，羽根を通過した①主流から②境界層，③伴流領域の空気が渦の山る領域の回転数ではファン騒音は大小さまざまな渦の発生や崩壊によって発生し，発生する音の周波数は，渦の大きさに依存する。

第4章 通風音―騒音発生メカニズム―

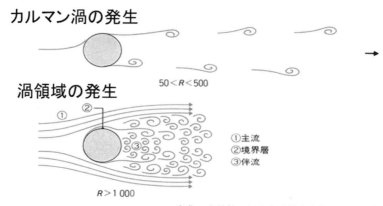

出典：小学館：日本大百科全書(ニッポニカ)
ファン騒音は「大小さまざまな渦の発生」[2]

Q3
ファンカバー内での共鳴音はなぜ起きるのか

A　ファンカバーの円筒部の平行した壁に囲まれた空間内で音を出した際に発生した波を入射波。その波が壁に当たって反射することで発生する波を反射波。これが繰り返されることで両者が合成され、合成波（つまり定在波）が発生し、共鳴を生み出している。

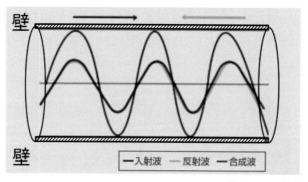

出典：TOA(株)
※口絵参照

円筒部に発生した音波[3]

Q4
ファンカバー内の空間共鳴の簡易的な計算式はどう示すのか

A　波長と音速から計算する。たとえば、長さ $L=10\,cm$ の両端の開いているファン風洞がある。基本、共鳴周波数は約何 Hz か。常温 20℃として、開口端補正は考えないものとすると 1700 Hz である。

波長(m)＝音速(m/s)÷周波数(1/s)
$$\lambda = 340/f$$

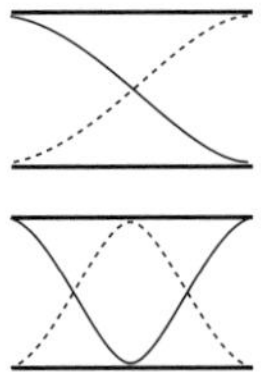

基本振動　基本振動：L＝λ/2＝340/2f
f(Hz)＝340/(2×0.1)＝1700 Hz

2倍振動　2倍振動：L＝λ

ファンカバー内の空間共鳴の簡易的に計算式

Q5 モータファン騒音の大きさ dB(A) の計算式はどう示すのか

A モータは，一般に両方向回転を求められる。ファンの羽根は径向き直線羽根とされ，効率が悪く，しかも騒音は大きい。ファン騒音が直接モータ外部に放射される「全閉外扇形誘導モータ」の例では，騒音値は，およそ次式から求められる。ただし，測定はモータの軸中心高さで距離1.0 m の場合である。

騒音 dB (A)＝70 log D＋50 log N＋k

ここで，D：羽根の外径（m），N：毎秒の回転数，k：定数で32～36

Q6 Q5の式から騒音レベルを下げる時の重要点，注意点は何か

A Q5の式から騒音レベルを下げるには，ファンの外径を小さくすることが重要である。しかし，吐出風量と風圧も低下するので，これらとの兼ね合いが重要になる。すなわち以下のようになる。

吐出風量＝$\pi \phi$UDB

ただし，Φ：流量係数（0.15～0.25），U：羽根の外周速，B：羽根の外周部の幅で表され，吐出風量はDの2乗で減少するので注意を要する。

第4章　通風音─騒音発生メカニズム─

Q7
回転音の周波数はどのように計算するのか

A 圧力騒音：ファンの羽根が空気に圧力衝撃を与えることによるもので、周波数 f（Hz）は以下のようになる。

$$f = m(zN/60)$$

ただし、z：羽根枚数、N：回転数（rpm）、m：整数で表され、m＝1 の周波数がはっきりと表れる場合が多い。いわゆる回転ヘ羽切音と言われている。

Q8
ファンと他の部材との干渉によってサイレン音が鳴るときの計算式はどう示すのか

A 回転する羽根に近接して他の部材（たとえばファンガード）が存在して空気が流通すると激しいサイレン音を生じる。その場合の周波数は、次式で表される。

ファンの羽根枚数 z、近接部材の本数 w、毎分の回転数 N、(z/w) に最も近い整数を k とするとき、サイレン音の周波数 fs（Hz）は、

・z/w または w/z が整数にならないとき…………$fs = zwN/[60 \times (kw - z)]$
・z/w または w/z が整数のとき………………$fs = zN/60$

Q9
回転速度と騒音レベルはどのような関係か

A ファン騒音レベルは、通風騒音とモータ音の dB 合計の騒音となる。高速回転（およそ 1000 r/min 以上）でのファン騒音が主体的となる。回転速度と騒音レベルは 6 乗に比例して、回転速度が増大すると、騒音レベルも増大する。回転速度を 2 倍にすると、最大風量が 2 倍になり、最大静圧は 4 倍になる。たとえば、騒音レベルは 2000 r/min を基準に 4000 r/min では 18.1 dB 増大する。

$dB_2 = dB_1 + 60 \log(N_2/N_1)$
dB_1：回転速度 N_1 時の騒音値
dB_2：回転速度 N_2 時の騒音値

回転速度	2000 r/min（基準）	2200 r/min	2600 r/min	3000 r/min	4000 r/min
騒音値	0	+2.5 dB	+6.8 dB	+10.6 dB	+18.1 dB

Q10 羽根直径と騒音レベルはどのような関係か

A ファン騒音レベルは，羽根直径の大きさと関係がある。同じ回転速度ファン騒音レベルを比較すると，理論的には次のようにファン直系の7乗に比例する。実際には，羽根形状が相似形ではないため理論どおりにはいかない。ドイツ風量にした場合の騒音レベルは，表のレベルになる。ここでは，大きな直径のファンを選定した方が低騒音化できることがわかる。風量は，ファン直系の3乗に比例することからの算出である。

$dB2 = dB1 + 70 \log (D_2/D_1)$
$dB1$：プロペラ径 D_1 時の騒音値
$dB2$：プロペラ径 D_2 時の騒音値

プロペラ径	55 mm	75 mm	86 mm	114 mm（基準）	121 mm	142 mm
同一回転時の騒音値	−22.2 dB	−12.7 dB	−8.6 dB	0	+1.8 dB	+6.7 dB
同一風量時の騒音値	+34.8 dB	+20.0 dB	+13.5 dB	0	−2.8 dB	−10.5 dB

Q11 ファンの最大風量を2倍にしたいときには，回転速度を上げる方法とファンを増設する方法の2つがある。騒音はどちらが低減できるのか

A ファンの音圧レベルの計算式から，12 dB と大きく異なることがわかる。音圧レベルを低く抑えたいときには，ファンを2台にする方が有効となる。装置設計の際にファン回転速度と台数を調整することも解決策である。

最大風量を2倍にしたいときには，
回転速度を上げる方法とファンを増設する2つの方法

式1 回転速度と音圧レベル
例：40 dB のファンの回転速度を2倍にする場合

SPL_2
$= SPL_1 + 50 \times \log\left(\dfrac{N_2}{N_1}\right)$
$= 40 + 50 \times \log 2$
$= 55$ dB（A）

式2 複数音源と音圧レベル
例：40 dB のファンを2倍にする場合

SPL_{all}
$= 10 \times \log(10^{\frac{SPL_1}{10}} + 10^{\frac{SPL_2}{10}})$
$= 10 \times \log(10^{\frac{40}{10}} + 10^{\frac{40}{10}})$
$= 43$ dB（A）

SPL：音圧レベル
N：回転速度

ファンの音圧レベルの計算式

4.2 ファン騒音の要因と発生メカニズム

Q12 モータのファン騒音の要因は何か

A モータファンの特性要因を図に示す。ファン騒音の要因は、羽根形状、ファン側板の隙間、ファン特性、フレーム機内、ファンカバー、ブラケットにある。モータを高い回転速度の運転の多くの場合、ファン騒音のレベルによって、モータ全体の騒音レベルが左右されるので注意が必要である。通風路の空間に共鳴空間が存在すれば、著しい共鳴音を生じることにもなる。さらに、ファンやスロット開口部に静止側の部材が近接していて干渉すると著しい干渉音（サイレン音）となる。モータにおける流体騒音の中で大きなものは、冷却用のファンによる騒音である。

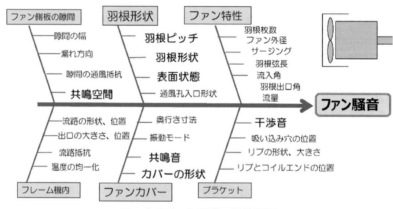

モータのファン騒音　特性要因

Q13 モータのファン騒音の発生メカニズムはどのようになるのか

A ファンの騒音源は大きく2つある。渦音として、羽根周辺の空気の流れの乱れに起因するものや、大小さまざまなカルマン渦が発生する。このカルマン渦の周波数帯域は、広い範囲となる。回転音はファンの羽根枚数と回転数に依存し、空気に圧力衝撃を与える。発生周波数は、卓越した周波数である。その2つの音源が騒音伝播経路であるファンカバー内の空間共鳴を起こし音として拡大する場合がある。

4.2 ファン騒音の要因と発生メカニズム

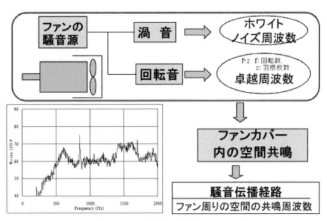

モータのファン騒音の発生メカニズム

Q14
ファンカバー内の空間共鳴を起こし音として拡大する場合があるとは，具体的にどういう現象か

A　共鳴音は，たとえば 2.2 kW のモータの場合で説明する。ヘルムホルツのモード（610 Hz）とファン内径の寸法の大きさで決まる直径節モード（850 Hz，1020 Hz，1360 Hz）が現れる。共鳴音は，図に示すように周波数の分析結果から大きな山（図内△）になっている周波数帯域である。

1. ヘルムホルツのモード（610 Hz）
2. ファン内径で決まる直径節モード（850 Hz，1020 Hz，1360 Hz）

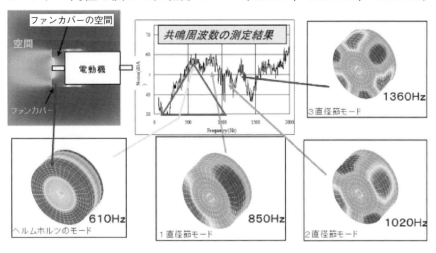

※口絵参照

ファンカバーの空間による共鳴周波数

Q15 ヘルムホルツのモードは計算式で算出できるのか

A ヘルムホルツのモードを算出する式を図に示す。ただし，ファンカバーにおいては出口エリアがあるため，補正した理論式を右側に示した。計算結果と測定結果を比較した。補正を施した理論式で近い周波数を得ることができている。

長さ	従来計算値	本理論値	測定結果
75 mm	386 Hz	595 Hz	610 Hz

$$f = \frac{c}{2\pi}\sqrt{\frac{S}{V(L_m + \Delta L_m)}}$$

$$f_0 = \frac{c}{2\pi}\sqrt{\frac{S}{l \cdot V}}$$

ヘルムホルツのモードを算出する式

Q16 ヘルムホルツ共鳴器の音の出る仕組みはどうなっているのか

A ヘルムホルツ共鳴器は，開口部を持った容器の内部にある空気がばねとしての役割を果たし，共鳴することで音を発生する。この装置で発生する共鳴をヘルムホルツ共鳴と呼ぶ。

図に示すようにビンの飲み口に息を吹きかけると，ネック部分の空気がボトルに押し込まれる。①ボトル内の圧力が上昇し，②空気を押し返す。①⇄②の繰り返しによって空気が振動し，音が鳴る。

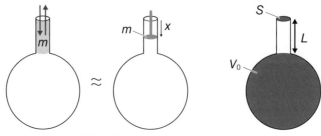

音が出る仕組み　ヘルムホルツのモード

Q17 モータのファン騒音でヘルムホルツのモードはどのように検証されるのか

A 音響ホログラフィによる音圧分布解析の測定結果から,ファンカバーの空気の吸込口から騒音が大きいことが検証された。それに加えて,理論式と有限要素法解析による結果からも判断した。

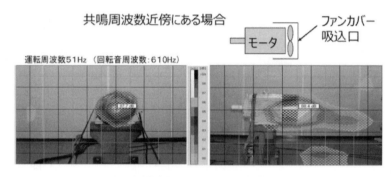

音響ホログラフィによる音圧分布解析

Q18 マイクロホンアレイを用いた音響ホログラフィによる音圧分布の測定装置とはどのようなものか。周波数はどのくらいまで測定できるのか

A 格子状にマイクロホン36本(6×6)を配置し,モータの音圧分布を同時間で測定する装置を用いた。問題となるファン騒音の周波数は 100〜3000 Hz であるため,その周波数帯を選定した。

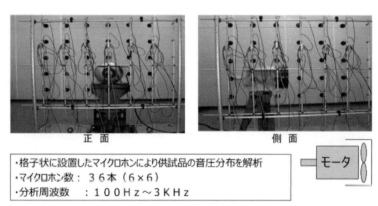

マイクロホンアレイによる音響ホログラフィによる音圧分布の測定装置

第4章 通風音—騒音発生メカニズム—

Q19 回転音のように卓越した音はどのように騒音に影響するのか

A 卓越した音は Puretone と称され，音の大きさの聴感的に比べて Puretone は心理的影響が大きくやかましくうるさく聞こえる。図に示すように，$Lt - Ln > 6\,dB$ の時，顕著な純音が存在すると判定される。環境騒音では，顕著な純音が聞こえれば騒音レベルに 5 dB 加算する。

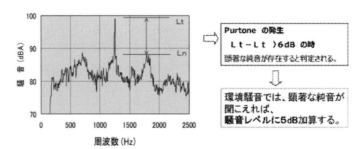

騒音の心理的影響の分類

属性	第1属性	第2属性
定義	聴感的属性	心理的属性
用語	音の大きさ（騒音レベル）	やかましさ うるささ

Puretone の心理的影響

Q20 回転風切り音 fz は卓越していて耳障りだが低減する手法はあるのか

A 表に示すように，3種類の低減方法がある。羽根間隔を周期的に変化させるかランダムに並べるかである。

回転風切り音 fz の3種類の低減方法

計算方法	数列の特徴	羽根切り音への低減効果
周波数変調	・羽根間隔が周期的に変化	・1次成分周りで離散的なピークに分散 ・ピークの大きさは低減 ・回転アンバランス量は小さい
擬似ランダム関数 （M系列）	・羽根間隔をランダムに並べる	・高次成分と低次成分がトレードオフの関係 ・両方を同時に低減することは難しい ・回転アンバランス量は大きい
擬似ランダム関数 （線形合同法）	・大きさの異なる羽根間隔の並び替え ・M系列よりも完全乱数に近い	・高次成分と低次成分の相関が小さい ・両方を同時に低減する条件が存在する ・回転アンバランス量は大きい

4.2 ファン騒音の要因と発生メカニズム

Q21
羽根間隔を周期的に変化させるとはどういうことなのか

A 図に示すように，単一スペクトルの振幅を1とし，回転風切り音の基本成分のみを考える。任意の観測点を羽根が通過するときに空気の圧力（音圧）が最大になるとすると，音圧$p(t)$で表すことができる。図に不等配ピッチの圧力変動を考える。等配ピッチに対して各羽根の間隔を不等配になるように配置した場合，任意の観測点での音圧は$p_i(t)$となる。つまり羽根が等配のときはそれに等しい時間間隔で圧力変動が生じるのに対し，不等配のときはその間隔に応じて音圧$p_i(t)$の最大値の位置が変動する。これにより，回転風切り音の周波数スペクトルが分散され，振幅の最大値が低減する。回転風切り音の正弦波に周波数変調をかけて，回転風切り音のスペクトルをさまざまな周波数に分散させることになる。

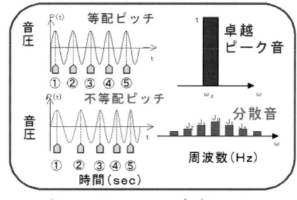

$$p(t) = \sin(\omega_z \cdot t) \quad ---(1)$$

$$p_i(t) = J_0(\beta)\sin\omega_z t + \sum_{n=1}^{\infty} J_n(\beta)[\sin\{(\omega_z + n\omega_m)t\} + (-1)^n \sin\{(\omega_z - n\omega_m)t\}] \quad --(2)$$

卓越した回転音を低減する不等配ピッチ羽根の原理

Q22
不等配ピッチの設計はどのようにするのか

A 外部ファンの騒音を分析した結果，［回転数］×［羽根枚数（13枚）］の周波数成分が大きいことがわかった。つまり，羽根の1回転で生じる周期的な圧力変動が，騒音の原因になっていた。

　そこで，等間隔（等配ピッチ）で取付けられていた13枚の羽根を，不等間隔（不等配ピッチ）で取付け，羽根の1回転で生じる圧力変動を非周期的なものにすることを考えた。こうすることで，羽根の1回転で生じる圧力変動の周波数を分散させることができ，騒音の卓越成分を低減することができる。ただし，単純な不等配ピッチでは回転バランスが悪化するので，羽根の取付け角度と回転バランス量の関係を定式化し，結

果的には図のようなピッチ角度とした。また，羽根形状の最適化や通風路の整流にも取り組んだ。

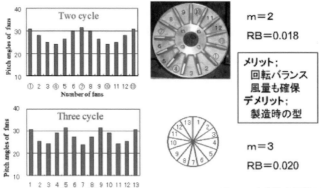

不等配羽根の遠心ファン設計

Q23 等配ピッチ羽根と不等配ピッチ羽根の騒音を比較したデータはあるのか

A 図は等配ピッチ羽根と不等配ピッチ羽根の騒音を比較した。不等配ピッチ羽根の採用により，1300 Hz の卓越した騒音成分が−10 dB 低減していることがわかる。また，広い周波数にわたり全体に騒音が低減しているのもわかる。このように，不等配ピッチ羽根の採用とファン形状の最適化により，トータルの騒音レベルを低減することができた。

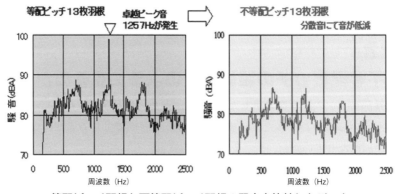

等配ピッチ羽根と不等配ピッチ羽根の騒音を比較したデータ

4.2 ファン騒音の要因と発生メカニズム

Q24
不等配ピッチ羽根の枚数が13枚でなく,少ない羽根枚数の場合も低減効果はあるのか

A 産業用モータにおいては5枚羽根を採用している。13枚と同じ原理で5枚でも低減効果が大きい。

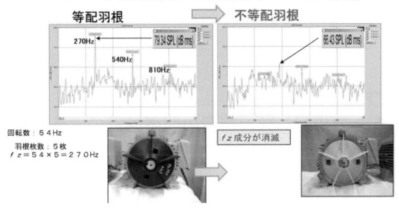

騒音低減効果（5枚羽根）

Q25
不等配ピッチ羽根を適用した時のデメリットは何か

A 不等配ピッチ羽根の考え方は従来からあり,デメリットは以下の2点である。各羽根の間隔をランダムに不等配ピッチ羽根にすると,①冷却ファンの回転バランスが崩れる。②送風量が減少して冷却性能が悪化する。①②からプラスチック金型の製作が困難となる。

第4章　通風音—騒音発生メカニズム—

Q26
不等配ピッチ羽根を適用した時のメリットは何か

A　メリットは，卓越成分（Puretone）がなくなり騒音が低減することである。かつ，回転バランスが取れて，風量も確保できる。この構成によれば，各羽根の間隔が不均等となるように複数枚の羽根が配設されるため，羽根ピッチ音を低減することができる。また，ピッチは周期関数を用いるため，本構成によれば，均等に配列したときの羽根の位置に対して，ある羽根が一方向に所定角度ずれるときには，別の羽根が他方向に所定角度ずれるように設定される。すなわち，各羽根は相互に補われるようにずらして配置されるため，送風羽根全体のバランスが崩れることがない。

Q27
モータの回転数と騒音の関係はどのような実験データになるのか

A　図にファン有無の回転数と騒音の関係を示す。ファン有では回転数1000 rpm以上で騒音レベルが大きくなっていく。ただし，縦軸は相対騒音レベルになっている。

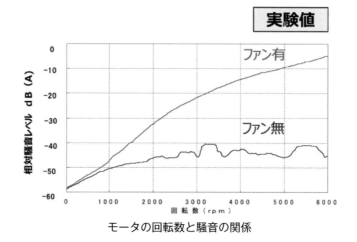

モータの回転数と騒音の関係

Q28
騒音低減の効果のあった対象のモータ構造はどのようになっているのか

A 対象のモータは全閉外扇形誘導電動機であり、ファンの羽根枚数は13枚である。

電動機の種類	全閉外扇形誘導電動機
極数，定格出力	4P，170 kW
運転周波数	0～100 Hz
ファンの種類，羽根枚数	ラジアルファン，13枚

対象のモータ構造

Q29
干渉音とは何か

A たとえば、ファン近傍の流路形状の影響として、ファンとガードの相互作用で発生する音である。ファンは回転体であるため、危険防止のため図に示すようにファンの前にガードが付いていることが多い。

ファンとガードとの相互作用で発生する音

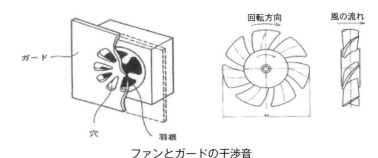

ファンとガードの干渉音

Q30
ファンとガードとの距離と騒音レベルとの関係はどうなるのか

A ファンは流量,つまり静圧差で音が変わるのでこれらのパラメータを押さえながら,ファンとガードとの距離と騒音レベルとの関係を図に示した。これをみると,上流側近傍に障害物があったとき騒音レベルが上がることがわかる。このファンの場合,ファンガード間距離をファン直径の20%以下にすると急激に音が大きくなっている。

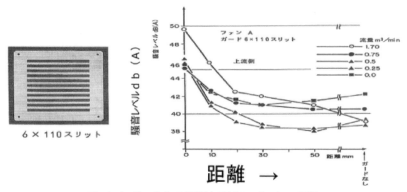

ファンとガードとの距離と騒音レベルとの関係

Q31
なぜファンとガードが近いと音が出るのか

A 近距離では,ガード後方に発生した低流速域(ウェイク)がファンに吸込まれて羽根(ブレイド)に特定周波数の衝撃力が発生する。しかし,遠距離では流速が均一化されて一様な乱流が吸い込まれるために衝撃力が発生しないと考えられる。ガードとファン間の流速分布は図のように,穴と板の後の流速差がガードに近いところでは大きいが,遠いところでは小さい。

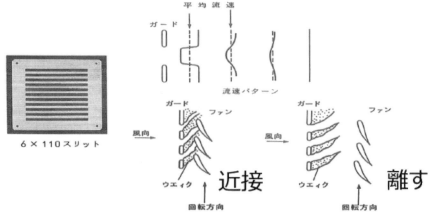

ファンとガードが近いと音が出る理由

Q32
騒音の周波数帯域はどのように変化するのか

A ガード距離と騒音の関係をさらに見るため，周波数分析すると図のようになる。この図から距離を変えても広帯域音はほとんど変わらず，変化するのは離散音であることがわかる。
　言い換えると，ガードとファンとの距離が 20 mm 以下のときはガードの影響が出て離散音が卓越するが，20 mm 以上離すとガードとは無関係な広帯域音が支配的になる。

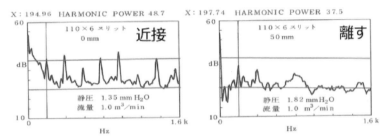

ガード距離と騒音の関係

Q33
ガードが近いと音が出る理由を確かめるための実験方法はあるのか

A 流れの可視化によって検証した。上記の仮説を直接的に確かめるため，流れのパターンを可視化して低流速域（ウェイク）の状態を見た。図に示すようにドライアイスに湯（約50℃）をかけて霧を発生させて可視化した。これを見ると，ガードの板の後流では流れがあまりないので霧がほとんど供給されず透明になっている。この透明な部分は，ガードからの距離が離れるにつれて小さくなり，流れが徐々に一様になっていることをうかがわせる。

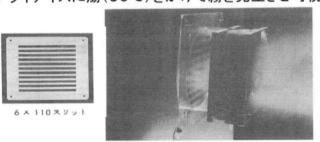

流れのパターンを可視化

Q34
干渉音を数式で示すことはできるのか

A ファンとガードとの相互作用で発生する音のレベルをみたが，ここではその周波数の特徴について考える。音の発生原因を［4.1 ファン騒音の発生メカニズム］のように考えると，ガードスリットに対応した静止側分布励振源があり，この励振源を回転羽根が横切るとき衝撃力が発生することになる（図参照）。

異なる時刻に発生した波が回転系上での重ね合わせによって，強調されたり打ち消しあったりで，周波数選択性を生じることがある。これはいわゆるスロットコンビネーションである。ここでは，結果を簡単に述べるにとどめる。一般に励振条件は次のようになる。

$$hZs \pm n = mZr$$

ここに，h：励振力高調波次数（1, 2, 3, …）
　　　　m：任意整数
　　　　n：節直径数（0, 1, 2, 3…）
　　　　Zs：静止側励振源数
　　　　Zr：回転羽根数

上式が成り立つとき，静止側で$mZrf$（fは回転周波数）の音を聞くことになる。つまり，高調波のうち，特定次数だけが選択的に出る。形状と発生音の周波数および音圧分布モードを計測するとこの現象が起きているかどうかがわかる。

上記の理論はモータの電磁力で説明した極数Pとスロット S との関係で発生する電磁力と同じ考え方である。

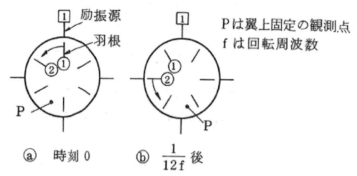

干渉音スロットコンビネーション

●文献
1) オリムベクスタ(株)HP：https://www.orimvexta.co.jp/product_detail/fan_motor_detail/
2) 小学館：日本大百科全書(ニッポニカ)　電子版百科事典.
3) TOA(株)HP，音空間，音のマメ知識：
https://www.toa.co.jp/otokukan/otomame/theme1/1-6.htm
4) 生井武文：送風機と圧縮機，朝倉書店，486(1960).
5) 大坪俊，高井章：低騒音電動機，明電舎時報，(34), 30(1961).
6) 高木正蔵，池谷定敬，青柳章：低騒音誘導電動機，東芝レビュー，**27**(4), 353(1972).
7) 綿引誠之，甲藤協：低騒音電動機の進歩と使い方，電気計算，**13**(5), 32(1972).
8) 平山勝己：低騒音誘導電動機，明電舎時報，**112**(5), 54(1973).
9) 林是樹，光富寿雄，臼井純一：低騒音回転機，安川電機，**38**(146-2), 133(1974).
10) 平山勝己，久光行正，杉浦邦夫：低騒音電動機，明電時報，**116**(3), 39(1974).
11) 蓮池公紀：電動機の騒音とその防音対策について，配管技術，102(1974).
12) 桜井照男，尾高憲二，浜野福男，河内芳信：誘導電動機の騒音低減，日立評論，**57**(7), 65(1975).
13) 山西晴男，内藤治夫：全閉外扇形電動機の冷却風量を増加させるファンの設計指標，電気学会論文誌 D(産業応用部門誌), **120**(12) (2000).
14) 野田伸一：送風機の低騒音設計(羽根切り音と回転アンバランスを低減する翼配列)の低減法，日本機械学会論文誌 C 編，**66**(649), 62(2000).
15) 白石茂智ほか：全閉式主電動機の開発(冷却構造の改良)，電気学会　回転機研究会(2001).
16) 白石茂智，山田敏明ほか：全閉外扇式主電動機の開発と現車試験結果，鉄道サイバネティクス利用シンポジウム(2004).
17) 野田伸一，水野末良：鉄道車輌全閉外扇形主電動機におけるファン騒音と共鳴周波数，第11回鉄道技術連合シンポジウム J-RAL2004, 493(2004).
18) 野田伸一，白石茂智，永山孝：低騒音を目指す密閉タイプの鉄道車輌用モータ，東芝レビュー，**60**(12), 28(2005).
19) 小山泰平ほか：電気学会全国大会論文集，5-104, 147(2006).
20) 小山泰平ほか：第44回日本伝熱シンポジウム講演論文集(2007).
21) 野田伸一：全閉外扇式主電動機の低騒音化，第45回　鉄道サイバネ・シンポジウム論文(2008).
22) 野田伸一：モータの騒音・振動とその低減対策，エヌ・ティー・エス(2011).
23) 野田伸一：モータの騒音・振動とその対策設計法，科学情報出版(2014).

第5章
ロータ振動

5.1 ロータ・ダイナミクス—ロータの振動問題，ジャイロ効果—

Q1 ロータの振動の具体的な課題はどのような種類があるのか

A ロータの振動問題は大きく分けて5種類ある。

(1) 軸曲げ振動

回転軸の振動で最も多く問題となる軸曲げ振動。回転軸の長手方向に変化するたわみ変形モードを保持し，軸に垂直な平面で振れ回る振動。さらにアウターロータやインペラ（冷却ファン）を有する構成において，高速回転時の円板のジャイロ効果での回転上昇とともに固有振動数が変化する現象がある。

(2) 軸ねじり振動，トルクリップル

回転軸のねじれ変形が引き起こす振動で，モータの電磁力や負荷トルクなどが変動することで振動を引き起こす場合がある。

(3) 回転構造物の振動

冷却ファンなどの羽根の回転する構造体の板曲げ振動。回転軸の振動はなく，ロータに取り付けられた永久磁石などの保持力の問題になることがある。

(4) 軸方向の振動

回転軸方向の振動で軸受予圧が適正でない時やマグネットセンターがズレていたりすると発生する。ドローンなどの回転羽根に起因する軸方向推進力が作用する。

(5) 軸を支える軸受

モータ軸を支える軸受の影響は，回転振動に大きく左右する。軸受の予圧，軸受ハウジングの隙間，流体潤滑のホワール現象が発生する。

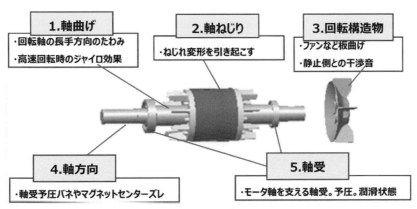

ロータの振動の具体的な課題

Q2 ロータ回転時の代表的な振動問題ではどのような現象があるのか

A 代表的にロータ不釣合い力（回転アンバランス）の周波数と軸の曲げの固有振動数が一致した時の共振問題（危険速度）がある。ロータが回転する上で振動が存在する課題があるため，通常の振動問題とは異なる特殊なロータ・ダイナミクスの現象として扱っている。

Q3 ロータの振動の特徴とは何か。どのような現象があるのか

A ロータ振動も一般構造物の振動と同様に，強制振動と自励振動に大別できることが特徴である。強制振動の特徴は，「外力の周波数と振動の周波数が一致する」という点で，モータの場合の代表的な外力は質量不釣合いやロータの曲がりによる「回転アンバランス力」，冷却ファン羽根の通過などによる「羽根が受ける流体力」である。強制振動で問題となることが多いのは「共振」である。ロータの曲げ1次振動の固有振動数に一致する回転数は「危険速度」と呼ばれ，アンバランス力周波数と共振をおこす現象である。

外部からの減衰の付加やスピード加速で通過することで，危険速度通過時の振幅を低下させることができる。もちろん，アンバランスなどによる外力の大きさを小さくすることで危険速度通過時の振幅を低減できかつ全ての回転数域で振動の振幅を低減することができる。

自励振動は明らかな励振力が見当たらないのに，異常な振動が起きる振動のこと。モータでは，冷却ファン，軸受油膜，シール，ラビリンスなどのクロスカップリングと呼ばれる連成反力がロータに作用し，振れ回り振動を成長させる場合の現象である。

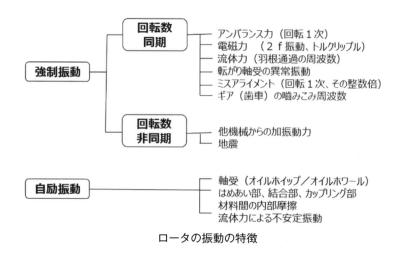

ロータの振動の特徴

Q4 ロータの振動特性はどのような作用や現象, 影響が出るのか。そのために何をしておくことが重要なのか

A ロータの振動特性はロータ・ダイナミクスと称され, ロータの回転に伴い, 遠心力, 軸の曲げ, 傾き振動やジャイロモーメント, コリオリ力が作用し, ロータの剛性に影響を与え, 振れ回り運動が現れ, 固有振動数が変化する。回転速度は軸の固有振動数と一致すると振れ回り振幅が大きくなり, 回転システムの不安定や部品の破損などが発生する場合がある。この時の速度を危険速度と呼ぶ。ロータ・ダイナミクス解析では, 指定した回転速度ごとのモーダル複素固有値解析を行って, 回転による振れ回りモード, 減衰の変化や危険速度などを事前に予測シミュレーションして, 共振回避しておくことが重要となる。

Q5 ロータ・ダイナミクス解析とはどのような解析か

A ロータ・ダイナミクス解析とは, モータの振動のうち「回転中のロータ振動」を解析する手法のことである。軸曲げ振動は, 回転軸の振動で最も多く問題となる振動で, 回転軸の長手方向に変化する曲げ変形モードを保持し, 軸に垂直な平面で振れ回る現象を解析する。

　身近な例では, 回転しているコマが傾いて公転する運動（振れ回り）が代表的である。回転しているコマが倒れないのは, 倒れを直す方向にジャイロモーメントが働くためで, ジャイロモーメントは回転軸の剛性を変化させる。剛性が変化するため, 回転しない静止中のロータの固有振動数と異なる。ロータ・ダイナミクス解析では, 回転数が変化するときの剛性変化の影響を考慮して解析をする。

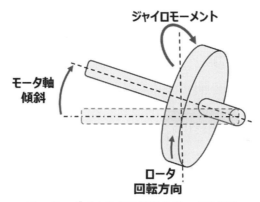

ロータ・ダイナミクス解析のジャイロ効果

Q6
ロータ・ダイナミクスの基礎式は一般の運動方程式と何が違うのか

A ロータ・ダイナミクスとは回転機械に特化した振動問題である。高速で回転する回転機械がジャイロ効果により振れ回り振動する影響を考慮した解析を行う。基礎方程式は式の形となり，運動方程式にジャイロマトリクス [G] の項が追加されているのが特徴である。

$$[M]\{\ddot{u}(t)\}+([G]+[C])\{\dot{u}(t)\}+[K]\{u(t)\}=\{F(t)\}$$

Q7
ロータの固有振動数は回転速度の関数でどう変化するのか

A ロータの固有振動数は回転速度の関数で変化する。回転速度の上昇に伴い固有振動数は分裂する。

ロータの固有振動数 ω は軸の回転速度 Ω の関数として変化し，回転速度が速くなるほど ω_f と ω_b の差が大きくなる（分裂する）。なお，静止中の回転速度 $\Omega=0$ であれば ω_f と ω_b は一致する。

$$\omega_f = \frac{I_p\Omega + \sqrt{(I_p\Omega)^2 + 4kI}}{2I} > 0$$

$$\omega_b = \frac{I_p\Omega - \sqrt{(I_p\Omega)^2 + 4kI}}{2I} < 0$$

Q8
回転速度によってロータの固有値が変化するとはどういうことなのか

A 回転速度と固有値の関係を図に示す。停止時には固有値が 110 Hz であるが，回転数が 10000 rpm まで上昇すると，固有値が 60 Hz まで低下する。一方，180 Hz まで上昇する現象である。回転方向と振れ回り振動の向きが一致する場合は，前向き振れ回り（forward whirl）といい，逆方向の回転になっている場合は後ろ向き振れ回り（backward whirl）という。

前向き振れ回りの固有振動数が低下し，後ろ向き振れ回りのモードは固有振動数が上昇している。回転により複素固有値が変化し，複素固有値の実部と虚部の値になっている現象となる。

5.1 ロータ・ダイナミクス—ロータの振動問題，ジャイロ効果—

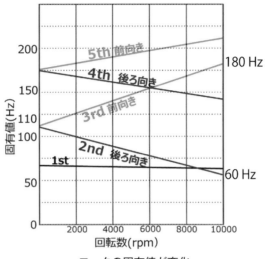

ロータの固有値が変化

Q9
固有振動数の上昇または下降の大きさは回転円盤（ロータ）の形状で決まるのか

A ロータの自転方向に対する振れ回り方向で固有振動数が上昇または下降する。ジャイロ効果の固有振動数への影響は，回転体の形状でジャイロ効果の強さが変わる。図に示すようにジャイロファクタが大きいほど，つまり回転円盤の径が大きいほど，また薄いほどジャイロ効果の影響が出やすい。

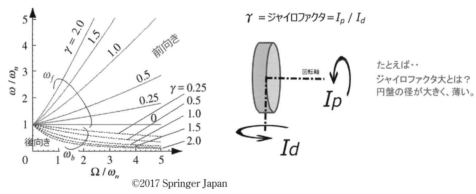

©2017 Springer Japan

ジャイロ効果の固有振動数への影響 [1]

Q10
ロータの固有振動数は回転速度の関数で変化し，回転速度の上昇に伴い分裂する。身近な問題で体験することはないのか

A 遊園地の円弧運動する乗り物で上から下に落ちる時は，見かけ上軽くなり，座席から浮き上がるように感じる。逆に，下から上がる時，座席に体が沈みこみ重くなったように感じる。つまり，落ちる時は座席をあまり下に押さず，上る時には座席を強く押す。

回転するコマも，同じことがいえる。半分は軽く，半分は重くなるので，重い方に傾く。単純に表現すると，傾いた方向から，コマの回転方向に90°先に行った部分が重くなり，逆に90°戻った部分が軽くなる。

回転するコマが一旦傾くと，傾いた方向とは90°先の方向へ傾きが移動していく仕組みである。このために，回転するコマは傾いてもそのまま倒れてしまうことはなく，回転軸はゆっくりと首振り運動する。つまり，一度傾いても重力によって傾きが大きくなり倒れてしまうことない。

Q11
ジャイロモーメントはどういうものなのか

A 回転体では，回転軸を垂直に回転させると，その2つの軸周りにジャイロモーメントが生じる。ジャイロモーメントは固有値を緩やかに上昇させたり，下降させたりする効果を与える。また，コマが傾いても倒れない現象として確認できる。回転しているコマは慣性力が作用する。回転している物体は，その回転運動をそのまま維持し，回転軸をずらそうとするモーメントの動きに対して抵抗する。

Q12
ジャイロ効果の特徴とは何か

A モータのロータ振動で最も大きな特徴は，ジャイロ効果などの影響で回転数によって固有振動数が変化するという点である。軸受やシール部の剛性と減衰も回転数で変化する。

ロータ軸受の運動方程式は，質量，減衰，剛性，ジャイロおよび外力で示される。質量を除く減衰，剛性，ジャイロ係数，さらに固有値も回転数によって変化するため，固有値を計算するには，回転数ごとに固有値問題を解く必要がある。減衰が負になると不安定振動が発生する。固有値は固有振動数と減衰の情報を持つため，系の安定性を高い精度で評価するには固有値を高い精度で予測する必要がある。

Q13
ロータ・ダイナミクスにはどのような作用が解析できるのか

A 回転体では観測座標系によって遠心力，ジャイロモーメント，コリオリ力が作用し，構造の剛性に影響を与える。ロータの軸対称な形状でも，非対称な形状でもモデル化でき，支持構造も対称でも非対称でも解析は可能である。

Q14
遠心力には何が影響するのか

A 遠心力 F は，質量 m，回転半径 r とすると，回転速度 ω が上昇すると 2 乗で大きくなる。

$$F = mr\omega^2$$

遠心力はまた，構造の見かけの剛性に影響を与え，固有周波数が変化する。半径方向の振動は回転速度が上昇すると，一般に周期が長くなる。半径方向と垂直な方向の振動は，回転速度が上昇すると周期が短くなる。ロータ・ダイナミクス解析では，遠心力の影響を考慮して固有値の変化を計算しキャンベル線図に出力できる。

Q15
コリオリの力とジャイロ効果の違いは何か

A 全くの別物である。コリオリ力は，回転座標系で運動する時に運動方向と垂直に受ける見かけの力である。風が低気圧や高気圧を中心に渦巻き上に吹くのはコリオリの力による。

ジャイロ効果は，外部からモーメントを受けない限り回転軸の方向を保とうとする回転による効果である。コマが倒れにくいのはジャイロ効果による。

Q16
コリオリの力とは何か

A コリオリ力とは，回転座標系上で移動した際に移動方向と垂直な方向に移動速度に比例した大きさで受ける慣性力（見かけ上の力）の一種である。

慣性系で静止している質点を，等速で回転する座標系から観測する場合を考える。この際，その質点は等速円運動をしている。回転座標系では，見かけの力である遠心力が円運動の中心から離れる方向に働く。

また，等速円運動では質点の加速度の向きは，常に円の中心向きである。ところが回

転座標系でニュートンの運動方程式が成り立つと仮定すると，見かけの力の遠心力を考えただけではこの加速度を得ることができない。回転座標系で等速円運動を続けるためには，物体に中心向きの見かけの力が働いている必要がある。

この物体の運動方向を変える力がコリオリの力である。

Q17 ロータ・ダイナミクスで周波数応答解析はどのようなことができるのか

A ロータ・ダイナミクスは，同期解析と非同期解析2種類の周波数応答解析ができる。

同期解析で，回転速度と励振荷重の周波数が一致する場合の解析であり，同期解析は主に回転体の質量の不均衡による周波数特性を知るのに便利である。

非同期解析で，回転速度は一定で励振荷重の周波数が変化する解析である。非同期解析は一定回転する回転体が擾乱を受ける場合の評価に役立ち，減衰として粘性減衰が使用できる。

Q18 ロータ・ダイナミクス解析の事例，解析モデルおよび境界条件（荷重）はどう示されるのか

A ロータ・ダイナミクスの解析モデルを示す。上部に円盤と軸およびロータ，軸受から構成する。ロータ・ダイナミクス解析では，回転における以下の境界条件（荷重）を考慮して解析をする。

・回転による遠心力・円盤アンバランス遠心力・ジャイロ効果・コリオリ力

回転数上昇に伴い，固有値（固有振動数）の変化と周波数応答を求める。回転数ごとでの固有値の変化および振れ回り方向，危険速度を求める。周波数応答解析により，実際の外力を考慮した回転数ごとでの応答を求める。

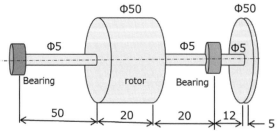

ロータ・ダイナミクス解析で事例

5.1 ロータ・ダイナミクス―ロータの振動問題，ジャイロ効果―

Q19
ロータ・ダイナミクスの固有値解析事例の結果はどうなるのか

A 回転数0〜10000rpmをパラメータに固有値の変化結果を示す。2次と4次は回転数の上昇で固有値が低下する。振れ回り方向は後ろ向き。3次と5次は回転数上昇で固有値が上昇する。振れ回り方向は前向きである。1次は軸の曲げ変形を伴わない軸受ばねを支持とする剛体モードであり，回転数が上昇しても固有値は変化しない。

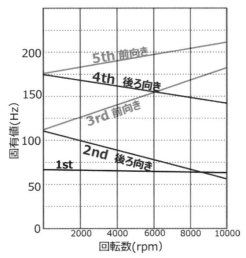

ロータ・ダイナミクスの固有値解析事例の結果

Q20
Q19の解析モデルの回転方向と振れ回り振動の向きが一致する正回転（前回り）と，逆回転（後ろ回り）とは何か

A 軸が1次曲げで回転する際にたわみの回転が，以下の結果のように出力される。
軸の回転方向と同じ方向に回転する場合：正方向。
軸の回転方向と逆方向に回転する場合：逆方向。

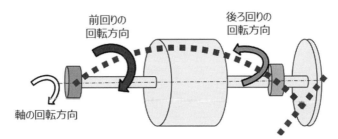

正回転（前回り）と逆回転（後ろ回り）

第5章 ロータ振動

Q21
ロータ・ダイナミクス結果からどう判断するのか

A 強制加振力(Force)の周波数と固有値が一致する周波数であり,キャンベル線図で判断する。回転数0〜10000 rpmまでにForceと一致するのは○印の3点である。しかし,2次と4次は後ろ回りモードであり,危険速度ではない。3次モードの前回りと一致するのは回転数が120000 rpm以上であり,本モデルのロータは0〜10000 rpmでは危険速度に一致しないと判断する。

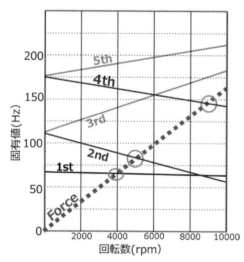

回転速度 RPM	固有値 Hz	モード 指数
4020	67.0	1st
5232	87.2	2nd
8580	143.0	4th

ロータ・ダイナミクスのキャンベル線図

Q22
危険速度を有するとはどういう条件か

A 回転1次の周波数とロータの前振れ回りモードの周波数が共振する条件を満たす条件である。回転1次の加振と固有振動数の周波数が一致する条件である。固有変形モードの変形方向と加振の向きが合う条件が一致する時の,前回の計算モデルのロータ軸の径を小さくして計算した結果を図に示す。回転方向を前向きとしているので回転1次の加振の向きが一致するのは前振れ回りのみで,交点(共振点)は危険速度(図内○印)という。後ろ振れ回りモードは不釣合い加振では励起されないが外部加振では励起される。

5.1 ロータ・ダイナミクス―ロータの振動問題，ジャイロ効果―

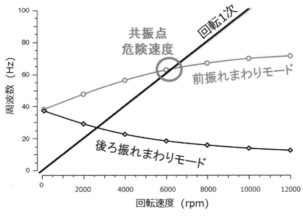

振れ回りのモードと回転 1 次の共振

Q23
ロータ・ダイナミクスの周波数応答解析では何がわかるのか

A 強制加振力の周波数と固有振動数が一致した時の共振状応答の振動レベルを得ることができる。

・アンバランスあり：振動比レベル（0.74），86［Hz］
・アンバランスなし：振動比レベル（0.04），88［Hz］

アンバランスあり:振動比レベル(0.74)、86[Hz]、
アンバランスなし:振動比レベル(0.04)、88[Hz]、(0.04/0.74)≒1/20と低い値
・回転数と固有振動数の変化に対応した応答振動レベル結果を得る

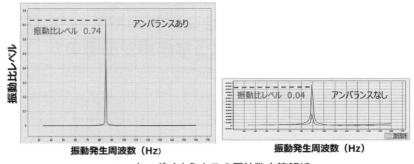

ロータ・ダイナミクスの周波数応答解析

Q24
周波数応答解析で1次と4次の共振した状態の振動比レベルはどのくらいなのか

A 1次と4次の共振した状態の振動比レベルを図に示す。共振する状態にあるが，応答振動レベル比で低い値の結果を得る。これは軸の曲げモードと強制加振力の方向が一致す

ると考える。

　回転システムの不安定や部品の破損などが発生する場合がある。ロータ・ダイナミクス解析では，指定した回転速度ごとの固有値解析を行って，回転による振れ回りモード，減衰の変化や危険速度などを事前に予測シミュレーションして，共振回避することができる。

アンバランスあり：振動比レベル(0.095), 67[Hz]
アンバランスなし：振動比レベル(0.055), 68[Hz]
共振する状態にあるが、応答振動レベル比で低い値の結果を得る

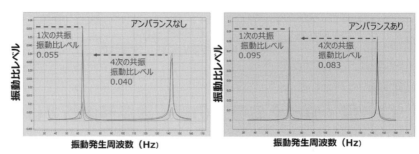

ロータ・ダイナミクスの周波数応答解析

5.2 モータ高速化の振動対応

Q25 誘導モータ（IM）と永久磁石同期モータ（PMSM）は高速化回転ではどのような作用があるのか

A　一般的に，誘導モータ（IM）は単純な構造で安価に製作できて長寿命というメリットがある。一方，永久磁石同期モータ（PMSM）は，ネオジムなど強力な永久磁石の開発により，大出力モータも実現している。IM は高い回転域では PMSM に比較して効率が良い特性がある。つまり高い回転で運転すれば，IM の方が有利ということになる。しかし，高速回転モータには遠心力が働き，強度，振動，騒音が問題となる。

Q26 モータを高速回転することによって高い出力にできるとはどういう意味なのか

A　モータの出力 P は次式で表すことができ，回転数を高めると高い出力にできる。出力 P は，サイズ（D：ロータ外径，L：ロータ長さ）に依存し，回転速度 N で決まること

がわかる。モータ仕様は必然的に最適なサイズ（D, L）も決まることになる。したがって，回転数 N をいかに高められるかが重要となる。モータ出力は回転数とトルクで決まるため，回転数を高めると高い出力にできる。

$$P = K D^2 L N$$

ここで，P：モータ出力，K：出力係数，D：ロータ外径，L：ロータ長さ，N：回転速度である。

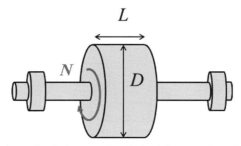

モータ出力（P），回転（N），ロータの長さ（L），ロータの外径（D）の関係

Q27 誘導モータの高速化対応において，ロータ強度の飛散防止の対策は何か

A ロータ構造から以下の5つを提案できる。①ロータ鉄心のロータ半径 r を小さくする。②ロータ鉄心スロット形状。③ロータ鉄心の回転バランス。④バランス板を設ける。⑤ロータバー＆エンドリングの材料特性を把握し限度内で使用する。以降，詳細に解説する。

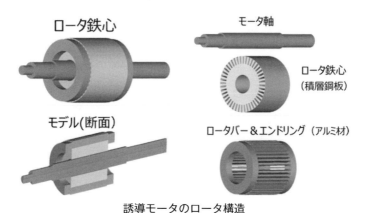

誘導モータのロータ構造

第5章 ロータ振動

Q28
モータの高速化対応において，①ロータ鉄心のロータ半径 r を小さくするとはどういう意味なのか

A ロータ鉄心においてロータ半径 r を小さくすると，Fo 遠心力が小さくなる。図中の遠心力 Fo の式が示すようにロータ半径 r を小さくすると，高速回転時のロータ鉄心およびアルミダイカストで形成したエンドリング部の遠心力による変形や応力を小さくできる。

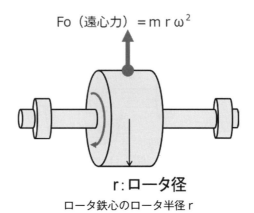

$Fo（遠心力）= m r \omega^2$

r：ロータ径

ロータ鉄心のロータ半径 r

Q29
誘導モータの高速化対応において，②ロータ鉄心スロット形状はどのようになっているのか

A ロータ鉄心スロット形状は，変形や飛散防止のためロータ鉄心の外周部の形状をオープンスロットではなく，クローズスロットを採用する。電磁鋼板の強度が大きいため変形を抑えることができる。

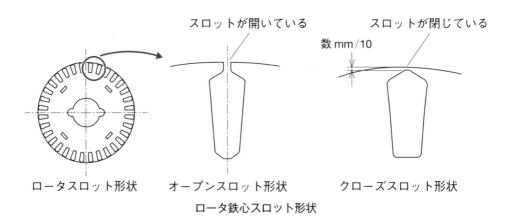

ロータスロット形状　　オープンスロット形状　　クローズスロット形状

ロータ鉄心スロット形状

Q30
誘導モータの高速化対応において，③ロータ鉄心の回転バランスの方法はどうしているのか

A 誘導モータの一般機種では，ロータのバランス取りのためロータ状態のエンドリング部にバランス座を設けており，バランスウェイト（重り）を乗せてバランス取りを行う。バランス取りを行うことにより，遠心力や振動・騒音対策になる。

ロータ状態のエンドリング部にバランス座を設ける

Q31
誘導モータの高速化対応において，④バランス板を設ける方法は何があるのか

A 高速回転時は，バランス座の変形および飛散の可能性があるため，バランス座を無くし鉄もしくはステンレスのバランス円板を追加し，バランス円板にバランスウェイト・ボルトを固定する。または，バランス円板を切削し，アンバランス質量 m を減少して回転バランスを取る。

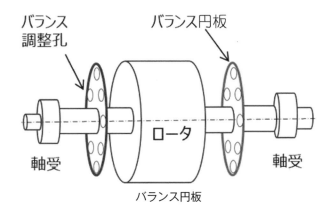

第5章 ロータ振動

Q32 ロータバー & エンドリングの材料特性において，⑤高速ロータを目指す際の問題は何か

A アルミダイカスト合金の機械的性質のデータを示す。課題はアルミダイカストの欠陥鋳造が問題で，製造技術で克服すればさらに向上する。ロータバーかエンドリングのどこの欠陥が発生するのかを見極め改造することにより，限界回転数が向上できる。

JIS 付属書表 1　鋳放しダイカストから切り出した試験片の機械的性質

材料記号	引張試験									硬さ試験				
	引張強さ N/mm^2			耐力 N/mm^2			伸び %			HB			HRB	
	平均値	σ	ASTM	平均値	σ	ASTM	平均値	σ	ASTM	平均値	σ	ASTM	平均値	σ
ADC10	241	34	320	157	18	160	1.5	0.5	3.5	73.6	2.4	83	39.4	3.0
ADC12	228	41	310	154	14	150	1.4	0.8	3.5	74.1	1.5	86	40.0	1.8

σ：標準偏差

Q33 ロータスロットの中に 2 次導体がキャストされる。ダイカスト時の温度から常温まで収縮しているから，隙間が空いている。その隙間はどの程度か。また，どのように収縮するのか

A 計算値になるが，アルミは約 700℃にした状態でダイカスト型に流し込み，そこから常温になるので約 0.01 ～ 0.02 mm の収縮（隙間）が空いていると想定する。ロータの切断により，アルミの充填状態の確認を行う目的で，ロータスロットとアルミの間の距離は測定している。

材料特性

部品名	材料名	密度 [g/cm^3]	ヤング率 [GPa]	ポアソン比	引張強度 [MPa]	線膨張係数 [1/℃]
ロータ鉄心	ST050	7.65	200	0.35	≧約 350	11.6×10^{-6}
ロータバー	純アルミ	2.62	68.6	0.33	≧約 70	23.8×10^{-6}

Q34 ロータ,エンドリングの残留応力を取り除くにはどのような方法があるのか

A ロータ,エンドリング上面と下面の間がロータスロット内にあるアルミのバーで繋がっている。ロータ鉄心とエンドリングは固定されている。残留応力は,アルミもやわらかく伸びるので特に懸念はないが,歪(ひず)み取りのために1度過熱して焼きなまし処理で残留応力は改良できる。

残留応力を取り除く方法

アルミの種類	温度（℃）	時　間	条　件
A1100	350	1時間	1時間 30℃以下で 260℃まで
A2000	410	2〜3時間	1時間 30℃以下で 260℃まで

Q35 アルミニウムの焼きなましとはどういうものか

A 焼きなましの原理としては,一度アルミの組織を再結晶させて材料が軟化するまで温度を上げていく処理となる。焼きなましを行う際の温度条件や冷却条件は,主としてアルミの成分によって変わってくる。アルミニウムとその合金も他の金属材料と同様に熱処理によって金属組織を安定化させたり,強度や硬度を上げたりといったことを行ってから使う。

　焼きなましによって,アルミ材料の歪(ひず)みを除去したり,内部応力を除去したりすることが可能となる軟化によって加工もしやすくなる。

Q36 誘導モータを高速回転させて効率向上をする際の課題は何か

A 誘導モータの回転子サイズ次第では,出力 200 kW モータのサイズでは 18,000 rpm が米国 T 社で実用化されている。以下に,課題を列記する。
- 高速回転の遠心力に耐えうるアルミダイカスト（ロータバー&エンドリング）構造
- 保持器の遠心力耐力,損失の少ない,保守の手間のかからない軸受
- 鉄損の増加を抑える磁性材料,磁気回路構造
- ロータ軸の共振周波数を高めるか,振動抑制のできる回転子構造

第5章　ロータ振動

画像提供：(株)石田製作所
アルミダイカスト（ロータバー＆エンドリング）構造[2)]

Q37
ロータのダイカストの弱点は何か

A　ダイカスト品は普通の鋳造品に比較すると，強度やじん性に劣ることが短所である。鋳造材の中に残る巣や微細な気泡の存在が原因である。鋳物の巣は，溶けた金属（溶湯）は周囲（型に接する部分）が最初に凝固して，内部が遅れて凝固するために生じる凝固収縮により発生するもので，鋳造品に共通する問題である。

　さらにダイカストの場合は，微細な気泡が内部に残る現象が発生する。これは，ダイカスト鋳造は金型との接触面での冷却が早いためと，一気に溶湯を金型内に押し出し成型するため，元々金型内に存在する空気を巻き込んだまま溶湯を送り込むことになる。この空気が，溶湯の凝固の際に微細な気泡として内部に残る。この気泡は，ダイカスト品の強度やじん性を劣化させて，さらには溶接性も阻害する。加圧鋳造するダイカストの場合，残留する空気の体積は圧力により減少するが，気泡の無い鍛造品に比較すると，強度的にはかなり劣る。

Q38
アルミダイカストの機械特性はどのように示されるのか

A　アルミダイカストの機械特性データ，引張試験と硬さ試験の結果を示す。

5.2 モータ高速化の振動対応

アルミダイカスト合金の機械特性データ

材料記号	化学成分　%								
	Cu	Si	Mg	Zn	Fe	Mn	Ni	Sn	Al
ADC10	2.0〜4.0	7.5〜9.5	0.3 以下	1.0 以下	1.3 以下	0.5 以下	0.5 以下	0.2 以下	残部
ADC12	1.5〜3.5	9.6〜12.0	0.3 以下	1.0 以下	1.3 以下	0.5 以下	0.5 以下	0.2 以下	残部

JIS 付属書表 1　鋳放しダイカストから切り出した試験片の機械的性質

材料記号	引張試験									硬さ試験				
	引張強さ N/mm²			耐力 N/mm²			伸び %			HB			HRB	
	平均値	σ	ASTM	平均値	σ	ASTM	平均値	σ	ASTM	平均値	σ	ASTM	平均値	σ
ADC10	241	34	320	157	18	160	1.5	0.5	3.5	73.6	2.4	83	39.4	3.0
ADC12	228	41	310	154	14	150	1.4	0.8	3.5	74.1	1.5	86	40.0	1.8

σ：標準偏差

Q39 アルミダイカストの弱点は何が原因なのか

A アルミダイカスト品は普通の鋳造品と比較すると、強度やじん性に劣る短所がある。鋳造材の中に残る巣や微細な気泡の存在が原因である。鋳物の巣は、溶けた金属（溶湯）が周囲が最初に凝固して、内部が遅れて凝固するために生じる凝固収縮により発生するもので、鋳造品に共通する問題である。

気泡が内部に残る現象が発生する。ダイカスト鋳造は金型との接触面での冷却が早いためと、一気に溶湯を金型内に押し出し成型するため、元々金型内に存在する空気を巻き込んだまま溶湯を送り込むことになる

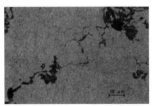

画像提供：（株）木村工業

アルミダイカスト品の断面 [3)]

Q40
誘導モータは構造的に堅牢であるため，PMモータよりも高速回転可能ということなのか

A 堅牢である：確かにIM誘導モータは強度があり，長寿命である。堅牢であるのは，許容回転数内で運転するという条件である。メーカーのカタログなどにある「堅牢と述べられている」とは，同期モータでも永久磁石表面貼り付け形（SPM）との比較である。堅牢と表現されているが定量的な表現ではない。

回転子構造 [4) 5)]

	誘導モータ	PMモータ	
		SPMモータ	IPMモータ
回転子構造（断面図）			
		回転子の表面に磁石を貼り付ける	回転子の中に磁石を埋め込む
原理	回転子に電流が流れ，回転磁界速度よりスリップ速度だけ遅れて回転	磁石トルクだけが発生し，回転子は回転磁界と同一速度で回転	磁石トルクとリラクタンストルクが発生し，回転子は回転磁界と同一速度で回転
体積	同期モータより2～3枠以上大	超小	小
効率・力率	○	◎	◎
高速	◎	○（サーボの場合は◎）	◎
最大トルク	◎	○（サーボの場合は◎）	○
トルク成分	誘導	磁石	磁石とリラクタンス

画像提供：安川電機
出典：(一社)ディレクトフォース

Q41
IPM同期モータの高速回転の限界設計において，電磁鋼板部分の回転子・固定子の形状については検討および最適化している。誘導モータの高速回転への具体的な課題は何か

A 誘導モータの回転子サイズ次第では，数万rpm程度まで回転させた場合，遠心応力によってエンドリングでの座屈などが問題となる。エンドリング部などの回転子全体の構造設計や共振周波数なども考慮すべきである。特に，2次導体にアルミのダイカストを用いる場合，気泡（鬆）が少しでもあると応力でその部分が潰れ，大きな問題が生じるので注意が必要となる。気泡はバラツキが出るので実機サンプル数が検証で必要である。

Q42
ロータバーに銅を用いると遠心力の耐力特性はどうなるのか

A 銅を2次導体に用いた場合でも,銅は剛性が低くやわらかいため,応力に対して保護が必要になる可能性が高い。この問題に対しては,すでに多くの特許が出願されている。ただし,対策方法によっては,モータの性能劣化を招く可能性があるので注意が必要である。コスト面でも製造設備では銅カストの真空引きの装置が必要となり,初期コストとランニングコストは,アルミダイカストに比較して1.5倍になる試算が出ている。

Q43
アルミダイカスト品の強度改善は何があるのか。温度特性のデータはどうなるのか

A 真空ダイカスト法は,金型内部や射出する溶湯中の空気をできるだけ排除することが気泡対策である。

空気の巻き込みが少ないように,金型の下部から溶湯を注入した後に,付加的に全体や一部を加圧して,金型内の全体の鋳造材料に高圧を加える方法がある。

Q44
温度に影響する部品とは何か。アルミ合金の温度特性のデータはあるのか

A 引張強度は,150℃で270 N/mm^{2}と常温20℃で320 N/mm^{2}の15%が低減する。誘導モータのロータ2次側で発熱が生じる。温度上昇による引張強さを向上することである。温度特性のデータを図に示す。

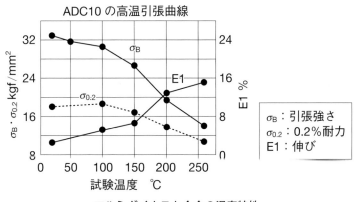

アルミダイカスト合金の温度特性

第5章 ロータ振動

Q45
ロータ強度に関してFEM解析での解析方法はどのような方法があるのか

A 解析方法は非線形解析となる。材料非線形問題として取り扱う。
①弾塑性材料を扱う問題，②クリープ変形を扱う問題，③接触問題である。弾塑性解析であり，このためには塑性変形部分を含めた応力－ひずみ線図が必要である。

材料非線形問題がクリープ解析とは，ある荷重を加えたときに変形量（ひずみ）が時間の経過とともに増加する現象がクリープ現象である。接触問題は，接触要素と呼ばれる表面要素を物体の表面に貼り付けることである。

Q46
モデル化で考慮すべき点は何か

- ダイカスト後（常温）での寸法（隙間を含め）でのモデル化である。ダイカスト時の寸法変化が不明の場合はアルミや鋼，銅の線膨張係数差をもとに推定する。
- ダイカストによる残留応力の推定。
- アルミや銅，鋼など構成材料の応力-ひずみ線図（ヤング率や耐力などの温度依存性），クリープ特性など考慮が必要。
- 鋳物欠陥の把握と破壊力学的な評価とする。
- 金型からモデル化してダイカストのプロセスを解析する鋳造専用の解析ソフトもある。
- 適切な近似や仮定を設ければ，汎用プログラムで対応可能である。
- ダイカスト後の寸法でモデル化できていれば一体化されているので結合条件で良い。
- ダイカストプロセスも盛り込むのであれば接触条件を設けて，最後に接触している部分を結合する。

Q47
ダレやバリのモデル化はどのように扱うのか

A ダレやバリは通常小さいので無視してモデル化する。これを起点にき裂が生じる可能性がある場合は解析後，別途，き裂を想定した破壊力学的な評価を行う。

Q48
材料特性は製造技術が関連するのか

A　課題はアルミダイカストの欠陥鋳造が問題で，製造技術で克服すればさらに向上する。ロータバーなのかエンドリングのどこの欠陥が発生するのかを見極め改造することにより，限界回転数が向上できる。

Q49
残留応力はどのように把握するのか

A　樹脂流動解析により計算できる。または残留応力測定すること。破壊試験法と非破壊試験法，穴あけドリル法などがある。エンドリングは引張りを受けるので，遠心力には不利である。

Q50
アルミダイカストの材料強度は何が問題なのか

A　アルミダイカスト品は普通の鋳造品に比較すると，強度やじん性に劣る短所がある。鋳造材の中に残る巣や微細な気泡の存在が原因である。鋳物の巣は，溶けた金属（溶湯）は周囲が最初に凝固して，内部が遅れて凝固するために生じる凝固収縮により発生するもので，鋳造品に共通する問題である。

　気泡が内部に残る現象が発生する。ダイカスト鋳造は金型との接触面での冷却が早いためと，一気に溶湯を金型内に押し出し成型するため，元々金型内に存在する空気を巻き込んだまま溶湯を送り込むことになる。

Q51
アルミダイカストの材料特性データが必要なのか

A　温度特性，巣や気泡をスキャナで見る。切断して調査する。寸法が太いほど巣や気泡ができやすい。製造技術の向上が必要となる。材料強度データは，巣を含んでのデータである。

Q52
高速モータの対策には何があるのか

A　①ロータ鉄心のロータ半径rを小さくする
　②ロータ鉄心スロット形状。オープンスロット→クローズスロット。トルク性能向上，

スロット表面ロス
③ロータ鉄心の回転バランス
④バランス円板を設ける
⑤ロータバー＆エンドリングの材料特性を把握し限度内で使用
⑥対象ケーシング 2f 対策
⑦軸受固定：定位置支持

Q53
Node とメッシュ分割で角はどうすべきなのか。応力解析結果が大きく出る場合，応力拡大係数で判断するのか

A　弾性力学上，特異点となりメッシュが細かいほど応力が高くなる。この点の応力では評価できない（してはならない）。評価する時は拘束点を外して，その周辺の応力勾配をもとに拘束点の応力を推定するなどの工夫が必要である。

Q54
ロータバーとエンドリングの FEM 解析においてメッシュ分割でコーナ部や角はどうモデル化すべきか

A　実際のロータに R があれば，それを反映したモデルとすることも考えられる。R 部の応力を正確に評価するには（1/R）以下のメッシュサイズが必要となる。特に R が微小の場合は R を反映したモデル化は現実的ではなく，単純に 90°の角部としてモデル化すれば良い。

　解析評価する時は，上記同様，角部が特異点となる可能性があるのでその周辺の応力勾配をもとに推定する。メッシュサイズはその推定が可能な程度の粗さで良い。

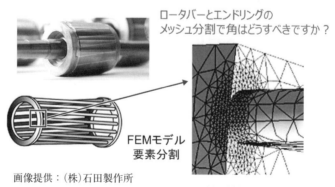

画像提供：(株)石田製作所
ロータバーとエンドリングの FEM 解析のモデル[2]

Q55 残留応力を測定するにはどこを測定すべきか

A エンドリングは寸法幅もある。穴あけ法による残留応力測定は板厚方向に残留応力が分布している場合，正確な値が得られないので切断法を奨める。どこを測定するかは，遠心力や熱応力解析結果で応力が高い部分をベースに決める。

残留応力測定のひずみゲージ [2) 6)]

5.3 ロータアンバランス，トラブル事例―軸受クリープ―

Q56 ロータの回転不釣り合い（アンバランス）振動とは何か。どこの部分に表れるのか

A 回転体はロータが軸受に固定されて回転する。その時にロータに不均衡な質量 m があると外側に向く力 Fo（遠心力）＝$mr\omega^3$ が作用する。

　m：不釣り合いの質量，r：不釣り合いおもりの位置半径，ω：回転数。

　この力が「機械振動の回転不釣り合い振動」である。その振動は主に回転軸から軸受やフレームに表れる。

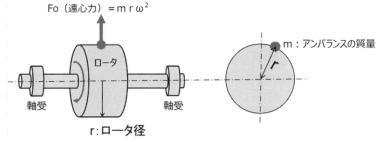

ロータの回転アンバランス振動

第5章　ロータ振動

Q57
静バランスと動バランスの違いは何か

A　静バランスは，回転体の重心と回転軸の軸心とのズレがある状態である。薄い回転円板を水平な床に置いて転がらなければ静バランスが釣り合っている状態である。この静バランスが取れていないと，回転させた際に振動が発生する。

静バランスが釣り合っていれば，動バランスも釣り合っているわけではない。その理由に偶バランスという現象が存在する。モータのロータは軸方向に長いため，偶力というモーメントが作用する。回転体の静バランスが取れた状態でかつ，回転させた時の遠心力で発生する軸方向の偶力の和が軸受周りで釣り合うことで動バランスが釣り合う。

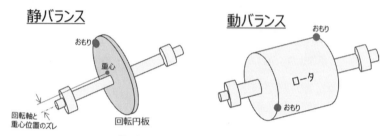

静バランスと動バランスの違い

Q58
軸方向に長いロータが回転すると何が発生するのか

A　回転体の振動は，軸受に周期的に変化する回転荷重が発生する。この荷重は，ロータ全体の断面を見た時，静バランスが不釣り合う場合は，上下方向に軸から周期的な力を受けて振動になる。もう1つ曲げモーメント荷重が作用する。図内左側のベアリング中心点 O には，おもりに働いている遠心力の影響で偶力（モーメント）が発生する。O点での偶力は，反時計方向で M1＝F×7ℓ，時計方向で M2＝F×2ℓ，差し引きで反時計回りの偶力 M＝F×5ℓ が発生する。これこそが曲げ荷重の発生の原因であり，偶バランスを不釣り合いにする。動バランスを釣り合わせるには，静バランスだけでなく，偶バランスも釣り合わせなければならない。

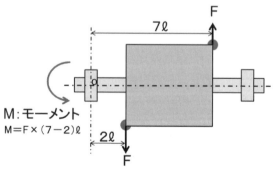

軸方向に長いロータ現象

Q59
ロータの動バランスを修正するのはどうするのか

A アンバランスは，回転体の重心が回転中心からズレにより発生する。このズレをe：偏芯とする。修正するためには，反対側に質量mのウェイトを取り付ける必要がある。ロータの質量をM，修正半径をRとすると，以下の関係が成立する。

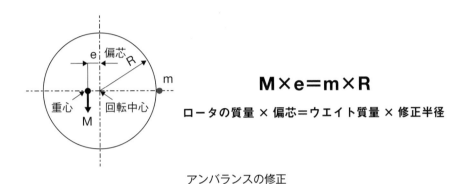

アンバランスの修正

Q60
動バランスするために取り付ける質量mと偏芯eはどう求めるのか

A 動バランスの許容値計算は，この釣合いを成り立たせるために取り付ける質量m（g）を求める値となる。動バランス許容値はm＝M（質量）×e（偏芯）÷R（半径）で計算する。ここで，モータのロータ動バランス修正は2面で取りのため，求めるmは2で割る必要がある。そのため実際には求める値mは

$$m = M \times e \div (2 \times R)$$

となる。ただし，修正面の中心を起点として，左右対称となっていることが条件となる。
　e偏芯を求めることができれば，動バランスの許容値を求めることができる。JIS B 0905では釣合い良さを使ってe偏芯（比不釣合い）との関係を定義している。

$$e（偏心）＝釣り合い良さ \times 9.55/n 回転数$$

ここでM（kg）×e＝m（g）×Rは重量とアンバランス質量で単位が異なるため，重量の単位を合わせる必要がある。gに単位を合わせて9.55×1000＝9550となる。

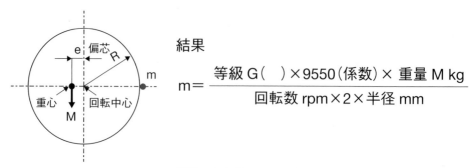

質量mと偏芯eの求め方

Q61 「剛性ロータの釣合い良さを表す量」とは何か。ロータ設計時に必要なのか

A JIS B 0905では,「剛性ロータの釣合い良さを表す量であって,e 偏芯（比不釣合い）と,ある指定された角速度との積」と定義されている。釣合い良さは各種回転機械に応じて推奨される等級が定まっている。そのため設計を行う場合は,モータに関して推奨される釣合い良さ等級から推奨される等級を設定する必要がある。図に,釣合い良さの等級と回転数と許容残留の不釣合いの関係を示す。また釣合いの良さの等級は規格値であって,実際には客先の仕様にてさらに低振動化しているのが現状である。

回転機械−剛性ロータの釣合い良さ

釣合い良さの等級	モータ機種の一例
G6.3	一般機械，中形モータ
G2.5	工作機械，小形モータ
G1	小形精密モータ

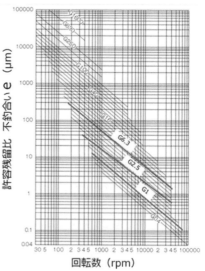

日本工業規格 JIS B 0905

JIS B 0905「剛性ロータの釣合い良さを表す量」

Q62 バランシングマシーンでどのような測定をするのか

A バランシングマシーン(動釣合い試験機)は,図に示すように別駆動モータでゴムロープを介してロータを回転させる。その時に発生する回転振動を振動センサにより計測し,アンバランス位置とその量を検出する。さらにその計測データを解析することによって,「釣合い良さ」(=回転時の釣り合い)の可否を判定する計測装置である。ロータの左側と右側の2面で行う。

アンバランスの修正には増量と減量があり,バランス修正する部位や回転物の回転数などに応じて適切に使い分けている。回転物の寸法などのパラメータを入力し,軸受け部を支持して回転させると,自動的にアンバランス量とその位置をポーラ線図上に振動ベクトルを表示される。作業者はその表示を頼りにアンバランス量を設定値まで追い込んでいく。

修正方法は,主に以下の3つがある。

(1) ウェイト取り付け:バランスが軽い側にウェイトを取り付けてアンバランスを調整
(2) ロータの側面穴あけ:バランスが重い側のロータ側面に穴をあけて減量してアンバランス調整
(3) 外径切削:ロータを偏芯させてバランスが重い側を外径切削でアンバランス調整

対象機	左面 (gmm)	右面 (gmm)	ISO1940 釣合い良さ等級 G2.5= 20 gmm 以下	釣合いおもり (g) ε=23 mm	
合格モータ	9.555	10.077	OK	0.42	0.44
不具合モータ	48.320	34.728	NG	2.10	1.51

釣合い等級G2.5で合格

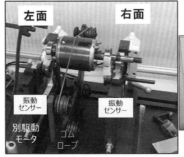

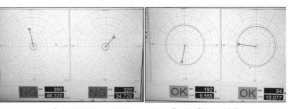

ポーラ線図上の振動ベクトルと「NG」「OK」判定

バランシングマシーンの測定結果

第5章 ロータ振動

Q63
ロータアンバランスによる危険速度とは何か。どのように対処すればいいのか

A 危険速度とは，回転周波数と軸の固有振動数が一致して共振が発生してしまう軸の回転速度である。対処方法は，加振力のロータアンバランスを極力小さくする。危険速度を定格運転速度よりも低くする，あるいは定格運転速度よりも高く設計する。危険速度の調整は，直径 d，スパン ℓ を変更することで固有振動数も変更されるので，危険速度の調整が可能である。

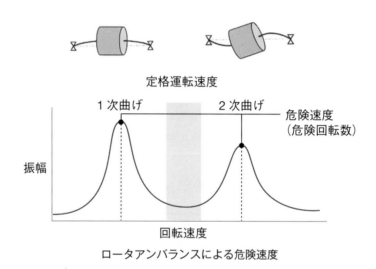

ロータアンバランスによる危険速度

Q64
モータの回転時の危険速度と不釣合い位置と振動モードの関係はどうなるのか

A 危険速度とは，回転体と軸受系の質量 m，材料からなる剛性 EI により決まる共振周波数に対応する回転体の回転速度である。不釣合いの位置によって危険速度の振動モードに違いが生じる。

1次曲げモードは危険速度の回転数が低く，不釣合い量の位置が同相の場合，構造設計時に重要リスクである。2次曲げモードは危険速度の回転数が1次曲げよりは危険速度の周波数は高くなる。不釣合い量が逆位相の場合に発生しやすい。

5.3 ロータアンバランス，トラブル事例—軸受クリープ—

- アンバランスの位置により危険速度の振動モードに違い生じる

・危険速度の構造設計時に重要リスク　　　　・危険速度の回転数が1次曲げより高い

アンバランスが同相の場合　　　　　　アンバランスが逆相の場合

1次曲げモード　　　　　　　　　　2次曲げモード

機械振動　不釣合い位置と振動モード

Q65
実際の現場においてロータの不釣合いで保全上問題が多い要素は何か

A ロータの不釣り合いで設備保全上問題が多い要素は，軸受である。軸受は，転動体や内輪，外輪が接触摩耗するため，回転アンバランス力の回転振動することによって軸受を消耗させる。またその振動はフレームも振動し騒音を拡大する。

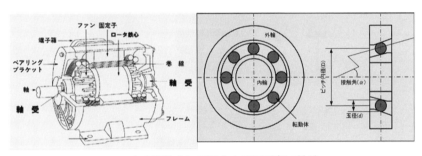

ロータの不釣合いで保全上問題が多い軸受

Q66
ミスアライメントによる回転アンバランスとは何か

A 回転軸のズレのことである。ミスアライメントには，結合カップリングの相手機械の軸とモータ軸の①両軸心に平行誤差が生じている平行偏心，②角度誤差がある状態の偏角，③その両方が起こす場合がある。その他にも，軸方向にズレが発生している軸方向変位がある。選定したカップリングの型式や運転条件により，ミスアライメントの許容範囲が設定されている。このミスアライメントが回転アンバランス振動として発生するので，その許容範囲内に収まるよう芯出しを行う必要がある。

第 5 章　ロータ振動

①平行偏芯

②平行偏芯と偏角が組み合わさった状態

③偏角(面開き)

出典：鉄原実業(株)

カップリングのミスアライメント[7]

Q67
ミスアライメントで生じた軸受の影響は何か

A
- ミスアライメントによって生じた温度上昇
  温度上昇により軸受が熱膨張して内部すき間（玉－内輪－外輪）が小さくなり焼付けが発生する。
- 衝撃的な負荷
  軸に合わせて内輪外輪の振動で玉を押し付けるため，玉が内径と外輪に衝撃衝突し，劣化が発生する。

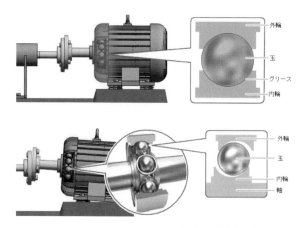

出典：(有)ティティエス

ミスアライメントで生じた軸受の影響[8]

Q68
ポンプなどのモータシステムでアンバランスがあるとどのような振動を発生させるのか

A モータシステムでアンバランスがあると，主に軸受やフレーム，そして架台ベースに振動伝播して振動が発生する。ポンプとモータシステムでは振れ回りモードやコニカルモードが誘発する。モータ自身でトラブル事例が多いのは，軸受クリープ摩耗である。

5.3 ロータアンバランス，トラブル事例—軸受クリープ—

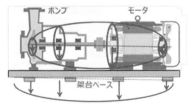
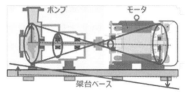

1st Mode
振れ回り モード
全体が同じ位相で振動

2nd Mode
コニカル モード
ポンプとモータが逆位相で振動

ロータの不釣合い（アンバランス）での運転中の振動モード

Q 69 軸受クリープ摩耗とはどのような作用で，摩耗するのはどこの部分か

A 軸受クリープ摩耗とは，本来回るはずのない軸受の外輪が円周方向に回転して，ズレ現象で軸受外輪とハウジングの接触面を摩耗させる。回転軸のズレや傾きを発生させ，異音や振動の原因となる。クリープ摩耗が発生するとモータは外輪がすき間ばめの場合，回転アンバランスの振れ回りのラジアル回転荷重により，外輪外径とハウジング内径の周長差からクリープ摩耗が発生する場合がある。
・錆びや摩耗粉の発生およびそれらの軸受内への侵入
・振動などによる挙動の乱れ
・異常発熱
などが生じ，最終的にハウジング摩耗に至ることがある。

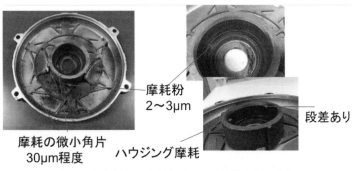

摩耗の微小角片 30μm程度
摩耗粉 2～3μm
ハウジング摩耗
段差あり

ハウジング摩耗：①摩耗粉 3μm　②微小角片 30μm

第5章　ロータ振動

Q70 はめあい，はめあい交差とは何か

A　ハウジング穴に軸受を差し込んで使用する場合に，軸受外径とハウジング穴径の組み合わせを「はめあい」と呼ぶ。設計者は「軸受をスムーズに組立・分解したい」「正確な位置決めをしたい」といった意図に基づいて図面を描く必要がある。

公差とは，測定値と真実の値（真値）との間にはどうしても一定の誤差が生じる。ここで重要なことは，許容される誤差の範囲を明らかにすることであり，許容誤差の最大寸法と最小寸法の差を「公差」と呼んでいる。

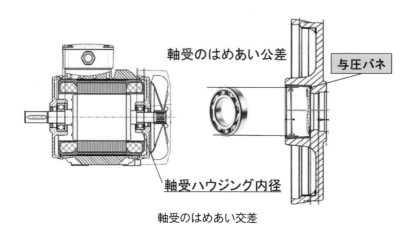

軸受のはめあい交差

Q71 軸受クリープに関してラジアル軸受，はめあいの関係とは何か

A　軸受は，その軌道輪がハウジングまたは軸に対し，はめあわされて取り付けられる。はめあいは，図に示すようにそのしめしろの有無，大きさによって「すきまばめ」「中間ばめ」「しまりばめ」の3種類に分類される。このしめしろが十分でなく，取り付け面間に大きなすきまがある場合にクリープが発生する場合がある。そのため，モータ設計では「H6，H7，H8すきまばめ」で軸受を取り付けることが防止策となる。適切なはめあいを選定のポイントは，軸受荷重の性質・荷重大きさ，温度，取付け・取外しなどの条件を考慮する必要がある。

5.3 ロータアンバランス，トラブル事例―軸受クリープ―

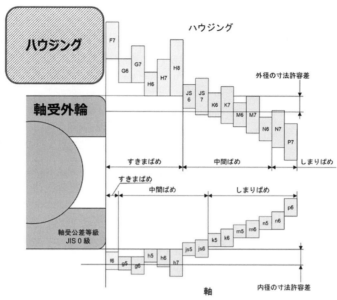

出典：堀田智哉：新川タイムズ(2022).
ラジアル軸受とはめあいの関係 [9]

Q 72
中間ばめ，しまりばめのメリットとデメリットは何か

A 中間ばめ，しまりばめは高速回転の運転時に有効である。例として内輪回転する軸受が高速で運転される場合，遠心力の作用により内輪が外輪側（半径方向）に膨張する。軸と軸受内輪の間にすきまができてしまうため，クリープのみならず，ガタツキによる振動発生や，予圧変動が発生する。そのため，高速運転アプリケーションにおいては，あらかじめ膨張分を考慮したしめしろを与え軸受を組付けることで，これらの運転不良の防止を図ることができる。

デメリットは，軸受を取り付けるとき，メンテナンス時などの軸受着脱時に取外し性が悪化する。そのため，必ずしも中間ばねやしまりばめが推奨されるわけではなく，メンテナンス性なども比較吟味し，全体としてメリットが大きい方にする必要がある。

Q 73
回転アンバランス力と設計すきまの関係はどうなるのか

A 回転荷重 F_r とすきま C の関係を示す。軸受の外輪クリープとは，回転荷重の回転にともない軸受外輪とハウジング穴内径との接触点が回転し，わずかなすきま C の存在で軸受外輪が，回転方向とは逆方向にクリープ量として転動していく現象のことである。軸受外輪とハウジング穴径との間には図に示すようにわずかなすきま C が存在する。

第5章　ロータ振動

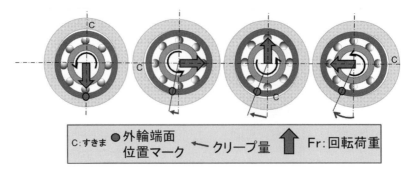

回転アンバランス力と設計すきまの関係

Q74
静止荷重と回転荷重の代表的なものは何か

A 静止荷重P_sとして代表的なものには，下記のものがある。
(1) モータのロータ自重の軸受負荷分
(2) モータ軸と結合する相手負荷およびカップリングの荷重の軸受負荷分

一方，回転荷重P_rとして代表的なものには下記がある。
(a) ロータおよび軸端に取り付けた回転物などの回転アンバランスによる遠心力の軸受負荷分
(b) 直結不良などによる軸振れ，軸曲がりと同様な回転力の軸受負荷分
(c) ロータ外周振れによる磁気吸引力の軸受負荷分

　軸受外輪とハウジング穴内径との接触点は，静止荷重P_sと回転荷重P_rとの合力Fの方向となる。

　回転荷重が静止荷重に対して大きくなると，軸受の外輪クリープが発生することが実験で確認されている。

Q75
回転荷重と静止荷重の合力Fとの関係式と軸受クリープ現象を示す式はどうなるのか

A 原理にもとづいて軸受クリープ現象を説明する。軸受外輪クリープ現象の発生メカニズム原理の理論式を導き，数値計算結果を図示して述べる。

　モータは，ハウジング穴の最小寸法が軸受外輪の最大寸法より大きい「すきまばめ」を採用している。静止荷重P_sは常に一方向（一般的に鉛直下方）に働き，静止している。これに対し，回転荷重P_rは半径方向に作用し，その向きがモータと同一の回転数で回転する。

　軸受外輪の半径をR [mm] とする。静止荷重をP_s，回転荷重P_rとして，静止荷重P_sに対して回転荷重P_rがなす角をθ [rad] とすれば，静止荷重P_sと回転荷重P_rの合

力の大きさ F は式（1）で与えられる。

$$F = \sqrt{(P_s + P_r \cos\theta)^2 + P_r^2 \sin^2\theta} \tag{1}$$

静止荷重 P_s に対して，軸受外輪とハウジング内径が接触している点がなす角 α [rad] は式（2）で与えられる。

$$\alpha = \cos^{-1}\frac{P_s + P_r \cos\theta}{F} \tag{2}$$

ここで，$P_r/P_s = K$ とすると，式（1），（2）はそれぞれ式（3），（4）のとおりになる。

$$F = P_s\sqrt{(1 + K\cos\theta)^2 + K^2 \sin^2\theta} \tag{3}$$

$$\alpha = \cos^{-1}\frac{1 + K\cos\theta}{\sqrt{(1 + K^2 + 2\cos\theta)^2 + K^2 \sin^2\theta}}$$

$$= \cos^{-1}\frac{1 + K\cos\theta}{\sqrt{(1 + K^2 + 2K\cos\theta)}} \tag{4}$$

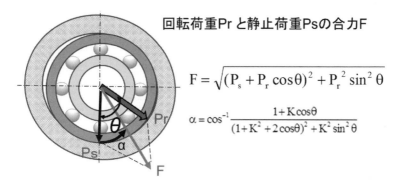

回転荷重 P_r と静止荷重 P_s の合力 F が軸受クリープ現象となる

Q76
軸受クリープ現象の挙動はどうなるのか

A Q75式（4）において，表に示すようにK=0.5，0.9，1.0，1.1，3.0の5通りの条件で，θ が 0～2π [rad] まで変化する間の，θ と α との関係を計算した結果に示す。

なお，図では θ と α 共，[°deg] で示している。θ は回転荷重 P_r の回転角度で，「$\theta - \alpha$」は軸受クリープ量の角度を示し，K=1.0以上では回転荷重 P_r と合成荷重Fの角度差が小さくなる。

軸受クリープ現象の挙動として下記のことを示している。$K = P_r/P_s$ とする。

・K＜1.0未満では，回転荷重が1回転しても，軸受外輪とハウジング内径との接触点は元の位置に戻る。軸受外輪とハウジング内径との接触点は転動せず，外輪クリープは発生しない。

- $K \geqq 1.0$ を超えた場合，回転荷重が1回転すれば，軸受外輪とハウジング内径との接触点も1回転し，軸受外輪とハウジング内径との間のわずかなすきまCの存在で軸受外輪が回転方向とは逆方向に転動し，外輪クリープが発生する。
- $K = 1.0$ の場合は，回転荷重が1/2回転（180°）する間に，軸受外輪とハウジング内径との接触点は1/4回転（45°）する。回転荷重が残りの1/2回転し始める（およそ175°）瞬間に，軸受外輪とハウジング内径との接触点は図において，右90°から左90°にずれて，回転荷重が残りの1/2回転する間に1/4回転する。この場合も軸受外輪が転動することになり，外輪クリープが発生する。

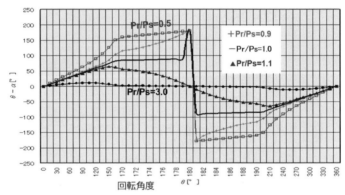

K値 $K = P_r/P_s$	変数値K	条件
	0.5, 0.9	静止荷重 P_s ＞ 回転荷重 P_r
	1.0	静止荷重 P_s ＝ 回転荷重 P_r
	1.1, 3.0	静止荷重 P_s ＜ 回転荷重 P_r

回転荷重 P_r に対する合成ベクトル F の遅れ角度

Q77 軸受クリープ現象はどのように対策するのか

A 軸受外輪クリープ防止軸受（日本精工(株)(NSK)製）を提案する。構造と作用は，原理は図に示すように軸受外輪に2本凹溝にOリング（ニトリルゴムを主成分）装着でハウジングと軸受外輪との摩耗増大で軸受クリープを抑制する。ハウジング間のすきまCが小さいほどクリープ防止の効果が大きい。はめあいすきま $C = 25\,\mu m$ において，現行品軸受のクリープ限界荷重50Nから対策品では210Nと4.2倍大きくなる。負荷側軸受の静止荷重の比が $WL/Wo = 3.1$ 倍であることからクリープ防止の効果があり，2年継続して運転に問題ない。

標準軸受と主要寸法が同じで，軸受ブラケットは，新たに再制作することなく，軸受を置き換えが可能である。本軸受外輪クリープ防止軸受（NSK製）は，すでに10年以上の市場実績がある。

5.3 ロータアンバランス，トラブル事例—軸受クリープ—

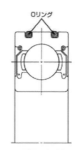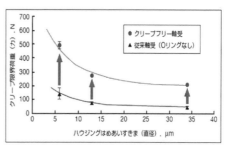

出典：日本精工(株)カタログ

対策の軸受写真と断面構造図およびクリープ限界荷重 [10]

●文献

1) O. Matsushita, M. Tanaka, H. Kanki, M. Kobayashi and P. Keogh：Gyroscopic Effect on Rotor Vibrations. In: Vibrations of Rotating Machinery. Mathematics for Industry,Springer, vol.16(2017)．https://doi.org/10.1007/978-4-431-55456-1_6
2) (株)石田製作所 HP：https://www.ishida-seisakusyo.co.jp/products/rotor/product-1.html
3) KIMURA グループ HP：https://www.kimura-gr.co.jp/rec.html
4) (株)安川電機 HP：https://www.yaskawa.co.jp/technology/core-technology
5) 望月晃：磁石は世界を拓く，(一社)ディレクトフォース(2023)．
https://www.directforce.org/DF2013/academy/pdf/2023/a04-01.pdf
6) (株)共和電業 HP：https://product.kyowa-ei.com/products/strain-gages/type-kfgs_senkou
7) 鉄原実業(株)HP：https://www.tetsugen.com/shaft-misalignment-20151110/
8) (有)ティティエス HP：https://www.tts-inspection.com/ja/learn-maintenance/
9) 堀田智哉：新川タイムズ　業界コラム　軸受の選定(4)図 1　ラジアル軸受とはめあいの関係(2022.11.8)．https://www.shinkawa.co.jp/times/2022_11column_bearing
10) 日本精工(株)：カタログ No：1103 産業機械用転がり軸受　Part C 軸受寸法表，008-009．
https://www.nsk.com/jp/common/data/ctrgPdf/bearings/split/1103/nsk_cat_1103c_c004-c047.pdf
11) 一文字正幸：動吸振器入門—振動で振動を制する，火力原子力発電技術協会中部支部平成 21 年 6 月講習会資料(2009)．
12) 大久保信行：機械のモーダル・アナリシス，中央大学出版部(1986)．
13) 末岡淳男，綾部隆：機械力学，森北出版(2002)．
14) 末岡淳男，金光陽一，近藤孝広：機械振動学，朝倉書店(2002)．
15) 井上順吉，松下修已：機械力学Ⅰ—線形実践振動論—，理工学社(2002)．
16) 野田伸一：モータの騒音・振動とその低減対策，エヌ・ティー・エス(2011)．
17) 野田伸一：モータの騒音・振動とその対策設計法，科学情報出版(2014)．

第6章
モータ軸受音

6.1 モータ軸受音の要因

【解　説】

　モータ稼働設備保全において最も問題が多くなるのは，軸受の振動・騒音である。モータにとって，軸受の信頼性を担っていると言っても過言でない。軸受は振動することによって，フレームも振動させ騒音を拡大する。その発生原理をよく理解し，正しく診断・保守する必要がある。本章はモータの軸受の振動と騒音の分類,発生の特徴や発生周波数について，実例を交えて解説する。

Q1 設備保全上，モータ振動で問題が多い要素は何か

A　設備保全上，モータ振動の問題が多い要素は軸受である。軸受が振動することによってベアリングブラケットやフレームに振動伝播し，騒音を拡大する。その発生原理をよく理解し，正しく診断・保守する必要がある。

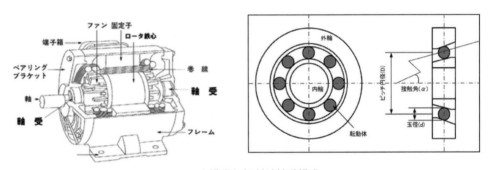

モータ構成と転がり軸受構成

Q2 モータに使われる代表的な軸受において，軸受振動・音はその構造のどこから発生するのか

A　モータに使われる軸受は，一般的にグリース封入した深溝玉軸受が多い。深溝玉軸受の構成を図表に示す。軸受の振動・音の発生源は，軸受の各部品を考えるとわかりやすい。これら全ての構成部品が振動・騒音の発生源となる可能性がある。

第6章 モータ軸受音

騒音・振動の発生源	構成部品
	外輪
	内輪
	転動体（ボール）
	保持器
	シールド
	グリース

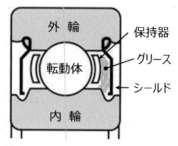

深溝玉軸受の構造

Q3
軸受で発生する騒音・振動はどのように分けるのか。発生時の特徴は何か

A 大きく分けると3つに分類される
(1) 回転本来および経過時間の軸受の音・振動
(2) 製造時の不適切
(3) 付属品のシール機構やグリースの潤滑剤から音になる場合もある

発生時の特徴を表に示す。軸受音は複合的な要因も考えられる。

軸受で発生する騒音・振動の分類と特徴

分類	音	振動	発生時の特徴
回転本来と経過時間	レース音	軌道輪の固有振動	軸受で発生する基本的な音。澄んだ音であれば正常
	きず音	傷による振動	金属疲労，打痕，擦り傷による特定の感覚の連続音
	保持器音	保持器の固有振動	保持器と玉との衝突
		保持器の振動	保持器自励振動による保持器の振れ回り運動
	きしり音	軌道輪の固有振動	連続または断続的に発生。特定の回転数で発生
	予圧音	ロータの振動	ロータの軸方向の振動が発生。回転周期や2f電磁振動
製造時	ビビリ音	うねりによる振動	連続音。特定の周期で発生。時々消滅する場合もある
	ごみ音	ごみ・異物による振動	不規則に発生（回転速度の変化では変わらない）
付属物	シール音	シールの固有振動数	接触シールのシールリップ部での摩擦振動
	潤滑剤音	グリース音（ピシピシ）	潤滑剤（増ちょう剤）や気泡を押し潰す音。不規則

Q4
レース音とはどのような力が作用し，どのような要因で音・振動が発生するのか

A レース音は，軸受の動きを見るとわかりやすい。図に示すように動きとして，軸荷重が作用し軸受負荷圏で転動体と外輪の接触力が作用する。また，転動体は自転，公転する。保持器が転動体を押す力，転動体が保持器を押す力が作用する。レース音はその時に連

続音で発生する基本的な音である。音振動が発生する要因は，不規則な形状誤差による振動である。形状誤差とは真円度，うねり，面粗さ，玉径のバラツキにある。

動き：軸受負荷圏，自転，公転，保持器の押す力，転動体が押す力

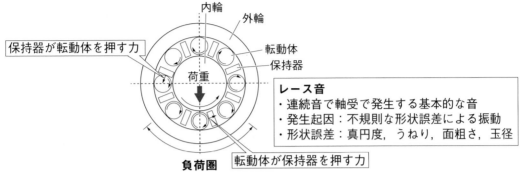

転がり軸受の動き（レース音）

Q5 金属疲労によるきず音はどのような現象で発生するのか。何が原因で対策はどうするのか

A 現象は，油膜の形成状態が不良になると，外輪軌道面・転動体との金属疲労により面荒れが進行する。その時には，図に示すように転動体が面荒れの面に衝撃を与え，軸受の振動加速度が増大していく。原因はグリース油膜不足による内・外輪軌道面と転動体の金属接触で，経年経過の金属疲労による。対策は運転条件に合った適正グリースと補給間隔を選択することにある。

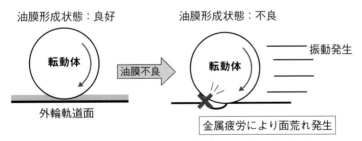

転がり軸受の動きと金属疲労（レース音→きず音）

第6章　モータ軸受音

Q6
軸受内輪と外輪で金属疲労によるきず跡の見える写真はあるのか

A　軸受内輪と外輪で金属疲労によるきず跡の写真を示す。内輪は面荒れがかなり進行した状態となっている。

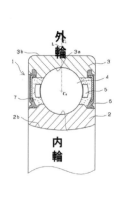

外輪

内輪

軸受内輪と外輪で金属疲労によるきず跡

6.2　モータ軸受音の診断方法

Q7
軸受の実際の経過年数ごとの振動トレンドデータはあるのか。どのような現象が生じるのか

A　グリース封入するタイプの深溝玉ころ軸受の5年6ヵ月の経年年数と振動加速度のレベルの実データを図に示す。ここで振動加速度の実効値と振動加速度のピークレベルを表す。初期段階では，転送面がなじむまで振動加速のピークが大きい傾向にあり，その後は安定する。4年経過頃の運転で振動加速度のピーク値が大きくなる傾向にあるが，グリース交換で振動加速度は安定する。さらに5年間経過あたりでグリースを交換しても振動加速度は安定しない。軸受診断の結果から内輪にきずが発生したと判断し，軸受交換をした。その後は安定して運転されている。

ころ軸受振動レベル推移

初期段階と4年の運転で振動加速度のピーク値が大きくなる傾向にある

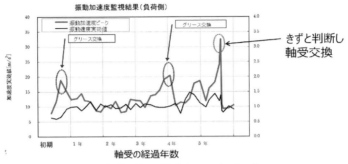

実際の経過年数ごとの振動トレンドデータ

Q8 5年5ヵ月経過したあたりで振動は大きくなるがどのような現象なのか

A 振動加速度の信号波形をFFT分析と時間分析をした結果を図に示す。2 kHzおよび5 kHz付近の振動加速度レベルが上昇しており，これが軸受部位の固有振動数を示す。時間波形から衝撃波形が見られることから軸受の転動体と内輪きずが衝突していると判断した。

軸受の振動発生時 加速度波形（FFTと時間分析）

2kHzおよび5kHz付近の振動加速度レベルが上昇

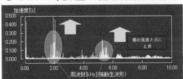

傷付き玉軸受のFFT分析結果

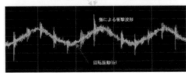

傷付き玉軸受の加速度波形

※口絵参照

5年5ヵ月経過したあたりの振動加速度の信号波形（FFT分析と時間分析）

第6章　モータ軸受音

Q9 5年5ヵ月経過の軸受交換前と後のFFTの波形を比較できるのか

A 軸受交換後を青線で示す。軸受交換前はきずの発生による 4.5 kHz あたりで成分が増大していることがはっきりわかる。

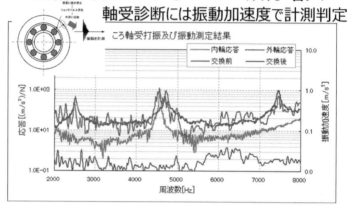

軸受交換前と後の FFT の波形

Q10 軸受診断の信号処理はどのようにするのか

A エンベロープ解析の信号処理は振動波形の包絡線（エンベロープ）を周波数解析する。回転に依存その周期により，軸受異常，軸受ガタ，静止部との接触など原因を判別する方法である。

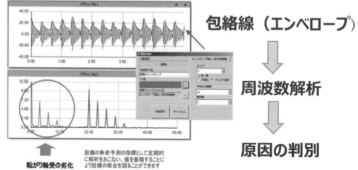

信号処理の振動波形の包絡線（エンベロープ）周波数解析

Q11 軸受振動のきず音から発生部位を特定する計算式はどう示されるのか

A きず音の発生周波数は，回転周波数 f_r と軸受の内部諸元で決まる。これにより，きずの発生部位を推定する。表に計算式を示す。

軸受振動のきず音から発生部位を推定する計算式

f_r：軸回転の周波数（Hz）	通過周波数
外輪パス周波数 （外輪転動体通過周波数）	$f_o = \dfrac{f_r}{2}\left[1 - \dfrac{d}{D}\cos\alpha\right]$
内輪パス周波数 （内輪転動体通過周波数）	$f_i = z\dfrac{f_r}{2}\left[1 + \dfrac{d}{D}\cos\alpha\right]$
転動体パス周波数 （転動体通過周波数）	$f_b = \dfrac{f_r D}{2d}\left[1 - \dfrac{d^2}{D^2}\cos^2\alpha\right]$
保持器パス周波数 （保持器通過周波数）	$f_c = \dfrac{f_r}{2}\left[1 - \dfrac{d}{D}\cos\alpha\right] = \dfrac{f_o}{Z}$

D ピッチ円形 [mm]	d 転動体径 [mm]	Z 転動対数	α 接触角度 [deg]	f_r 回転数 [rpm]

Q12 きずの発生部位を推定する計算式に代入した例とはどう示されるのか

A きずの発生部位を推定する計算式に代入した例を示す。きず（パス）周波数の計算とエンベロープ分析から発生部位を内輪と推定した。

軸受振動のきず音発生周波数

パス周波数の計算とエンベロープ分析から発生部位を内輪と推定

D	d	z	α	Ω	f_r	f_i	f_b
ピッチ円形 [mm]	転動体径 [mm]	転動体数 [個数]	接触角度 [deg]	回転数 [rpm]/(rps)	外輪パス周波数 [Hz]	内輪パス周波数 [Hz]	転動体パス周波数 [Hz]
65.0	15.1	8	0	1800/30	92.2	147.8	122.3

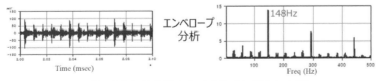

きずの発生部位を推定する計算式に代入した例

第6章 モータ軸受音

Q13
保持器音は力の作用，動きなど，どのような要因で音・振動が発生するのか

A 負荷圏での転動体の"遅れ進み"が発生し，保持器の公転周波数と不一致での保持器音が発生する。軸受のスムーズな回転には転動体の自転が必要であり転動体と保持器の間には「すきま」が必要である。転動体と保持器が衝突し，保持器音が発生する。

転がり軸受の動き（保持器音）

動き：負荷圏での転動体の"遅れ進み"が発生し，保持器の公転周波数と不一致保持器音の発生。

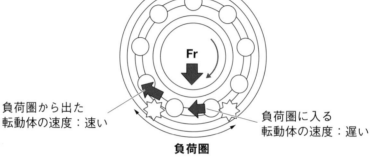

保持器音の作用

Q14
保持器と転動体との接触によるきず音はどのような現象で発生するのか。原因と対策は何があるのか

A 現象は，軸受予圧が小さいため転動体の公転運動が不規則となり，保持器の公転周波数と不一致が生じ，保持器音が発生する。これは，過大なラジアル荷重やミスアライメントにより，負荷圏での転動体の"遅れ進み"が発生し保持器の公転周波数と不一致保持器音が発生したことが原因である。対策として，適正な予圧の設定をする。

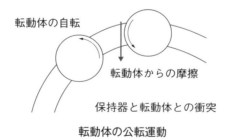

転動体の公転運動

6.2 モータ軸受音の診断方法

Q 15
保持器の衝撃によるきず跡が見える写真はあるのか

A 保持器の衝撃による各部にきず跡が見える写真を示す。

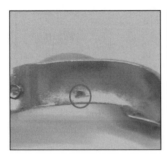
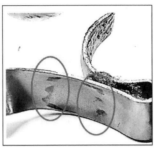
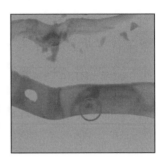

転動体（ボール）との衝撃きず跡
保持器の各部にある衝撃によるきず跡

Q 16
保持器のきずの発生部位を推定する計算式に代入した例を示すとどうなるのか

A 保持器のきずの発生部位を推定する計算式に代入した例を示す。きず（パス）周波数の計算とエンベロープ分析から発生部位を内輪と推定した。

軸受発生の振動周波数の計算および騒音の実測データ

軸受形式	深溝玉軸受	保持器の回転速度	11.40（Hz）
品番	6312	内輪に対する保持器の相対回転速度	18.27（Hz）
内輪回転速度（min^{-1}）	1780	内輪に対する転動体の通過数	146.14（Hz）
		外輪に対する転動体の通過数	91.19（Hz）
		転動体の自転速度	60.64（Hz）

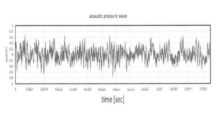
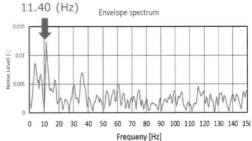

保持器のきずの発生部位を推定する計算式に代入した例

6.3 モータ軸受の予圧

Q17 「ラジアルすきま」「アキシアルすきま」とは何の役目をするのか

A 半径方向に動かした場合をラジアル内部すきま，軸方向に動かした場合をアキシアル内部すきまという。軸受のすきまは，内輪・外輪の一方を固定し，他方を動かした場合の移動量をいう。役目は，設計上，すきまを設定することにより転がり疲れ寿命，発熱，騒音，振動などの軸受の性能を調整する役目をする。

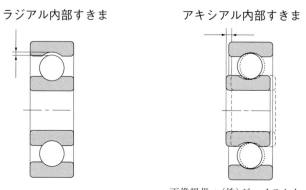

画像提供：(株)ジェイテクト
「ラジアルすきま」「アキシアルすきま」とは[1)]

Q18 保持器音の対策に予圧を与える目的と用途は何か

A 軸受には内部すきまがある。その場合，負のすきま（つまり転動体と軌道輪に常にプリロードがかかっている状態）に設定することがある。これを予圧という。予圧を与えることにより，

(1) 剛性を高める
　　主に工作機械の主軸用に用いる。ワークを加工中，切削抵抗などにより工具の変位を極力小さくするために必要となる。
(2) 音/振動の抑制
　　比較的小型モータに使用する。わずかな予圧を与えることで回転軸の振動が微少になり，騒音を急激に小さくすることができる。
(3) 転動体の公転すべりと自転すべりの防止
　　高速回転する転動体の公転すべりまたは自転すべりを防止し，急激な発熱，焼き付きや引っ掻き摩耗などを防止する。

保持器音の対策に予圧を与える目的と用途

No.	目　的	用途例
1	軸受の位置決め精度を向上し，軸振れを抑えて回転精度を向上	工作機械用モータ
2	振動および共振による異音の発生防止	全般モータ
3	軸受や軸支持剛性を高め，モータの偏心精度を向上	中形モータ
4	軌道盤に対して，転動体を正しい位置に保つ	横軸スラスト軸受
5	高速回転時の転動体の滑りを抑制する	高速回転用モータ

Q19 軸受は軸およびハウジングとのすきまや固定も重要になるのか

A　転がり軸受の固定は非常に重要である。転がり軸受は通常，軸，ハウジング，あるいはその両方に適切なしめしろを持って固定される。不適切なはめあい設定をした場合に発生する事象について図に示す。

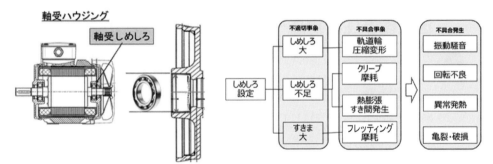

軸受と軸受ハウジングとのしめしろ

Q20 軸受の予圧方式により優れている点と劣る点は何か

A　定圧予圧方式は，荷重の変動や運転中の軸とハウジングの温度差による軸の伸縮などをばねで吸収できるため，予圧量の変動が少なく，安定した予圧量を得ることができる。

定位置予圧は，大きい予圧量をかけることができる。したがって，高い剛性を必要とする用途には定位置予圧が適している。また，高速回転・軸方向の振動防止・スラスト軸受の横軸使用などの用途には定圧予圧が適している。

第6章 モータ軸受音

予圧による軸受

	予　圧	優れている点	劣る点
①	定位置	同じ予圧量では，定圧予圧に比べて荷重に対する変位が小さい．剛性が高い	組付け条件や運転中の遠心力，温度上昇，経年変化による構成部品が摩耗することでの影響を受けて予圧量が変化する
②	定圧	温度に対する予圧量の変化が少ない 回転中の予圧変化が少なく，安定維持	構成部品が増えることや，比較的剛性が低い

①定位置予圧　　②定圧予圧

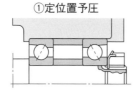
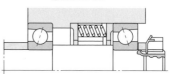

画像提供：(株)ジェイテクト

軸受の予圧方式 [2]

Q21 定位置予圧と定圧予圧の振動変位はどのように違うのか

A　定位置予圧と定圧予圧の違いを観測するため，モータ軸先端の軸方向変位を非接触センサで測定した．

定圧予圧は930 rpmに振動が増大する．定位置予圧では回転数が2000 rpmまでは振動変位が小さく，安定している．

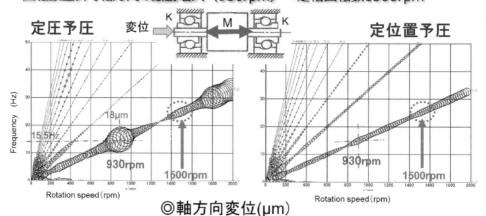

定位置予圧と定圧予圧の振動変位（実験結果）

Q22
予圧による接触状態と軸心位置の変位量の関係はどう示されるのか

A 接触状態と軸心位置の変位量の関係を図に示す。予圧を与えると軸受の内部すきまが小さくなる。

転動体が内輪と外輪とに接触し、軌道輪と転動体との接触する位置は弾性変形する。すきまがあると弾性変形しない。予圧を与えた場合はすきまがなくなり、弾性変形の差が小さくなる。その結果、軸受の軸心位置の変位量も少なくなる。

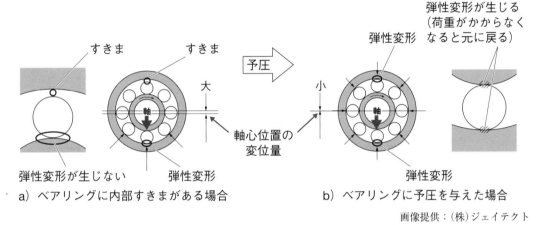

a) ベアリングに内部すきまがある場合　　b) ベアリングに予圧を与えた場合

画像提供：(株)ジェイテクト

予圧による接触状態と軸心位置の変位量の関係[2]

Q23
予圧方式による軸受剛性の関係はどう示されるのか

A 予圧量が等しい場合、軸受の剛性を増加させる効果は定位置の方が大きい。剛性を高めるには定位置予圧が適する。高速回転の場合、アキシアル方向の振動防止には定位置予圧が用いられていることが多い。

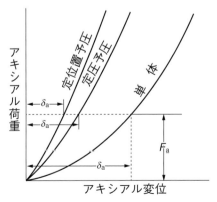

予圧方式による軸受剛性の関係

●文献

1) (株)ジェイテクト HP：https://koyo.jtekt.co.jp/support/bearing-knowledge/10-0000.html
2) (株)ジェイテクト HP：https://koyo.jtekt.co.jp/2020/01/column02-05.html
3) 五十嵐昭男：転がり軸受に音響および振動に関する研究論文集, 長岡技術科学大学(1986).
4) 高田浩年, 相原了：転がり軸受の寿命と信頼性, 日刊工業新聞社(2005).
5) 豊田利夫：設備診断のための信号処理の進め方(1996).
6) 野田伸一：モータの騒音・振動とその低減対策, エヌ・ティー・エス(2011).
7) 野田伸一：モータの騒音・振動とその対策設計法, 科学情報出版(2014).

第7章
モータのCAE構造解析

7.1 CAE 解析とは

【解　説】
　モータ特性（小型軽量化や高速化など）の要求が高まるにつれて，トレードオフの関係にある振動や騒音が増大する傾向にある。CAE シミュレーションを利用することにより，振動騒音の原因究明，予測や対策が求められている。振動騒音を予測評価するための，CAE の基礎，モデリングと境界条件，解析方法を解説する。

Q1　CAE という用語のツール，活用目的は何か

A　CAE とは「Computer Aided Engineering」の略で，コンピュータを活用した解析・設計統合の概念であり，これらを行うツールの名称である。モノづくりにおいて，製品開発，製品の高効率化・高信頼性化，設計の合理化，トラブルシューティングなどのために広く活用されている。

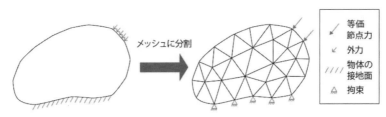

コンピュータを活用した解析・設計

Q2　モータの開発に CAE を使うメリットは何か

A　モータの試作実験を繰り返して製品開発する方法に比べて，開発コスト・時間を大幅に短縮できる。コンピュータ計算能力の発達と数値解析技術の高度化により，大規模・複雑なモデルで，より短い時間で高精度な結果を得られる。

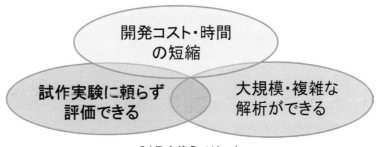

CAE を使うメリット

Q3 モータのCAEを支える技術分野は何か

A CAEは,以下の3つの技術分野に支えられている。
(1) 基礎工学(電磁気学,伝熱工学,流体力学,熱力学,機械力学,材料力学など)
(2) 数値解析法(有限要素法,差分法など)
(3) 計算機技術(ハードウェア,ソフトウェア)

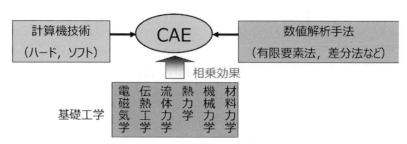

モータCAEを支える技術分野

Q4 CAEの中核をなす技術の方法,計算法はどのようなものか

A 中核をなす技術の代表は,有限要素法(FEM:Finite Element Method)である。構造物を小さな要素(四角形や六面体など)に分割し,各要素の特性を数式で表現し,それを組み合わせて全体の特性として表現する連立方程式をつくりあげ,それを解くという方法である。どんなに複雑な形状でも,細かく分割すれば簡単な形状の集合体なので,細分化された単純な形状の方程式を使って計算できる。

Q5 CAEはどんな時に使うと効果的なのか

A 主には以下の4点がある。
(1) 特性・品質向上:設計した部品・製品の特性向上や品質を確認したい場合
(2) 実験が不可能:試作品を作れない,実験そのものができない場合。大形モータ,システム機器
(3) 実験費用の低減:実験すると費用がかかる場合。複数実験する必要がある場合
(4) 時間的制約:短い時間でたくさんの比較評価が必要な場合
複数候補からの絞り込みなどである。

Q6
CAE 解析では何を評価するのか，どのようなタイプがあるのか

A 対象物のどのような性能・機能を評価するかによって，利用するCAEのタイプが異なる。表に代表的な CAE のタイプと評価する性能・機能を示す。

CAE のタイプと評価する性能・機能

CAE のタイプ	評価する性能・機能
構造解析	対象物の変形，強度など
振動解析	対象物の時間的な動きおよびその特性
音響解析	振動面からの音圧分布，流体音
熱解析	対象物の温度分布
機構解析	部品を組み合わせた対象物の空間的な動き
流体解析	対象物の周囲の流体の挙動
樹脂流動解析	型に樹脂を流し込む際の成形の状況

Q7
構造解析での CAE 分類はどう示されるのか

A 構造解析では以下のように CAE は細分化される。モータの振動解析は動的解析に分類される。

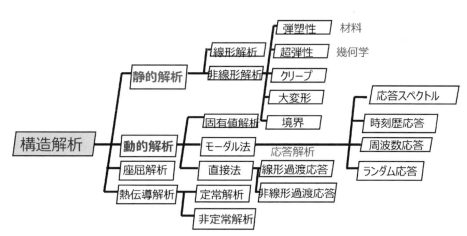

構造解析での CAE 分類

第7章　モータのCAE構造解析

Q8 Q7に示す構造解析での分類においてクリープとはどのような特性・性能なのか

A　クリープの特性・性能は以下のように示される。
- 材料に荷重が負荷されるときに，ひずみが時間とともに増加する現象。
- 高温の金属で発生しやすく，代表的なものとしてはんだが挙げられる。
- 一定応力下における軸方向ひずみと時間のグラフは図のようになる。
- クリープひずみと時間のグラフをクリープ曲線と呼ぶ。
- 典型的なクリープ曲線は3つの段階に分けられる。

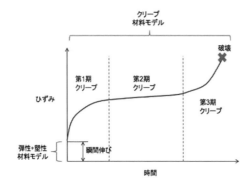

出典：サイバネットシステム(株)

クリープひずみと時間のグラフ[1]

Q9 CAEを適用する前の注意点は何か

A　全てにCAEを適用する必要はない。CAE（数値解析）の出力結果のみに頼るのも危険である。基礎工学による考察で十分な場合もある。現象を単純化して把握できることもある。
- 目的とGoalを明確にすること。トラブル対応，現象解明，設計変更，事前予測はそれぞれ目的が異なる。
- 評価モデルの詳細度と解析内容の難易度が決定される。
- 現在は，目的に応じたソフトウェアが販売されている。ある程度の専門知識が必要となる。
- 許容される時間と費用がかかる。
- 計算の内容は，ブラックボックスとなりがちである。
- 使用者は，入力データと出力メッセージを正しく理解できる知識と考察力が必要である。

Q10
CAE を適用する場合の流れ図はどう示されるのか

A 流れ図を示す。問題を定義，近似を計算して CAE は必要かを考える。Goal は結果を評価してレポート作成できることである。

- 線形？
- 非線形？
- 絶対評価？
- 相対評価？

問題の定義
近似工学計算
CAEは必要か
解析ソフトの選定
基本モデルによる解析
結果評価
もっと正確な挙動を把握したい
詳細モデルによる解析
結果評価
挙動が表現できているか
レポート作成

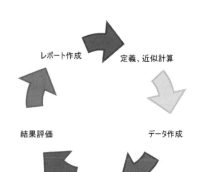

CAE を適用する場合の流れ図

Q11
トラブルの未然防止に CAE はどのように役立てるのか

A トラブルを未然に防ぐ，速やかに収拾させることは設計者 CAE の役割である。状況が複雑で，CAE だけではどうしても正確に問題を再現できないケースもある。そうした場合であっても CAE の解析結果を基に，おおよその"あたり"を付けておいて実製品でトラブル事象を再現させて検証を行えば，合理的かつスピーディな措置をとることが可能である。トラブルを未然に防ぐため，発生してしまったトラブルを速やかに収拾させるためにも，CAE を活用する。

Q12
CAE を使用するにあたり，どのような問題の定義があるのか

A 流れ図を示す。解析対象および条件を明確に定義する。定義にあいまいな部分があると現象を観察（表現）できないなどがある。

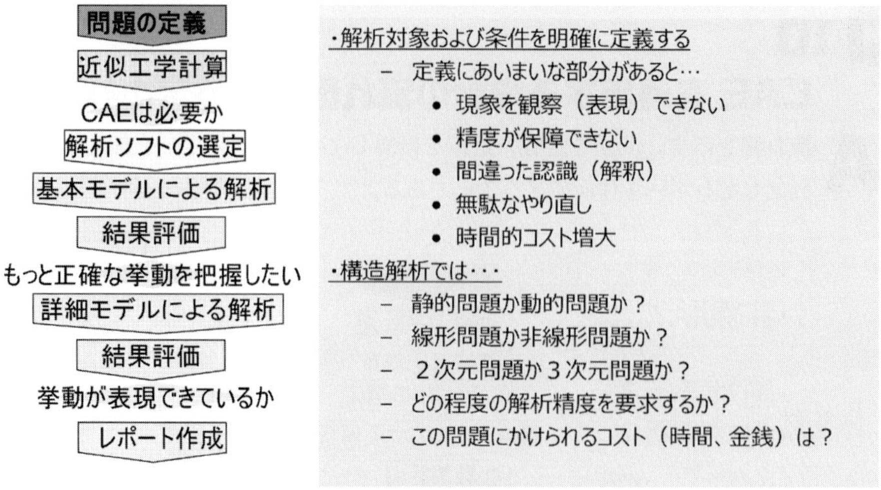

第7章 モータのCAE構造解析

CAE問題の定義

Q13
静的解析，動的解析の判断方法とは何か

A 静的解析：構造に作用する荷重が時間によらず一定。荷重が時間的に変動する場合には，その変位応答も時間的に変動することになる。この場合でも，荷重が変動する周期速度が十分に小さければ，応答値を静的解析の繰り返しで求めても差し支えない。

動的解析：高速周期で荷重が変動する場合には，材料質量による慣性力や減衰の影響が無視できなくなる。この場合にはこれらの影響も考慮しなくてはならない。

Q14
静的解析と動的解析の違いは何か

A 静的解析：
・荷重が静的に加わり，時間によって変化しない状態
・境界条件は動的解析に比べて複雑でなく計算負荷も低くなる

動的解析：
・荷重が動的に加わり，時間によって変化する状態
・境界条件は静的解析に比べて複雑であり計算負荷も高くなる
・代表的な解析に固有値解析（モーダル解析），周波数応答解析，過渡応答解析などがある

Q15
線形状態か非線形状態かの判断方法とは何か

A
- 材料の変形が微小変形の範囲においては線形解析が可能。変形前の状態で，荷重負荷後の力のつり合い方程式を解く。
- 材料が降伏するような大きな荷重が作用したり，ゴム材料のように弾性範囲であっても大きな変形を伴う場合には，もはや微小変形理論による解析では適当ではなく，非線形解析が必要になる。

Q16
線形状態か非線形状態かの例はあるのか

A
試験片の引張試験で行われる応力 σ －歪 ε（鋼の応力ひずみ曲線）線図の例がある。
線形状態：力と変形，応力ひずみの関係が比例関係にない状態。途中までは比例関係にある。
非線形状態：弾性限度を過ぎて塑性化してからは非線形となる。

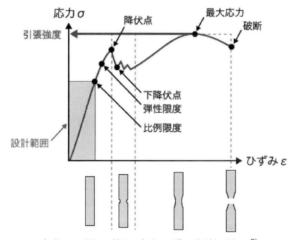

応力 σ －歪 ε（鋼の応力ひずみ曲線）線図 [2]

Q17
時間的余裕と解析精度にはどのような考え方があるのか

A
解析にかけられる時間的余裕と要求する解析精度を検討したうえで，解析の内容や繰り返し回数を設定する必要がある。問題の定義を明確にすると，解析評価において重要な変数を特定する。たとえば，最大応力や平均応力，変形，破壊荷重，応力集中点などが挙げられる。変数についてあらかじめ条件が厳しくなる場所の見当がつくときには，その近傍での解析精度が保証されるようにモデリングにおいて考慮すべきである（たとえば，その近傍でのメッシュを細かくする，きれいに切る）。

第7章 モータのCAE構造解析

Q18 理論計算はなぜ必要なのか

A 解析結果に対する理論的な裏付けとして，使用できることが多いからである。可能な範囲で理論計算を実施してみて，およその検討数値を得ることが必要である。

```
問題の定義
近似工学計算
CAEは必要か
解析ソフトの選定
基本モデルによる解析
結果評価
もっと正確な挙動を把握したい
詳細モデルによる解析
結果評価
挙動が表現できているか
レポート作成
```

- ❖ 可能な範囲で近似工学（理論）計算を実施してみる
- ❖ 近似計算では、基礎工学を活用してすでに解が求められている簡単な例題などを用いて計算を行い、重要なパラメータを概算評価する
- ❖ 解析結果に対する理論的裏付けとして使用できることが多い
- ❖ 近似工学計算で安全性が完全に確認できれば，解析は行わない

理論計算はなぜ必要なのか

Q19 有限要素法＝FEMとは何か

A CAEの中核をなす技術である。有限要素法＝FEM（Finite Element Method）は，構造物を小さな要素（四角形や六面体など）に分割し，各要素の特性を数式で表現し，それを組み合わせて全体の特性として表現する連立方程式をつくりあげ，それを解くという手法である。どんなに複雑な形状でも，細かく分割すれば簡単な形状の集合体なので，細分化された単純な形状の方程式を使って計算できる。力のつり合い方程式，仮想仕事の原理⇒仮想変位を与え，変位の境界条件を使って解を求める。

Q20 有限要素法の特徴とは何か

A マトリクス代数を基本としており，コンピュータで処理することが容易である。連続体構造物を離散化した要素に分割して表現する（有限要素モデル化）。原理的にどのような形状でも扱うことができる。偏微分方程式などの支配方程式を，モデル化を通じて代数方程式群に変換し，これをマトリクス演算により解く。モデル化の時点で近似が入るが，普通は要素数を増加させることによって計算結果は現実解に近づけることが知られている。

Q21 節点と要素は何を示すのか

弾性論では解析対象は無限の自由度に対して未知量を持つ。有限要素法では図のように，代表的な点「節点」が独立変数である未知量（通常は変位）を持ち，節点で囲まれた領域「要素」内の変位は節点での変位の内分で近似されると考える。

換言すれば，解析対象領域を「有限個の要素」に分割して隣り合う要素を節点により結合して近似を行い，未知量を数値計算（マトリクス計算）によって求める手法が有限要素法である。

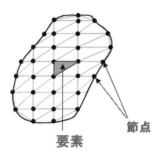

共有節点では、変位は同一
変位⇒ひずみ⇒応力

節点と要素

Q22 FEM モデル作成ではどのような要素があるのか

FEM 有限要素法では解析対象を要素の集合体として表現する。そのため，用途に応じた種々の要素を図に示す。

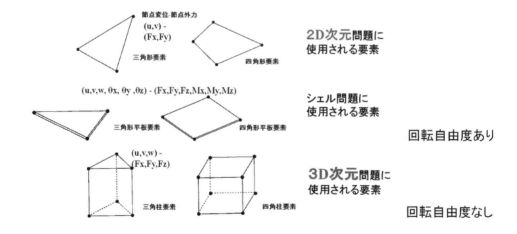

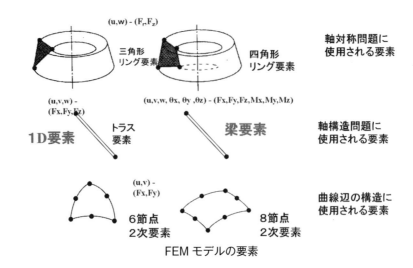

FEM モデルの要素

Q23
境界条件（荷重と拘束）とはどのような条件か

A 構造物の境界条件には，主に荷重条件と（変位）拘束条件がある。一般構造物では，荷重や拘束は面に対してかかるが，有限要素モデルではそれらは節点にかかるものとして処理する。

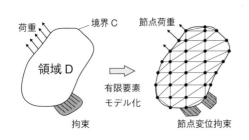

	X	Y	Z
並進	固定 or フリー	固定 or フリー	固定 or フリー
回転	固定 or フリー	固定 or フリー	固定 or フリー

Q24
解析精度は何で変わるのか，何が影響するのか

A
- 近似する要素の数
 基本的に，多ければ多いほど近似のレベルが上がる。
- 使う要素の種類
 要素によって，要素内変位の（節点変位からの）内分方法が異なる。また，同じ要素でも精度を変える機能を持つものもある。
- モデル化や境界条件の方法
 解析対象を簡易構造に置き換える，穴や切り欠きを無視する，対称構造と見なすなど，解析対象そのものの形状をどう近似するか。

Q25
どのような解析のCAEツールのソフトウェアから構成されている手順で進めるのか

A CAEツールは「前処理（プリプロセッシング）」「計算する解析（ソルバー）」「後処理（ポストプロセッシング）」と呼ばれる3つのソフトウェアから構成されている。プリプロセッシングは，解析対象をモデル作成するのに六面体や四角形など（メッシュ）の集合として表す。メッシュ作成は，モデルの複雑さ，着目部，接触箇所や材料定数，変形後形状などを考慮しながら行う必要がある。通常，多くの時間を必要とする。形状のモデル作成は，CADデータを利用すると効果的である。

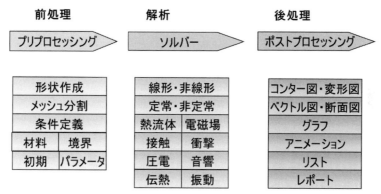

CAEツールのソフトウェア構成

Q26
後処理（ポストプロセッシング）ではどのようなことができるのか

A ポストプロセッシングを使用することでさまざまな結果を出力できる。解析結果の見るべきものを見やすくする。

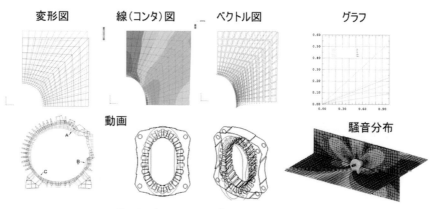

ポストプロセッシングを使用した結果出力

Q27 材料則と結果は何を確認するのか

A 適正な材料モデルを選択しているかを確認する。たとえば，塑性領域まで変形するのに弾性体になっていないか？ 温度依存性を考慮する必要はないか？ ひずみ速度依存性を考慮する必要はないか？を確認する。

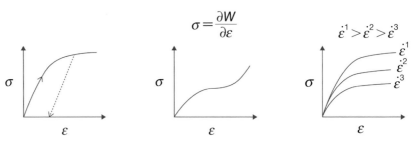

応力 σ －ひずみ ε 速度による変形応力の変化

Q28 解析結果を評価する指標はどう示すのか

A 解析結果を評価する指標は解析前に決めておく。構造解析では以下に示す。

・変形：ミーゼス応力，最大主応力
・振動：固有値，加速度応答
・疲労：応力振幅，ひずみ振幅
・き裂：応力拡大係数，エネルギー解放率
・破壊：変位－荷重曲線，塑性ひずみ量

解析結果を評価する指標

モード	静的破壊（延性）	低サイクル疲労	高サイクル疲労
外観	全体の大変形	切欠部の塑性変形	塑性変形なし
パラメータ	全断面の抵抗性	材料延性とひずみ範囲	引張強さと応力振幅

Q29 実験データを使用してどのように評価するのか

A 基本的には実験的評価法とCAE解析と同様の評価を行う。評価には表や線図などを準備しておく必要がある。

- 耐荷重
- 疲労曲線
- 破壊クライテリア
- 安全率
- 応力集中係数、切欠係数
- 寸法効果
- 環境係数

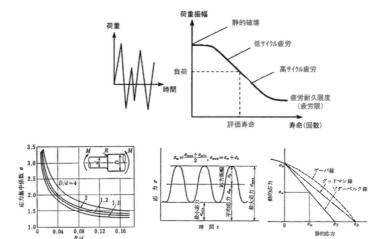

実験データを使用した評価

Q30
最適化計算とはどのようなことか

A ある状況において最も好ましい結果が得られるように，パラメータを決定する。線形計画法，応答曲面法，遺伝的アルゴリズムなどさまざまな手法がある。通常，結果を得るまでに解析を何十，何百回も行う。自動化にソフトウェアを利用する方法があり，パラメータ変更，前処理，解析，後処理，統計処理を効率良く実施する。最適な結果が求められないこともあり，適切なパラメータではない，制約が多すぎる，解がないこともある。

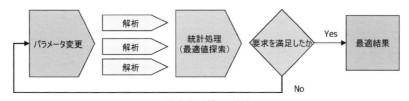

最適化計算の手法

Q31
CAE 解析で実験計画法を使用することはできるのか

A 効率良く最適化するための手法であり，パラメータ（設計要因）や水準の数で組み合わせ表（直交表）が与えられる。実験（解析）回数が決定的で，比較的少なく，ロバスト性を考慮した「田口メソッド」がよく使用される。最適化計算とロバスト設計は似てい

るようで違うので注意が必要である。最適化計算との組み合わせ最適化の前に行うことで，初期値や目的関数や必要なパラメータの検定に使用することができる。

CAE解析での実験計画法

Q32
モータは形状依存が強く 3D-CAE で解析するイメージが強い。1D-CAE でモータを解析するメリットとは何か

A 1D-CAE は，全体システム把握や機能要求の数値化を得意とする。確かにモータは形状依存が強いため，影響が大きければ，1D-CAE は 3D-CAE ツールとつなげることで，全体システム設計の具体化と実現手段の明確化が狙え，製品の品質向上や効率化に大きく貢献するといえる。

3D-CAE では，1D-CAE から受け取った仕様に基づいてモータ構造設計，配置設計を行う。3D-CAE はいわゆる構造を考える部分であり，従来の CAD/CAE が威力を発揮する。3D-CAE の結果は 1D-CAE に戻され，システムとしての機能検証を行う。広義の 1D-CAE とは，この 1D-CAE を起点とした 3D-CAE も含む設計の枠組みである。

7.2 CAE 解析の基礎

Q33
モータのロータにおいての振動問題とは何か

A 1例であるが，ロータの1次曲げの固有振動数とロータ不釣り合いの回転力の周波数が一致した危険速度（共振）が問題になることがある。モータのロータにアンバランスなどの振動による加振力が作用する場合，ロータ自重の静的荷重が作用する場合より，はるかに小さい荷重で破壊に至る可能性がある。

共振

モータ軸の1次曲げ固有振動数と加振力の振動数が一致する場合、非常に大きな振動が発生する現象。

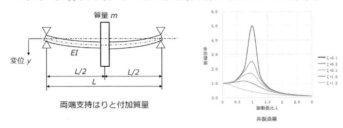

出典：日本アイアール(株)アイアール技術者教育研究所
※口絵参照
ロータの1次曲げの固有振動数とロータ不釣り合いの回転力[3]

Q34 ロータの危険速度のうち、振動による問題で疲労とは何か

A 疲労とは、材料に繰り返し応力または繰り返しひずみを加えた結果、発生する材料の破壊現象である。実用上問題となる破壊までの繰り返し数が $10^4 \sim 10^5$ 回以上の場合を高サイクル疲労という。それ以下の繰り返し数を低サイクル疲労と呼ぶ。たとえば 40 Hz でアンバランス加振した場合、40 回×3600 秒×24 時間×30 日＝1.0368×10^8 となり、1ヵ月で 10^8 回もの加振をうける。

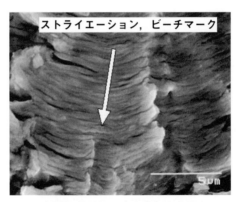

材料に繰り返し応力を加えた図

Q35
振動問題の定式化において，振動に関与する力は何か

A 振動系において表れる4種の力として，慣性力，減衰力，剛性力，作用荷重がある。それぞれの力の作用を表に示す。

振動問題の定式化

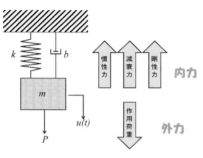

慣性力	速度の変化（加速度）に対して発生する力	大	質量（kg）密度（kg/m³）
減衰力	粘性や内部抵抗によるエネルギーの散逸	(他3つと比べて)小	減衰係数（Ns/m）
剛性力	物体の変形に対して発生する力	大	ばね定数（N/m）ヤング率（N/m²）
作用荷重	外部から受ける力	大	力（N）

Q36
振動解析において表れる力の基本単位は SI を選ぶのか

A 最終的にどの物理量をどの単位でみるのかは解析者の責任で選定する。基本単位は以下の表に示すようにSIである。

振動解析において現れる力の基本単位

基本単位	単位				
質量 kg	速度 m/s	周期 s	ばね剛性 N/m	粘性 Ns/m	密度 kg/m³
長さ m	加速度 m/s²	振動数 Hz [cycle/s]	ヤング率 Pa [N/m²]		
時間 s	力 N [kg·m/s²]	角振動数 rad/s			

Q37
振動工学で複素指数の形式を使った振動表現がある。メリットは何か

A 複素指数の形式はRe実部，Im虚部である。指数関数で波動を表した場合，振幅を複素数とすることで位相も表現できる。波動を指数関数で表すことのメリットは微分積分で形を変えないばかりか，位相を振幅で表現できることも含まれる。ロータの回転挙動を表すのに便利である。

7.2 CAE 解析の基礎

オイラーの公式
複素指数関数が三角関数に置き換わる

$$e^{j\theta} = \cos\theta + j\sin\theta$$

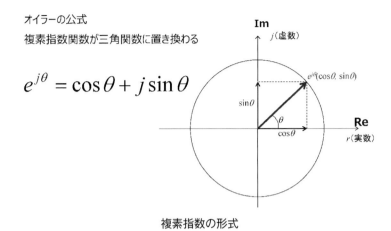

複素指数の形式

Q38
振動の表現(実部と虚部)についてどのような意味があるのか

A 振動を実部と虚部の複素指数形式で表現するのは,数学上で便利なためである。ロータのアンバランス位置などを示す場合に有効である。実現象として意味をなすのはその実数部 Re だけである。

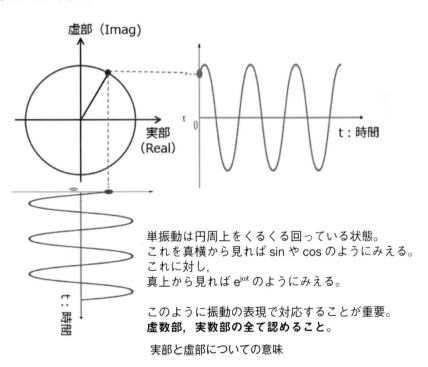

単振動は円周上をくるくる回っている状態。
これを真横から見れば sin や cos のようにみえる。
これに対し,
真上から見れば $e^{j\omega t}$ のようにみえる。

このように振動の表現で対応することが重要。
虚数部,実数部の全て認めること。

実部と虚部についての意味

Q39
単振動の場合(実部と虚部)についてどのような意味があるのか

A 単振動の場合は,三角関数で解いた方が簡単となる。減衰があり,強制振動の場合は複素数を用いた方が,計算項目を少なくすることができることから,複素数を用いる場合も多い。最終的に解が求まればよいので,三角関数で計算できる人は不要かもしれない。計算ミスを嫌う人や,計算量を減らしたい人は便利な道具だと思って複素数もマスターする。ロータの振れ回り振動を観察する時,振動レベルと時間軸で実数部 Re だけでなく虚部 Im もよく観察するイメージである。

Q40
モータの振動解析で重要な解析はどこか。プロセスはどのようなフロー図(流れ)になるのか

A 振動解析のプロセスで重要なことは,フロー図に示すように固有値解析と強制応答解析である。固有値解析は,モータ構造物が示す共振周波数とそれに伴う振動形状(「どのくらいの周波数で」「どんな形で振動するか」)を計算するテクニックである。この共振周波数でモータが共振状態となり期待した性能を発揮できなくなる場合や,時にはそのまま騒音が大きくなる場合もあるため,これらの周波数を事前に予測することが重要である。

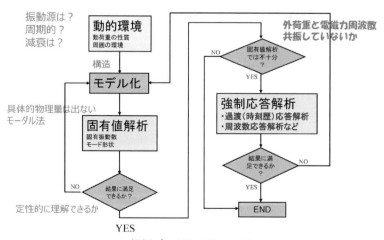

解析プロセスのフロー図

Q41
モータの振動解析に用いる主な動解析の種類は何があるのか

A 動解析にはさまざまな種類がある。代表的なものを以下に挙げる。

・固有値解析
　モータの固有振動数を求める。
・過渡（時刻歴）応答解析
　電磁力など回転磁界に対するモータの時刻歴応答を求める。
・周波数応答解析
　周波数をパラメータとする定常加振力に対する構造物の応答を求める。
・応答スペクトル解析
　モータが外部から振動を受ける場合にてよく使用される。過渡加振を受けるモータ軸受部の最大応答を近似的に求める。
・複素固有値解析
　減衰系や非対称剛性マトリクス系における固有モード解析。
・ランダム応答解析
　統計的な観点からしか記述できないランダムな振動に対する解析。

Q42
振動系の自由度とは何か

A 自由度：系の状態を指定するために必要な変数の数
質量はあるが大きさを無視した物体（「質点」と呼ばれる）で考えると，
　　（自由度）＝（質点数）×（座標成分数）

例1）上下方向（Z軸方向）のみを自由に移動できる1個の質点
　　（自由度）＝1×1＝1（個）　状態はZ座標値で指定できる。
例2）XY平面上を自由に移動できる1個の質点
　　（自由度）＝1×2＝2（個）　質点の数と同じとは限らない。状態はXY座標値で指定できる。

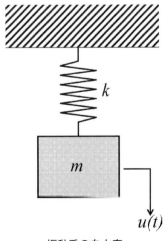

振動系の自由度

Q43 減衰自由振動の定式化と定義は何か

A 運動方程式

$$m\ddot{u}(t) + b\dot{u}(t) + ku(t) = 0$$

減衰自由振動の一般解は粘性減衰 b の値によって異なる場合、分けるために以下の定義を導入する

◎ 臨界減衰係数 b_c

$$b_c = 2\sqrt{km} = 2m\omega_0$$

◎ 臨界減衰比 ζ

臨界減衰比 ζ の値により、減衰自由振動の解は次の3ケースに分類される

減衰自由振動の定式化

Q44 ヒステリシス減衰, 摩擦（クーロン）減衰とはどういう現象か

A ヒステリシス減衰とは，材料自体の減衰特性により定義され，その減衰力は変位に比例する。摩擦減衰とは，物体間の摩擦による力で摩擦係数と物体作用する力に減衰力は比例する。

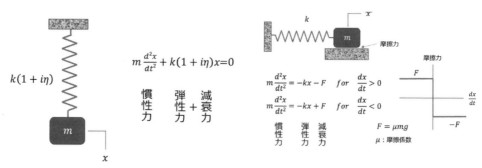

出典：大富浩一：1Dモデリングの方法と事例, 図4.4.20, 日本機械学会(2024).

ヒステリシス減衰[4]　　　　　　　　摩擦（クーロン）減衰[4]

Q45
ヒステリシス減衰と摩擦（クーロン）減衰とは何か

A　ヒステリシス減衰とは，粘弾性を示す要素によって発生する減衰力である。摩擦減衰とは，固体接触面による減衰力のことである。

臨界減衰比による振動の違い

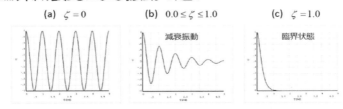

(a) $\zeta=0$　　(b) $0.0 \leq \zeta \leq 1.0$　　(c) $\zeta=1.0$

対数減衰率δは減衰自由振動の振幅比の自然対数をとったもので、臨界減衰比ζと以下の関係式

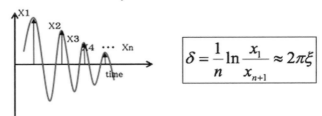

$$\delta = \frac{1}{n}\ln\frac{x_1}{x_{n+1}} \approx 2\pi\xi$$

出典：サイバネットシステム（株）

ヒステリシス減衰と摩擦減衰[1]

Q46
位相差（加振周期に対する位相の進み）と振動数比（ω/ω_0）の関係はどうなるのか

A　動的応答倍率と振動数比（ω/ω_0）の関係を以下の図に示す。

・$\omega/\omega_0 \ll 1$の場合
　動的応答倍率は1に近づく。つまり，応答は強制荷重の振幅が静荷重として作用するときに生じる静的変位になる。

・$\omega/\omega_0 \gg 1$の場合
　動的応答倍率はゼロに近づき，変位応答がほとんど生じなくなることを意味する。位相差は180°に近づく。この場合，構造物の応答速度より荷重の変化速度がはるかに速いため，構造物は荷重変位に対して応答できなくなる。

・$\omega/\omega_0 \fallingdotseq 1$の場合
　動的応答倍率は$1/(2\zeta)$に近づく。動的応答が静的応答に対して著しく増幅され，共振と呼ばれる。位相差は90°。

第7章　モータのCAE構造解析

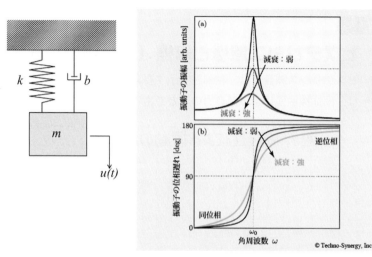

出典：(有)テクノ・シナジー

加振周期と振動数比（ω/ω_0）の関係[5]

Q47
なぜ位相が90°遅れるのか

A 共振の振動数の時に復元力に慣性力が一致し，動的な復元力がなくなり外力の方向に動かされてしまうため，90°（270°）遅れになる。外力の作用のタイミングと振動する構造物の応答のタイミングに，振動数に依存した位相特性がある。

・$\omega/\omega_0 \ll 1$ の場合

共振周波数より低い振動数では，構造物は外力の振動に対して同位相（外力の作用の方向と構造物の振動の方向が同じの0〜90°）と呼ばれるタイミングで振動する。

・$\omega/\omega_0 \gg 1$ の場合

逆に共振点より大きい振動数では，構造物は外力の振動に対して90〜180°より大きい位相遅れ，逆位相と呼ばれるタイミングで振動する。

・$\omega/\omega_0 \fallingdotseq 1$ の場合

共振点では，ばねの復元力と慣性力が釣り合って動的な復元力がなくなる。減衰要素による抵抗力のみの場合であり，構造物に最も多くエネルギーが入る状況である。減衰がなければ減衰要素で消費されるエネルギーがないために，物体に外力源から入るエネルギーが蓄積され振動振幅が成長（共振）する。

Q48
身近な例で，共振で位相が 90°遅れになるイメージを体験できる例はあるのか

A ゴム風船とヨーヨーで身近に体験することができる。

(1) ゴム風船はゆっくり手を上下に動かすと，手とゴム風船は一緒に動く。同じ方向へ動くから同相である。これを 0°の同位相という。

(2) さらにゴム風船の動きを早くすると，ゴム風船の動きが手の動きとズレてきて位相が同相から変化してきている。手と風船のタイミングをうまく合わせた時が共振の時の位相である。これこそが共振であり，手(強制力)とゴム風船は 1/4 周期(90°)ずれて動いている。

(3) 1/2 周期ずれは手とゴム風船の動きがそれぞれ山と谷，谷と山というように真逆になる。これを逆位相（180°）という。

(4) 1/2 周期ずれは同相と逆相の中間，上述のようにゴム風船が降りきる。少し手前で引き上げ始めてゴム風船が上がりきる手前で押し下げるというタイミングになる。1 周期が 360°で，1/4 で 90°，さらにゴム風船は手に対して遅れて動くので，「風船は手に対し 90°の位相遅れ」という。

Q49
固有値解析とはどういう解析手法か

A 固有値解析とは，構造物の固有振動数と固有モードを計算する解析手法である。

・構造物の動的特性を評価

たとえば，加振周波数が既知の場合，構造物の固有振動数を調べることで共振する可能性があるかどうかわかる。

・過渡応答解析あるいは周波数応答解析へ展開する際の評価

たとえば，過渡応答解析における時間ステップを決める目安となる。

・実験を行う場合の評価

たとえば，振動計測の際のセンサの設置位置を固有モードで大きく揺れる位置に決定することができる。

Q50
固有振動数と固有モードとは何か

A
・固有振動数とは
　物体の質量と剛性によって決まる物体固有の特性値であり，共振周波数ともいう。固有振動数で加振すると物体は共振する。理論上，実現象では無限数存在する。FEMモデルでは総自由度数だけ存在する。振動数の低い固有振動数より1次固有振動数，2次……と呼ぶ。自由振動している物体の周波数成分は固有振動数で構成されている。

・固有モードとは
　各次固有振動数に対応する振動の形（大きさは決まっていない）である。
　固有振動数で加振された物体は，対応する固有モードで振動し共振する。
　自由振動する物体の形状は固有モードの重ね合わせで表現できる。
　固有振動数に対応して1次固有モード，2次……と呼ぶ。

Q51
片持ちはり，円環の固有振動数，固有モードの簡単な例は何か

A 片持ちはりと円環の固有振動数，固有モードを例に示す。

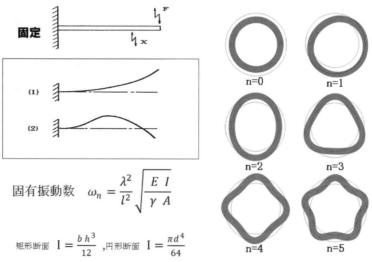

固有振動数 $\omega_n = \dfrac{\lambda^2}{l^2}\sqrt{\dfrac{EI}{\gamma A}}$

矩形断面 $I = \dfrac{bh^3}{12}$ ，円形断面 $I = \dfrac{\pi d^4}{64}$

片持ちはりと円環の固有振動数と固有モード

Q52
固有モードの変位の大きさはどう示されるのか

A　2自由度非減衰系の固有モードは図の2つである。各モードでは各自由度 u_1, u_2 の振幅である f_1, f_2 の比が固定されているだけで，f_1, f_2 の大きさは決められていない。実際に固有モードを図で示す場合にはどこかの振幅を決める（正規化する）必要がある。無次元量である。

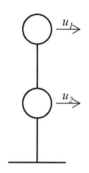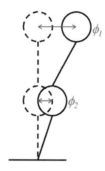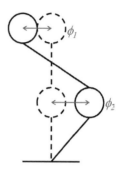

1次固有モード　　　2次固有モード

固有モードの変位の大きさ

Q53
固有値解析の結果においての剛体モードとは何か

A　構造物に全体的な拘束が得られていないとき，その構造物は剛体モード＝弾性変形を伴わない剛体運動の固有モード（ゼロ固有値モード）を生じる現象を意味する。

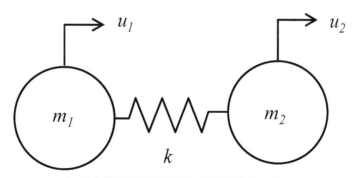

固有値解析の結果においての剛体モード

第7章　モータのCAE構造解析

Q54 固有値解析における注意点は何か

A
- メッシュ分割（振動解析全般での注意点）
  対象としている固有モード形状を正確に表現できる，十分細かいメッシュ分割が必要である。
- 適切な境界条件の設定（解析全般での注意点）
  固有振動数，固有モードは境界条件の影響を大きく受ける。確認したい現象に合わせた適切な境界条件が必要である。
- モード形状の確認
  0.0 Hzのモード（剛体モード）が存在していないか確認する。意図していない剛体モードが存在する場合は，モデル化に誤りがないか確認する。
- 適切な固有値解析法の選択
  現在，Lanczos法は全般的に優れた解析法であり，基本的にはこれを用いることを推奨する。
- 非線形性は考慮できない
  材料非線形や接触条件などの非線形性は固有値解析では考慮できない。
- 減衰は考慮されない→複素固有値解析である。

Q55 周波数応答解析で活用する直接法とモード重ね合わせ法の違いは何か

A

直接法

$$(-\omega^2[M] + j\omega[C] + [K])\{X\}e^{j\omega t} = \{F\}e^{j\omega t}$$

$$(-\omega^2[M] + j\omega[C] + [K])\{X\} = \{F\}$$

$$\{X\} = (-\omega^2[M] + j\omega[C] + [K])^{-1}\{F\}$$

直接法は以下の式では逆行列の計算が必要である。逆行列の中にωが入っているのでωが変わるたびに計算。たとえば，1000個の周波数に対して1000回の1回1回逆行列を計算するので，計算時間，コストが高くなる。

モード重ね合わせ法

モード法、モーダル法、モード重ね合わせ法と呼ばれる。

モード重ね合わせ法の「振動は固有モードが混ざり合って生じている」として，モーダル解析で求めた固有ベクトルを足し合わせることで動的応答を得る。
計算モデルの規模や計算条件，使用する固有モードの数などにもよるが…。モード法では解析精度をある程度確保するには，固有モードの抽出にノウハウがあるので注意が必要。

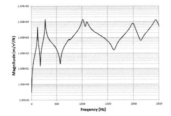

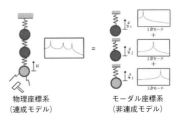

出典：サイバネットシステム（株）

直接法とモード法の違い[1]

Q56
周波数応答解析で直接法と間接法の違いは何か

 直接法とモード法の違いを表に示す。詳しく説明すると，時間積分法には直接法と間接法があり，時間積分の名のとおり，どちらも時間ステップで運動方程式を積分する。

直接法はオイラー法になることである。課題は，計算誤差が累積しやすく，長時間積分で解が不安定になることである。直接時間積分法は，衝撃問題のような高周波の過渡現象が支配的で，短時間積分で十分なケースを得意とする。

間接時間積分法の代表は，ニューマークの β 法である。衝撃問題よりはるかにゆっくりした過渡現象と定常状態との重ね合わせになっている通常の解析ケースで有効である。通常の電磁解析→振動応答解析などではよく用いられる。間接法は，各積分ステップで解の平均化を行い解の最適化を行うので，有効な積分時間は直接法よりはるかに長い。平均化のために，ピーク周波数への感度は直接法よりやや劣る。通常の解析ケースではあまり問題にならない。

モード法は本質的にフーリエ分解である。ただし分解波として，固有振動解析から出てくるモード波形を用い，理屈の上ではモード波形を全て重ねれば（無限個）正しい解を再現できる。積分時間全体でのフーリエ積分の平均化のため，ピーク周波数への感度はさらに落ちる。よってモード法は，定常状態が支配的なとき有効とされる。いったん固有振動解析を行うと，フーリエ成分の合成スピードは時間積分法より速いので，荷重ケースをさまざまに変えて，系の定性的性質（ほぼ定常状態で決まる）を知りたいときによく使う。

周波数応答解析での直接法とモード法

	直接法	モード法
小規模モデル	○	△
大規模モデル	△	○
少ない加振周波数	○	△
多い加振周波数	△	○
高周波加振	○	△
より高い精度	○	△
モーダル減衰	×	○

Q57 周波数応答解析における注意点は何か

A
- 周波数増分の大きさ
  固有値解析の結果をふまえて,ピークが予想される周波数近傍では十分に小さい周波数増分を用いることが望ましい。
- モード法に用いるモード数
  加振周波数範囲を網羅するのに十分な数のモード数を用いる。最低でも,加振周波数範囲にある振動数のモードは用いるべきである。
- 作用荷重の検証
  最高加振周波数が構造物の最低次の固有振動数よりはるかに低い場合,静解析による検証で十分な場合が多い。

Q58 周波数応答解析における周波数増分の大きさについて考慮することは何か

A 周波数増分の大きさは,以下の3つを考慮すること。
(1) 変位の極大値は固有周波数附近に存在
(2) ハーフ・パワー法…減衰定数からピーク幅を見積もる→周波数増分の特定に有効
(3) 共振点から離れたところでは粗くてもよい
    直接法による解析でも固有値解析が必要。

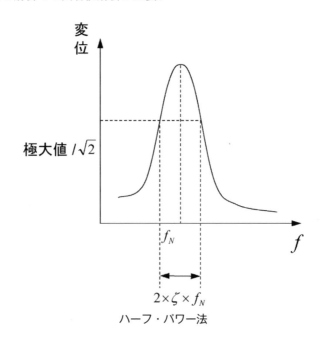

ハーフ・パワー法

7.3 CAE モデル化 —ステータの固有振動数—

Q59 モータ騒音・振動予測シミュレーションにおいてどのような課題があるのか

A 図に示すように大きく8つの課題がある。ステータ鉄心ではティースの剛性，スロット巻線の等価剛性をどう扱うかである。電磁鋼板の積層鉄心の剛性の CAE モデル化について Q&A で説明する。

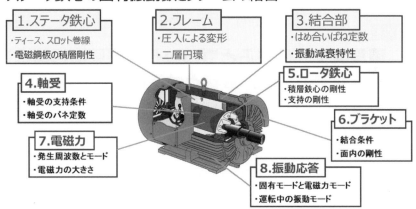

8つの課題：モータ騒音・振動予測シミュレーション

Q60 ステータ鉄心の固有振動数の予測計算をするためには積層鉄心ではどのような課題があるのか

A 積層方向に逆位相の固有振動モードを有する固有振動数のモデル化について，解明されていない課題がある。ステータ鉄心の積層方向の剛性 K を考慮していないため，ステータ鉄心の外径 D に対して積層長さ L が比較的長い構造（$L/D ≒ 0.4$ 以上）やフレームレス構造において，逆位相の固有振動モードが出現する。この逆位相の固有振動モードに対して，ステータ鉄心と回転子鉄心のエアギャップに軸方向の偏心成分を伴う電磁加振力の周波数と固有振動数が一致した場合に騒音が大きく発生し，問題となる場合がある。

第 7 章　モータの CAE 構造解析

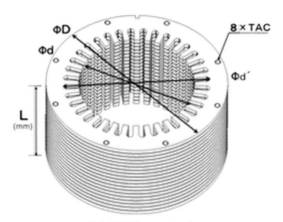

固有振動数のモデル化

Q61
積層ステータ鉄心とブロック円環厚肉円筒の違いにおいて，対象モータ，形状と寸法はどのくらいなのか

A 本モデルは，産業用モータ 2.2 kW のステータ鉄心を対象とする。厚肉円筒モデルは，積層鉄心の外径 φ145 mm，および積層鉄心スロット底とする内径 φ115 mm として，軸方向の長さ L は 66，90，120 および 180 mm の 4 種類とする。図に示す厚肉円筒モデルを用いて，軸方向の長さと固有振動数の関係を調べる。厚肉円筒モデルの寸法はステータ鉄心の外径とティースを除く内径の寸法を参考に決定した。本厚肉円筒モデルは，一般構造用圧延鋼（SS 材）から削り出して製作する。

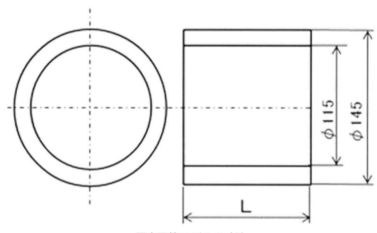

厚肉円筒モデルの寸法

Q62
積層ステータ鉄心の構造と寸法諸元はどのくらいか

A ステータ鉄心は，積層材料であり1枚の厚さ0.5 mmの電磁鋼板をプレス機械で連続での打ち抜きにより，複数枚から積層ステータ鉄心の形状に成形される．電磁鋼板の積層方向の締結は，カシメを用いている．現在，最も多用される積層方向の締結方法が自動カシメ（TAC）であり，打ち抜き時において鋼板面（図）に8ヵ所のヘコミとダボを成形し，打ち抜きの次工程でヘコミとダボを押し込んで積層構造を形成する．外周部には積層鉄心を製造プレス時に，1枚1枚を積層に整えるための切り欠きの部分凹の溝がある．

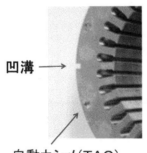
凹溝 →
自動カシメ（TAC）

計測時の測定位置

積層ステータ鉄心の構造と寸法

Q63
対象モータを選定した理由と寸法諸元は何か

A 実験モデルは，中形電動機の中で最も生産量の多い機種である標準の誘導モータの代表として，4極1.5～11.0 kWまでの5機種を対象とする．表に示すように実験に使用するステータ鉄心は外径 ϕD mm，積層鉄心のスロット底の内径 ϕd′ mmとし，積層長さLはたとえば66 mm（1.5 kW相当）と95 mm（2.2 kW相当）とする．

5機種を対象モータの諸寸法

Capacity (kW)	Outer diamete ϕD (mm)	Inside diameter ϕd′ (mm)	Slot bottom ϕd′ (mm)	Thickness L (mm)	Connection type
1.5	145	92	115	66	TAC
2.2	145	92	115	95	TAC
3.7	160	98	127	115	TAC
5.5	190	120	155	110	TAC
11.0	230	143	186	135	TAC

第7章 モータのCAE構造解析

Q64
固有振動数測定方法とはどのような方法か

図に振動測定のブロックダイヤグラムを示す。固有振動数と固有振動モードの測定に際して、供試モデルは、厚さ100 mmのウレタンゴム上に弾性支持し、外部からの振動伝達防止と供試モデル自身の振動挙動に影響がないように配慮する。3次元ステータ鉄心の固有振動数と固有振動モードを明確にするため、インパルスハンマーによる実験モーダル解析をする。

(1) 中形電動機の代表機種2.2 kWの積層ステータ鉄心にて固有振動数を打撃法で計測する。
(2) 積層構造でない厚肉円筒モデルを用いて、軸方向長さと固有振動数の関係を得る。

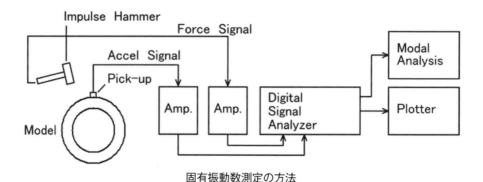

固有振動数測定の方法

Q65
ブロック円環厚肉円筒モデルにおける固有振動数の実験で周波数応答関数はどのような結果になったのか

図にブロック円環厚肉円筒モデルにおける打撃試験で得られた周波数応答関数（FRF）の一例を示す。図のL=66 mmモデルにおいて周波数応答関数を観察すると、固有振動数の2219 Hzおよび6067 Hzに明確なスペクトル周波数が出現する。それらのスペクトル周波数よりもレベルは低いが、スペクトル周波数3462 Hzと8643 Hzにもスペクトル周波数が見られる。

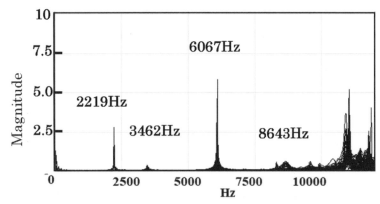

ブロック円環厚肉円筒モデル L=66 mm における固有振動数の実験結果

Q 66
ブロック円環厚肉円筒モデルにおける L=90 mm モデル実験結果の周波数応答関数はどのような結果になったのか

A 図にはブロック円環厚肉円筒モデルにおける L=90 mm モデルを示す。僅かにスペクトル周波数は異なるが，傾向は L=66 mm と同じである。

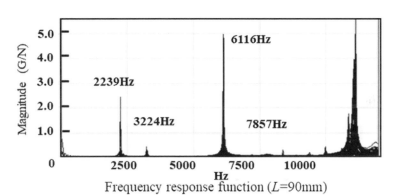

ブロック円環厚肉円筒モデルにおける L=90 mm モデル実験結果

Q 67
ブロック円環厚肉円筒モデルの振動モードはどのようになるのか

A (a) に軸方向長さ L=66 mm の場合の各ピークにおける固有振動モードを示す。また，(b) に対応する FEM 解析結果を示す。図中の m は振動モードの変形を示す次数で円周方向の山数を表し，n は軸方向の節線数を表す次数である。たとえば，(a) において m=2，n=0 は，半径方向に同位相で変形する楕円変形モードであり，軸方向にも同位

第7章 モータのCAE構造解析

相を示す。(b) においては，m=2，n=1 は，楕円変形モードで軸方向の両端が逆位相で変形するモードである。(c) と (d) についても同じ傾向にある。

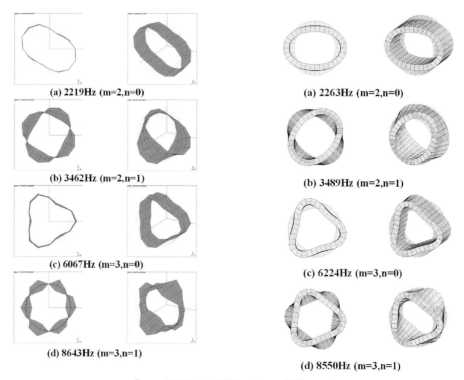

ブロック円環厚肉円筒モデルの振動モード

Q68
ブロック円環厚肉円筒モデルにおいて，固有振動数とモデル長さの関係はどうなるのか

A 図にモデル長さと固有振動数との関係を示す。逆位相モード (2, 1)，(3, 1) の固有振動数は，軸長が長くなるほど低下することがわかる。図中の括弧内の数字は（円周方向の山数 m，軸方向の節線数 n）を表している。この図から，打撃試験および FEM 解析で得られた楕円モード（同位相，逆位相）および三角形モード（同相，逆位相）の固有振動数はよく一致することがわかる。また，固有振動数は誤差 3% 以内で一致した。

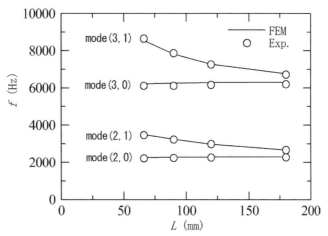

ブロック円環厚肉円筒モデルにおいて固有振動数とモデル長さの関係

Q69
積層ステータ鉄心の異方性材料として扱うモデルの固有振動数におよぼす軸方向縦弾性係数の影響は何か

A　Q68の図に示した軸方向の縦弾性係数が小さい異方性モデルを用いて、FEM解析した固有振動数と縦弾性係数との関係を示す。この図から、軸方向の縦弾性係数が小さくなるに従って、逆位相モード（mode(2, 1)，mode(3, 1)）の固有振動数が低下していることがわかる。

Q70
軸方向縦弾性係数をパラメータにして固有振動数におよぼす影響は何か

A　Q68に示す結果をモデル長さ $L=66$ mm，縦弾性係数 $E=205.8$ Gpa で無次元化して、モデル長さや軸方向縦弾性係数をパラメータにして固有振動数におよぼす影響について述べる。今回の条件では、L_0/L と E'/E とが対応している。

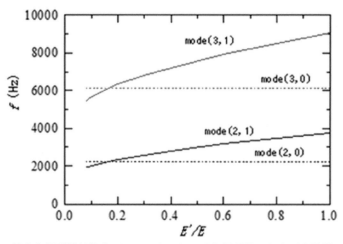

軸方向縦弾性係数をパラメータにして固有振動数におよぼす影響

Q71
円環厚肉円筒モデルの同位相モードと逆位相モードの固有振動数について，モデル長さとの関係はどうなるのか

A Q70に示す実験結果から，①同位相モード（2, 0）（3, 0）の固有振動数はモデル長さや軸方向縦弾性係数にほとんど影響されず一定であること，②逆位相モード（2, 1）（3, 1）ではモデル長さが長くなるほど，軸方向縦弾性係数が小さくなるほど，固有振動数は低下することがわかる。

Q72
簡易式による円環厚肉円筒モデルの固有振動数の計算例はあるのか

A ・軸方向に同位相の n≧2 の場合の固有振動数

半径方向の曲げ固有振動数を式に示す。以下に計算で用いる数値を示す。この固有振動数の式からわかることは，中立軸の半径（R_c）の2乗に逆比例して固有振動数は変化する。また，円環の厚さ（h）の1.5乗に比例して固有振動数は高くなることを意味している。n＝2のときの固有振動数を計算する。

$$f_{n \geq 2} = \frac{1}{2\pi} \frac{n(n^2-1)}{\sqrt{(n^2+1)}} \sqrt{\frac{EI}{A\rho R_c^4}}$$

$$f_{n=2} = \frac{1}{2\pi} \frac{2(2^2-1)}{\sqrt{(2^2+1)}} \sqrt{\frac{2.114 \times 10^{11} \times 1.86 \times 10^{-8}}{0.00099 \times 7800 \times 0.065^4}}$$

$$\fallingdotseq 2278.6 \text{ Hz}$$

Q73 円環厚肉円筒モデルで計算した諸定数の諸元と値はいくつになるのか

A n は定数でモード次数を示す。表に諸定数と数値を示す。

円環厚肉円筒モデルで計算した諸定数の諸元

E : Young's modulus (GPa)	211.4
H : Thickness of a ring (m)	0.015
B : Width of a ring (m)	0.066, 0.09, 0.12, 0.18
A : Cross-sectional area of a ring (m^2)	$0.066 \times 0.015 = 0.00099$
The geometric moment of inertia of I=bh^3/12 ring (m^4)	$0.066 \times 0.015^3/12 = 1.86 \times 10^{-8}$
P : Density (kg/m^3)	7800
R$_c$: Radius of a neutral axis (m)	0.065
n : The mode degree of ring vibration	2, 3, 4, 5…

Q74 円環厚肉円筒モデルでの計算値と実験値はどのくらいの値なのか

A 実験値との誤差も 2.6％以内である。b の長さが変化すると固有振動数は，2219 ～ 2301 Hz まで漸近的に大きくなることもわかる。

円環厚肉円筒モデルでの計算値と実験値

Character frequency of n=2				
b (mm)	66	90	120	180
Calculation result	2279	2279	2279	2279
Experimental value	2219	2239	2288	2301
Error (%)	2.6	1.7	0.4	0.97

Q75 円環厚肉円筒モデルの逆位相のねじり固有振動の計算式とはどう示されるのか

A Q67 に振動モードを示すように，ねじり振動の固有振動数を以下の式に示す。式としてはねじりの 3 次元振動モードにおける，n=2, 3, m=1 のときの固有振動数を計算する。

$$\chi = 2Ro/2Rc - 1, \quad \delta = B/2Rc$$

$$\lambda = \frac{1+\nu}{2 - 1.26\zeta\left(1 - \zeta^4/12\right)}$$

$$f_{A(n-1)NT} = \frac{\frac{\sqrt{3}}{6\pi}n(n^2-1)\delta\frac{1}{Rc}\sqrt{\frac{E}{\rho}}}{\sqrt{(1-\nu^2)\left(\frac{\delta}{\chi}\right)^2 \frac{n^2(n^2+1)\delta^2 + 3}{n^2\delta^2 + 6(1-\nu)} + n^2 + \lambda}}$$

Q76 円環厚肉円筒モデルの B：0.066m の場合の n=2 の固有振動数の計算式とはどう示されるのか

A $\chi = 0.0725 \times 2/(2 \times 0.065) - 1 = 0.115$
$\delta = 0.066/(2 \times 0.065) = 0.508$
$\zeta = \min(0.115/0.508, 0.508/0.115) = \min(0.226, 4.417)$

上記から小さい方（min）を選定し，$\zeta = 0.226$ とする。

$$\lambda = \frac{1 + 0.293}{2 - 1.26 \times 0.226 \times \left(1 - 0.226^4/12\right)}$$

$\fallingdotseq 0.755$

$$f_{A(2-1)NT} = \frac{\frac{\sqrt{3}}{6\pi}2 \times (2^2-1) \times 0.508 \times \frac{1}{0.065}\sqrt{\frac{2.114 \times 10^{11}}{7800}}}{\sqrt{(1-0.293^2)\left(\frac{0.508}{0.115}\right)^2 \frac{2^2(2^2+1)0.508^2 + 3}{2^2 \times 0.508^2 + 6(1-0.293)} + 2^2 + 0.755}}$$

$\fallingdotseq 3955.3\text{Hz}$

Q77 円環厚肉円筒モデルのねじりの計算結果はどう示されるのか

A 表に計算結果を示す。3次元に挙動するねじり振動モードは，計算誤差が 13.6 ～ 8.3% と大きい。また，b が短いほど計算誤差が小さい。固有振動数のオーダ的な予測手法にはよいと考える。

7.3 CAEモデル化—ステータの固有振動数—

Character frequency of n=3, m=1				
b (mm)	66	90	120	180
Calculation result	10000	8938	8141	7426
Experimental value	8643	7857	7363	6811
Error (%)	13.6	12.1	9.6	8.3

Character frequency of n=2, m=1				
b (mm)	66	90	120	180
Calculation result	3955	3604	3243	2846
Experimental value	3462	3224	3026	2702
Error (%)	12.5	10.5	7.0	5.1

Q78 有限要素法による固有振動数解析では要素分割数はどのくらいか

A 等方性モデルの軸方向長さが固有振動数におよぼす影響について，有限要素法解析の結果から検討する。実験を行う厚肉円筒モデルの固有振動モードおよび固有振動数を解析するため，3次元の等方性立体要素（周方向64分割，長手方向10分割，厚さ方向4分割）を用いる。要素分割数は半径方向の円環モード n=2，3，4モードであるため64分割。軸方向は1次曲げであるため4分割で十分と考える。

Q79 積層方向の縦弾性係数を異方性材料として扱うモデル化はどのように考えるのか

A 積層方向の縦弾性係数 E' をパラメータとして変化させて，固有振動モードおよび固有振動数を解析し，積層方向の縦弾性係数が固有振動数に及ぼす影響について検討する。

有限要素法により，ステータ鉄心の固有振動数を解析する。有限要素法解析（FEM）のモデル化において，積層鉄心を3次元横等方性弾性体とみなし，3次元要素を用いる。ステータ鉄心は電磁鋼板の積層構造であるが，巨視的には3次元直交異方性体として扱うことを考える。

直交異方性体として，異方性主軸のそれぞれの半径方向と周方向の縦弾性係数を E，積層方向の縦弾性係数を E'，横断弾性係数を G （$=E/2(1+v)$），G'，ポアソン比を v，v' とする。

ポアソン比 v' は $v'=vE'/E$，横断弾性係数 G' は $G'=E'/2(1+v)$ とした。

ひずみ ε と応力 σ の関係は，コンプライアンスマトリックス $[S]$ を用いて，式で表すことができる。ここで，縦弾性係数は，E，E'，横断弾性係数 G，G'，ポアソン比 v，

第7章　モータのCAE構造解析

v' の 6 つは独立である。

　E は電磁鋼板の半径方向と周方向の縦弾性係数であり，積層方向縦弾性係数の E' の値をパラメータとして固有振動数を計算して実験値と比較する。なお，解析に用いた FEM モデルの要素数は 26234 個，節点数は 33306 個である。

$$\{\varepsilon\} = [S] \cdot \{\sigma\}$$

$$[S] = \begin{bmatrix} 1/E & -v/E & -v'/E' & 0 & 0 & 0 \\ -v/E & 1/E & -v'/E' & 0 & 0 & 0 \\ -v'/E' & -v'/E' & 1/E' & 0 & 0 & 0 \\ 0 & 0 & 0 & 1/G' & 0 & 0 \\ 0 & 0 & 0 & 0 & 1/G' & 0 \\ 0 & 0 & 0 & 0 & 0 & 1/G \end{bmatrix}$$

Q 80 有限要素法で用いた物性値とは何か

A 直交異方性体として，図に示す異方性主軸の縦弾性係数を半径方向 E_1，周方向 E_2，積層方向 E_3（E'）とする。

積層方向の縦弾性係数

Young's Modulus (Pa)	
E_1	2.068×10^{11}
E_2	2.068×10^{11}
E_3	2.300×10^{10}

Poisson Ratio	
v_{12}	0.29
v_{23}	0.1
v_{13}	0.001

Shear Modulus	
G_{12}	8.0155×10^{10}
G_{23}	1.0455×10^{10}
G_{13}	1.1489×10^{10}

7.3 CAEモデル化—ステータの固有振動数—

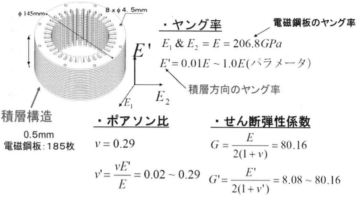

Q81
66 mm のモデルに対して，E_3 の数値をパラメータとして変化させたときの固有振動数はどのように変化するのか

A 図に示すように 66 mm（1.5 kW）のモデルに対して，E_3 の数値をパラメータとして，$E_3 = 0.9 \times 10^{10}$ Pa ～ 2.0×10^{11} MPa まで変化させたときの固有振動数を計算した。その結果，半径方向のモードの変化はほとんどなく，逆位相の振動モードのみの固有振動数が変化することがわかった。図では，グラフは代表的な n=2，n=3 の逆位相の変形モードを示している。

次に上記の解析にて数値 E_3 を変化させた曲線と，実験値による固有振動数を示す水平線とが一致した交点を等価な縦弾性係数として求めた。この結果からおよそ $E_3 = 2.30 \times 10^{10}$ Pa で一致することがわかる。この等価弾性率は，電磁鋼板の縦弾性率 E_1，E_2 のおよそ 1/10 に相当する。

また，図に示すように，固有振動モードについても，実験結果と同様に半径方向に変形する円環モードを表し，一方，両端面において位相が異なる逆位相モードが表れている。さらにこの値が 95 mm（2.2 kW）の場合でも有効であるか確認した。

図では，代表的な n=2，n=3 の逆位相モードについて，有限要素法解析で計算した固有振動を示す曲線（FEM）と，実験値による固有振動数を示す水平線（measure）とが一致した交点を等価縦弾性係数 E' として求めた。この結果から，66 mm モデルは $E' = 23.0$ Gpa，95 mm モデルは $E' = 21.0$ Gpa で一致することがわかる。この縦弾性係数 E' は，電磁鋼板の縦弾性係数 $E = 206.8$ Gpa のおおよそ 1/10 に相当する。また，66 mm モデルと 95 mm モデルでの縦弾性係数 E' がそれぞれ異なるのは，積層方向の面圧によるものといえる。

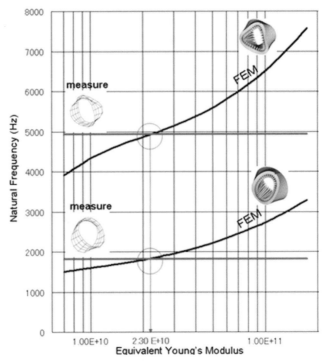

E₃ の数値をパラメータとした時の固有振動数の変化（66 mm モデル）

Q82
95 mm のモデルに対して，E_3 の数値をパラメータとして変化させたときの固有振動数はどのように変化するのか

A ステータ鉄心長さ 95 mm に対しても同様な解析法で計算を行った結果，同一の $E_3 = 2.30 \times 10^{10}$ Pa が得られた。

したがって，電磁鋼板の積層構造を巨視的に一様な材質の 3 次元体として扱うことのできる実用性のある数値であるといえる。

7.3 CAEモデル化—ステータの固有振動数—

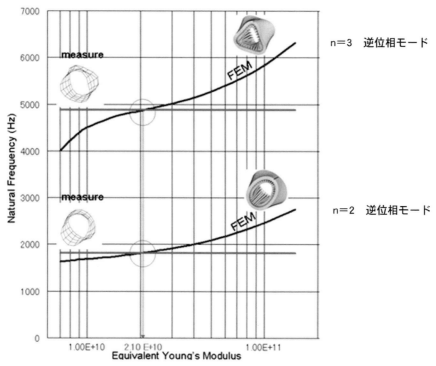

E_3 の数値をパラメータとした時の固有振動数の変化（95 mm モデル）

Q83
解析結果と実測結果の比較はどう示されるのか

 解析誤差は，L＝66 mm と L＝95 mm において±3％程度を示す。

解析結果と実測結果の比較

Mode Degree		L=66 mm D=145 mm			L=95 mm D=145 mm		
m	n	Experiment	FEM	Error (%)	Experiment	FEM	Error (%)
2	0	1761.9	1804.4	2.4	1816.6	1804.5	−0.7
2	0	1861.2	1828.9	−1.7	1858.9	1828.9	−1.6
2	1	1879.9	1829.3	−2.7	1850.4	1878.0	1.5
2	1	1887.4	1830.3	−3.0	1888.6	1886.7	−0.1
3	0	4883.5	4804.1	−1.6	4916.3	4804.4	−2.3
3	0	4892.5	4862.1	−0.6	4916.3	4862.3	−1.1
3	1	4817.0	4922.3	2.2	4810.9	4957.9	3.1
3	1	5096.6	4940.8	−3.1	4883.5	4992.1	2.2
4	0	8639.8	8535.4	−1.2	8592.1	8535.7	−0.7
4	0	8769.8	8627.2	−1.6	8623.9	8627.5	0.0
4	1	8769.8	8591.1	−2.0	8685.3	8672.2	−0.2
4	1	8769.8	8611.9	−1.8	8685.3	8737.2	0.6

Q84
振動モード図はどう示されるのか

A 振動モード図に示すように実験結果とFEM解析はよく一致している。

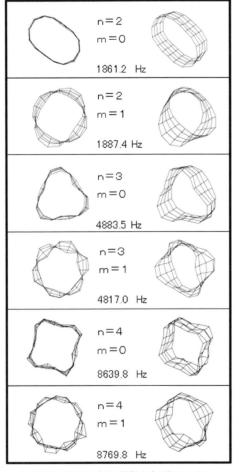
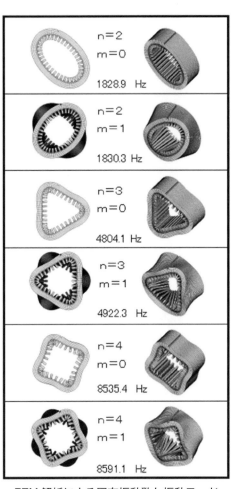

実験による固有振動数と振動モード　　　FEM解析による固有振動数と振動モード

Q85
大きい機種の3.7 kW，5.5 kW，11 kWの計算精度はどのように示しているのか

A 等価縦弾性係数は，$E'=23.0$ Gpa ～ $E'=21.0$ Gpa で電磁鋼板のおよそ1/10である。積層構造のステータ鉄心は，3次元横等方性弾性体として扱い，固有振動数は有限要素法解析にて計算誤差は3.2％以内で一致した。

3.7 kW，5.5 kW，11 kW の計算結果

Mode Degree		3.7 kW D=160 mm L=115 mm			5.5 kW D=180 mm L=110 mm			11.0 kW D=230 mm L=135 mm		
m	n	Experiment	FEM	Error (%)	Experiment	FEM	Error (%)	Experiment	FEM	Error (%)
2	0	1590.2	1600.6	0.7	1427.9	1468.3	2.8	1059.0	1084.9	2.4
2	0	1716.9	1723.4	0.4	1637.4	1638.0	0.0	1065.3	1088.8	2.2
2	1	1653.2	1695.1	2.5	1497.5	1532.8	2.4	1094.0	1091.9	−0.2
2	1	1766.4	1801.8	2.0	1601.5	1606.1	0.3	1223.4	1246.5	1.9
3	0	4304.8	4317.7	0.3	4014.0	4095.1	2.0	2753.0	2835.7	3.0
3	0	4484.0	4492.8	0.2	4217.5	4267.0	1.2	2844.3	2914.3	2.5
3	1	4416.7	4515.9	2.2	4166.8	4174.1	0.2	2861.0	2928.5	2.4
3	1	4530.1	4584.7	1.2	4316.7	4280.1	−0.8	3095.5	3144.8	1.6
4	0	7732.8	7571.2	−2.1	7116.3	7261.6	2.0	4873.5	4945.6	1.5
4	0	7839.1	7920.3	1.0	7712.3	7736.5	0.3	4998.6	5093.8	1.9
4	1	7533.0	7699.9	2.2	7121.4	7319.1	2.8	4973.2	5096.7	2.5
4	1	7881.2	8008.1	1.6	7691.6	7679.2	−0.2	5003.8	5163.6	3.2

Q86
プレス機械でのカシメ加圧と積層鉄心の面圧はどのような関係なのか

A 積層鋼板に，プレス機械「1 ton」で軸方向に加圧すると積層鉄心が圧縮変形する。圧縮の変形量は，計測結果からヨーク部分≒10 μm である。加圧力 f=1000 kgf（1ton）において，積層鉄心の概略面積≒10000 mm² である。そこで面圧換算すると，次の式となる。

$$P = 1000/10000 = 0.1 \text{ kgf/mm}^2 = 1 \text{ MPa}$$

積層鉄心の面圧としては，積層鉄心の面圧は上記の実験結果から 1 Mpa まで加圧すると，さらに圧縮変形することから 1 MPa 以下程度と推定する。ヨーク部分は 0.5 MPa，内径ティースは 50 kgf 程度で加圧すると，圧縮変形することから 0.1 MPa 以下といえる。

Q87
機種 kW が大きいほど，電磁鋼板の等価縦弾性係数 E_3 が小さくなるのはなぜか

A この縦弾性係数 E' は，電磁鋼板の等価縦弾性係数 $E=206.8$ Gpa の約 1/10 に相当する。また，66 mm モデルと 95 mm モデルでの縦弾性係数 E' がそれぞれ異なるのは，積層

方向の面圧によるものといえる。前述のようにプレス機械でのカシメ加圧は加圧力 f＝1000 kgf（1ton）でどの機種でも同じであることから、機種が大きいほど受ける面積が大きくなり面圧が小さくなる。

機種 kW と電磁鋼板の等価縦弾性係数 E_3 の関係

Capacity (kW)	Thickness of design L (mm)	① Number of sheets	② Thickness of one sheet (mm)	①×②=③ Thickness of ideal (mm)	④ Actual lamination size (mm)	⑤ Rate of expansion λ (%)	⑥ Yong's Modulus $1×10^{10}$(Pa)	⑦ Coefficient
1.5	66	131	0.5	65.5	66.2	1.07	2.30	2.63
2.2	95	188	0.5	94.0	95.1	1.17	2.10	2.88
3.7	115	228	0.5	114.0	115.4	1.23	1.90	2.87
55	110	218	0.5	109.0	110.4	1.28	1.60	2.64
11.0	135	267	0.5	133.5	135.3	1.35	1.50	2.73

⑤＝((④－③)/③)×100
⑦＝⑤^2×⑥

Q88 ワンスタンプ金型（コンパウンド金型）とはどのようなものか。この製造方法のメリットとデメリットは何か

A ロール巻きを伸ばした短尺の電磁鋼板を金型とプレス機で1回打ち抜くことにより1枚のステータ鉄心を得る。さらにその内側を次の工程でロータコアを打ち抜く。

・メリット：生産性の向上が図れる。
・デメリット：レーザ加工やノッチング金型に比べ複雑となり、初期費用が高く加工機の納期も長くなる。

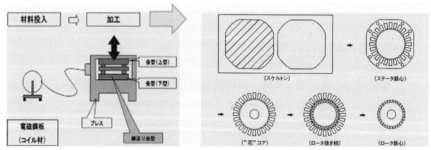

画像提供：国立科学博物館　　出典：三井金型振興財団，(株)三井ハイテック
ワンスタンプ金型（コンパウンド金型）の概略[6)7)]

Q89
丸カシメ部分の断面はどのようになるのか。カシメ加工後にスプリングバックするのか

A　丸カシメ部分の断面は図のようになる[7]。カシメ加工後にスプリングバックする。たとえば，電磁鋼板 0.5 mm×4 枚の場合＝2.0 mm ではなく，およそ 2.020 mm となり 0.020 mm（20 μm）スプリングバックする。

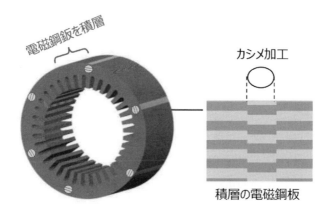

Q90
面圧を定量的評価するのはどのような方法か

A　FEM 有限要素法による面圧を計算する方法がある。図に示すように，積層鉄心の面圧は圧縮変形することから 1 MPa 以下程度，カシメ部分は 1.0 MPa 程度，ヨーク部分は 0.8〜0.4 MPa，ティース部分は 0.7〜0.31 MPa 以下となっている。50 kgf 程度で加圧すると，数 10 μm 単位で圧縮変形する。

積層鉄心の面圧　部分によって面圧が異なる

・面圧依存の接触面剛性

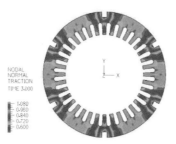

積層鉄心の面圧は
圧縮変形することから 1 MPa 以下程度

カシメ、クランプ：1.0 MPa 程度
ヨーク部分：0.8〜0.4 MPa
ティース部分：0.7〜0.31 MPa 以下

50 kgf 程度で加圧すると、圧縮変形する

接触解析で得られたコアの面圧分布
FEM 有限要素法による面圧を計算結果

Q91
ステータ鉄心の固有振動数は理解できたが，モータフレームの固有振動数が騒音になることはないのか。電磁力周波数とフレームの固有振動数および振動モードが一致した共振周波数が励起されるのではないか

A Qのとおり，フレームの固有振動数も影響する。もう少し詳しく説明すると，ステータ鉄心とフレームが組み立てられた状態で同時に楕円形に変形するモードが騒音に影響する。図にモータ組立状態での固有振動数を4つ示す。矢印の付いた振動モードの影響が大きい。矢印のないフレームのみが変形するモードは，騒音の影響は小さい。

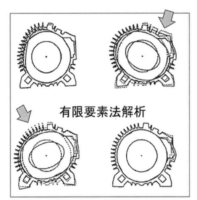 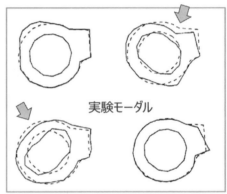

フレームの固有振動数の影響[8]

7.4 CAEモデル化 ―ロータ1次曲げと騒音問題―

Q92
モータ騒音の原因はロータの固有振動数にある。ロータの固有振動数においてCAE解析にはどのような課題があるのか

A ロータのCAE解析では，図に示したように大きく5つの課題がある。特にロータ鉄心の積層鉄心の等価剛性や，軸受やブラケットの支持剛性の境界条件を明確にする必要がある。

7.4 CAEモデル化—ロータ1次曲げと騒音問題—

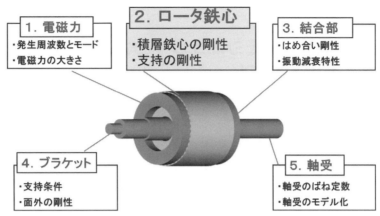

ロータのCAE解析の5つの課題

Q93
有限要素法によるCAE解析の対象モデルは何か

A 有限要素法のCAEモデルに使用するロータは，軸長さ325 mm，最大軸直径 ϕ20 mm である。それに積層鉄心外径 ϕ97 mm，内径 ϕ20 mm をある公差をもって焼きばめにて結合する。図に示すように，かご型モータであることからロータ鉄心にはスロットがある。アルミ材の導体バーと積層鉄心の両端にはエンドリングを構成する。

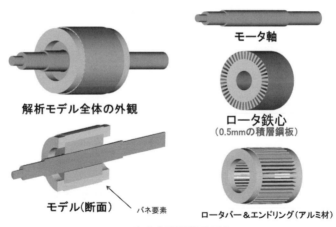

ロータの有限要素モデル

Q94 ロータの1次元シミュレーションCAEモデル化で何を特に考慮すべきか

A モータ状態におけるロータの1次元シミュレーションCAEモデル化は,以下の3点に特に考慮が必要である。

(1) ロータ単体の自由支持での固有振動数は積層鉄心における剛性と付加質量を考慮する必要がある。
(2) 軸受剛性およびブラケット剛性とモデル化は,計算精度に影響する。
(3) 電磁力周波数とロータの固有振動数の共振時には,騒音が大きくなることが予測される。

したがって,1次元で計算するには軸,ロータ鉄心,ブラケットと軸受のモデル化が重要である。

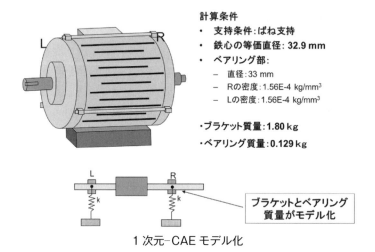

計算条件
- 支持条件:ばね支持
- 鉄心の等価直径: 32.9 mm
- ベアリング部:
  - 直径:33 mm
  - Rの密度:1.56E-4 kg/mm³
  - Lの密度:1.56E-4 kg/mm³
- ブラケット質量:1.80 kg
- ベアリング質量:0.129 kg

1次元-CAEモデル化

Q95 対象となるモータの機種と構成部品は何か

A 実験モデルは,中形モータの中で最も生産量の多い機種である標準の誘導モータの4極2.2 kW相当を対象とする。

7.4 CAEモデル化―ロータ1次曲げと騒音問題―

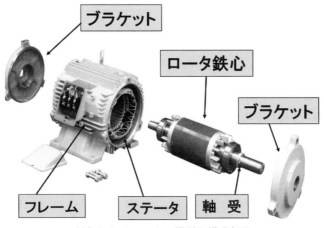

対象となるモータの機種と構成部品

Q96
軸の固有振動数を簡易計算するにはどのようにするのか

A 軸の単純支持の条件で計算例を示す。直径 d＝36 mm，スパン ℓ ＝260 mm の中央に質量 m＝1.5 kg である。鋼製（縦弾性係数 E＝206 GPa，密度 ρ＝7.8×10³ kg/m³）のロータ軸。

(1) 軸のばね定数：k
(2) 軸の質量の 50％を換算して加えた場合の固有振動数：f_n＝681.5 Hz

軸のばね定数

$$k = \frac{48EI}{l^3}$$
$$= \frac{48 \times 206 \times 10^9 Pa \times \frac{\pi}{64} \times (0.036m)^4}{(0.26m)^3}$$

$$k = 4.6478 \times 10^7 N/m$$

軸の質量

$$m_b = \rho Al = 7.8 \times 10^3 \frac{kg}{m^3} \times \frac{\pi}{4} \times (0.036)^2 \times 0.26m$$
$$= 2.064 kg$$

危険速度

$$\omega_n = \sqrt{\frac{k}{m+0.5m_b}}$$

$$= \sqrt{\frac{8.777 \times 10^5 N/m}{1.5kg + 0.5 \times 2.064\ kg}}$$

$$= 4280.0\ rad/s$$

$$f_n = \omega_n/2\pi = \frac{4280.0\ rad/s}{2\pi}$$
$$= 681.5\ Hz$$

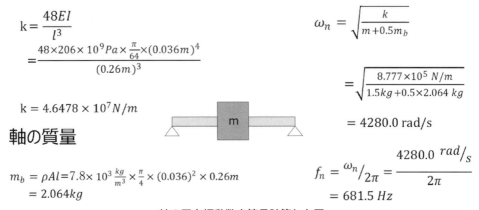

軸の固有振動数を簡易計算した図

第7章 モータのCAE構造解析

Q97 ロータ1次元シミュレーションの軸受部の支持条件はどうするのか

A ロータは，以下の3条件の支持方法がある。
(1) ロータ単体を弾性体上で支持する自由支持
(2) 軸受外輪部をVブロック固定する単純支持
(3) 並進ばねと回転ばねで支持

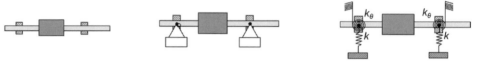

自由支持　　　　単純支持　　　　並進ばね・回転ばね

ロータ1次元シミュレーションの軸受部の支持条件

Q98 ロータ軸モデルにおいて有限要素法解析の運動方程式はどうなるのか

A ロータ軸モデルの軸全体の運動方程式は，次式で示される。ここで，$[M]$，$[K]$は全体の質量マトリックス，剛性マトリックスであり，式に示す1要素（はり要素）の質量マトリックス，剛性マトリックスを重ね合わせたものである。

FEM－理論　　梁要素でのFEM model

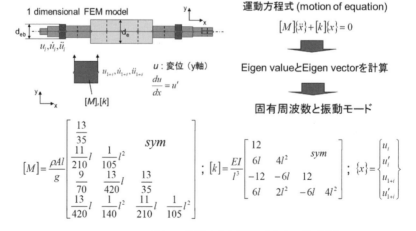

運動方程式 (motion of equation)
$$[M]\{\ddot{x}\} + [k]\{x\} = 0$$

Eigen valueとEigen vectorを計算

固有周波数と振動モード

$$[M] = \frac{\rho Al}{g}\begin{bmatrix} \frac{13}{35} & & & sym \\ \frac{11}{210}l & \frac{1}{105}l^2 & & \\ \frac{9}{70} & \frac{13}{420}l & \frac{13}{35} & \\ \frac{13}{420}l & \frac{1}{140}l^2 & \frac{11}{210}l & \frac{1}{105}l^2 \end{bmatrix} ; [k] = \frac{EI}{l^3}\begin{bmatrix} 12 & & & sym \\ 6l & 4l^2 & & \\ -12 & -6l & 12 & \\ 6l & 2l^2 & -6l & 4l^2 \end{bmatrix} ; \{x\} = \begin{Bmatrix} u_i \\ u'_i \\ u_{1+i} \\ u'_{1+i} \end{Bmatrix}$$

Note: ρ：密度 (kg/m³); A：断面積(m²); l：element length (m);
g：gravity (9.8m/s²); E：ヤング率(Pa); I：断面二次モーメント(m⁴)

1要素（はり要素）の質量マトリックスと剛性マトリックス

Q99
ロータ鉄心の電磁鋼板の積層構造である固定子鉄心3次元有限要素法解析（FEM）縦弾性率（ヤング率）の扱いはどうするのか

A ロータ鉄心の電磁鋼板0.5 mmの積層構造であるロータ鉄心を，線形かつ一様な材質の3次元直交異方性体として扱う。有限要素法により，ロータ鉄心の固有振動数を解析する。有限要素法解析（FEM）のモデル化において，積層鉄心を3次元横等方性弾性体とみなし，3次元要素を用いる。固定子鉄心は電磁鋼板の積層構造である。巨視的には3次元直交異方性体として扱うことを考える。

　直交異方性体として，異方性主軸のそれぞれの半径方向と周方向の縦弾性係数をE，積層方向の縦弾性係数をE'，横弾性係数を$G\ (=E/2(1+v))$，G'，ポアソン比をv，v'とする。図に3次元有限要素法で用いた物性値を示す。ポアソン比v'は$v'=vE'/E$，横弾性係数G'は$G'=E'/2(1+v)$とする。

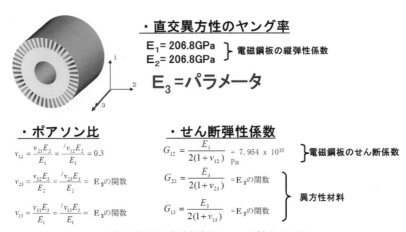

・直交異方性のヤング率
$E_1 = 206.8$ GPa
$E_2 = 206.8$ GPa ｝電磁鋼板の縦弾性係数
$E_3 = $ パラメータ

・ポアソン比
$v_{12} = \dfrac{v_{21}E_2}{E_1} = \dfrac{v_{12}E_2}{E_1} = 0.3$

$v_{23} = \dfrac{v_{32}E_3}{E_2} = \dfrac{v_{23}E_3}{E_2} = E_3$の関数

$v_{13} = \dfrac{v_{31}E_3}{E_1} = \dfrac{v_{13}E_3}{E_1} = E_3$の関数

・せん断弾性係数
$G_{12} = \dfrac{E_1}{2(1+v_{12})} = 7.954 \times 10^{10}$ Pa ｝電磁鋼板のせん断係数

$G_{23} = \dfrac{E_3}{2(1+v_{23})} = E_3$の関数

$G_{13} = \dfrac{E_3}{2(1+v_{13})} = E_3$の関数 ｝異方性材料

3次元有限要素法解析のロータ鉄心モデル

Q100
ロータ鉄心の電磁鋼板の積層構造である縦弾性係数の見出し方はどうするのか

A 積層方向の縦弾性係数E'をパラメータとして変化させて，固有振動モードおよび固有振動数を解析し，積層方向の縦弾性係数が固有振動数に及ぼす影響について検討する。図に示すようにモデルに対して，E_3の数値をパラメータとして$E_3=0.9\times10^{10}$ Pa ～ 2.0×10^{11} MPaまで変化させた時の固有振動数を計算した。$E_3=2.3\times10^{11}$ MPaで実験結果と一致することがわかった。その結果，1次曲げモードと2次曲げモードの固有振動数が変化することを見極め，実験値と一致する値を用いる。

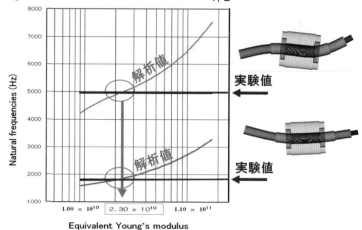

ロータ鉄心の電磁鋼板の積層構造である縦弾性係数の見出し方

Q101 ロータ鉄心の積層剛性の縦弾性係数を見出す方法は他にあるのか

A 静的曲げ試験法による荷重に対する変位量δを測定し、積層方向の縦弾性係数を算出する方法がある。

縦弾性係数の測定方法は JIS K 6911 に準拠し、2点支持の中央荷重法を用いる。試験片の長さは 95 mm、2点支持のスパンは 85 mm とする。

縦弾性係数は、2点支持のスパンを (mm)、中央一点荷重を (N)、中央の変位を (mm)、荷重に対する試験片の断面2次モーメントを (mm^4) とすれば、図中の式で表される。測定は一定荷重に対する変位量δを測定し、縦弾性係数として算出する。

$$E_{BL} = \frac{l^3}{48I} \cdot \frac{F_0}{\delta}$$

$$\delta = \frac{PL^3}{48EI}$$

ロータ鉄心の積層剛性の縦弾性係数を見出す他の方法

Q102 ロータ鉄心の積層鉄心を異方性弾性体とみなしたとき，1次元の梁要素のモデルでの方法はどうするのか

A 1次元のはり要素のモデルは，ロータ鉄心とシャフトは1物体と扱い梁要素を用いる。数に示すように曲げ剛性についての関係式から軸と積層鉄心の等価ヤング率 E^* を導き出す。数値代入例と表に E^* を計算した例を示す。

曲げ剛性についての関係式　$E^* I^* = E_1 I_1 + E_2 I_2$

$$I_1 = \frac{\pi d_1^4}{64}, \quad I_2 = \frac{\pi(d_2^4 - d_1^4)}{64}, \quad I^* = I_1 + I_2 = \frac{\pi d_2^4}{64}$$

等価なヤング率　$E^* = (E_1 I_1 + E_2 I_2)/I^*$

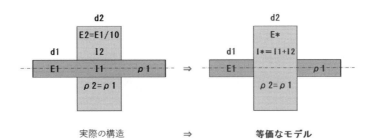

実際の構造　⇒　等価なモデル

円周率	π	3.1415926	
軸のヤング率	E1	206	Gpa
軸の径	d1	30	mm
軸の断面2次モーメント	I1	39760.781	mm⁴

積層鉄芯のヤング率	E2 = E1/10	20.6	Gpa
積層鉄芯の外径	d2	60	mm
積層鉄芯の内径	d1	30	mm
積層鉄芯の断面2次モーメント	I2	596411.72	mm⁴

軸+積層鉄芯の断面維持モーメント	$I^* = I1+I2$	636172.5	mm⁴
軸+積層鉄芯の等価なヤング率	E^*	32.1875	Gpa

第7章 モータのCAE構造解析

Q103
ロータ鉄心の積層鉄心を3次元横等方性弾性体とみなし，3次元要素を用いて有限要素法によるモデル化については理解した。簡易的な梁要素1次元シミュレーションモデルでの方法はあるのか

A 梁要素モデルでの方法はある。計算精度は低下する。梁モデルの数値計算には積層鋼板の剛性 EI の与え方が重要である。積層鋼板の剛性と等価な剛性を持つ一体構造の軸モデルを仮定する。図に示すように等価軸径として与える。実際のロータ鉄心の積層鋼板の径より小さくなる。

積層鉄心のFEMモデル化

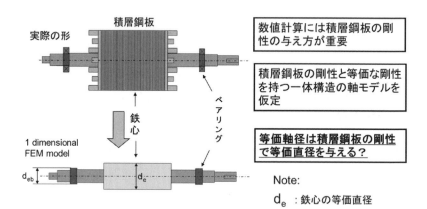

簡易的な梁要素1次元シミュレーションモデル

Q104
ロータ鉄心の等価軸径 d_e を小さくするには具体的な数値はどうするのか

A ロータ鉄心は積層鋼板を等価直径として与える場合は，$d_1=\phi 97.4$ mm から $d_2=\phi 32.9$ mm と実際の径の66%下げる。質量は変更しない。

7.4 CAE モデル化―ロータ1次曲げと騒音問題―

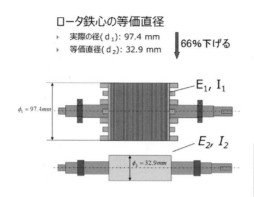

ロータ鉄心の等価直径
- 実際の径(d_1): 97.4 mm
- 等価直径(d_2): 32.9 mm

66%下げる

$$E_1 I_1 = E_2 I_2$$

$$I = \frac{\pi}{64} d^4$$

$$E_1 = E_2 \left(\frac{d_2}{d_1}\right)^4$$

$$E_1 = 0.013 E_2$$

ロータ鉄心は積層鋼板を等価直径として与える。質量は変更しない。

ロータ鉄心の積層鋼板を等価直径した図

Q105
ロータの等価軸径を小さくした場合の結果はどうなるのか

A ロータの軸径をパラメータとして径を小さくした場合の結果を図に示す。等価的に66%低下させると実測値に一致する。2次モードはロータ鉄心部が，振動モードの節となるため曲げ剛性の影響は小さく，等価軸径は60 mm 程度といえる。

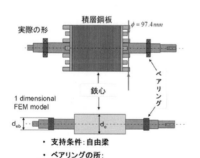

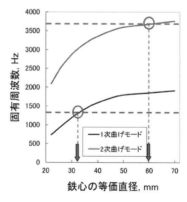

等価直径(Φde): 97.4mm→33mm（約66%低下）

計算結果:ロータ径をパラメータ

振動モード	実験,Hz	等価直径, mm
1次曲げモード	1325	33
2次曲げモード	3676	60

ロータの等価軸径を小さくした場合の結果

Q106 3次元直交異方性体として扱ったロータ単体の固有振動数の結果はどうなったか

A 自由支持とは，ロータを細い紐糸で吊るした状態である。図表に，ロータ単体での自由支持の固有振動数を示す。有限要素法の計算結果から1次曲げの固有振動数1291 Hzに対し，実測値は1325 Hzと2.5％で一致している。2ndモードの2次曲げの2198 Hzは有限要素法の結果では表れなかった。3rdの2次曲げモード3673 Hz，計算誤差が2.2％と一致している。

	FEM 計算	実 験	Error%
1st	1291	1325	− 2.5
2nd	—	2198	—
3rd	3597	3673	− 2.2

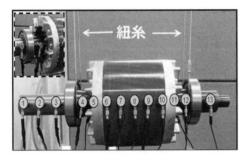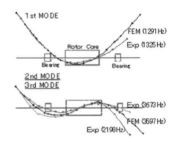

自由支持の場合のロータ単体の固有振動数の結果

Q107 シャフトとロータ鉄心の結合においてロータ鉄心の軸方向の長さの影響はあるのか

A ロータ鉄心の軸方向の影響はある。軸方向の積層鉄心の長さLとロータ直径dの関係を示す。ここでは(L/D)をロータ径のDの等価剛性比で示す。(L/d)が小さい場合は，ロータ鉄心の軸剛性への寄与は小さく，質量効果の影響が大きい。(L/d)が大きくなるにつれ，ロータ鉄心は軸剛性への寄与は大きくなる。

7.4 CAEモデル化—ロータ1次曲げと騒音問題—

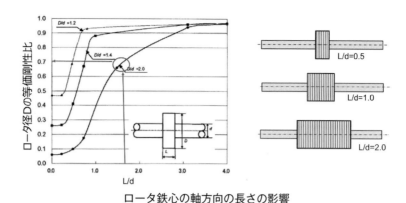

ロータ鉄心の軸方向の長さの影響

Q108
軸受支持の場合のロータの固有振動数の結果はどうなるのか

A ロータ支持条件として軸受外輪をVブロックにて固定した場合の固有振動数を図表に示す。有限要素法の計算結果から軸受部に変位をもつ剛体曲げモード589 Hzの固有振動数に対し，実測値は595 Hzと1.1%で一致している。さらに剛体の逆位相モード1016 Hzにおいては，計算誤差3%以内でよく一致している。軸受部には変位を有することから，ばね支持でモデル化すると判断する。

	計算値	実験値	Error %
1st	589	595	−1.1
2nd	1016	1010	0.6
3rd	1492	1500	−2.1
4th	—	1750	—

V字ブロック

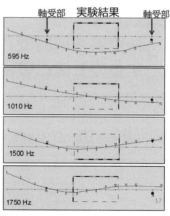

軸受支持の場合のロータの固有振動数の結果

第7章 モータのCAE構造解析

Q 109
V字ブロック支持とは何か

A VブロックとはV溝付きのブロックで，軸受外輪や円形部品の固定に使用する。座りが良いので安定性がある。下側のVブロックは支え側で，上側は下向きに軸受に荷重を作用させて固定する。アムスラー試験機による荷重でF＝100 kgfとした。

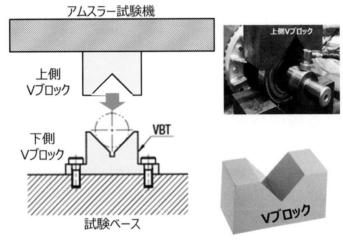

Vブロックでの軸受支持の場合のロータの固有振動数の結果

Q 110
軸受部を単純支持するのと，軸受の並進ばねでモデル化するのではどのような違いがあるのか

A
- 軸受部を単純支持すると1次の曲げの固有振動数が16％大きくなる。軸受部には変位が生じていない。
- 軸受の並進ばね定数でモデル化すると，実験値に一致する（1％）。軸受部に変位δが生じる。

モード	単純支持モデル	ばね支持モデル	実験値
1次曲げ	711（＋16％）	589（－1％）	595

軸部を単純支持か並進ばね支持のモデル化の違い

Q111 ロータ軸受部の自由度，拘束条件は何があるのか

A 自由度とは，下図のX，Y，Zの3軸の並進と各軸周りの回転を含めた合計6自由度のことである。軸受の拘束条件を設定するために自由度の考え方は必要である。表に例を示す。

軸受の支持条件	X	Y	Z
並進ばね	定数	定数	定数
回転ばね	定数	定数	自由

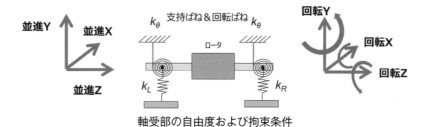

軸受部の自由度および拘束条件

Q112 ロータのモデル化において3次元梁（ビーム）要素と3次元（ソリッド）要素の違いは何か

A 梁（ビーム）要素とソリッド要素の違いを説明する。3次元梁要素の節点の自由度は，並進方向3方向，回転方法3方向の自由度を持っている。どのような形状でも2節点で表現されるため，断面積や断面の向きなどは別途定義して入力する。

一方ソリッド要素の節点の自由度は，並進3方向のみとなっている。3次元弾性体理論をそのまま適用できるため，理論的には扱いやすい利点がある。

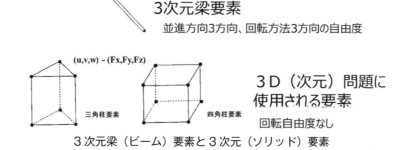

3次元梁（ビーム）要素と3次元（ソリッド）要素

Q113
梁要素モデルでの方法の結果はどうなったか

A 結果は等価直径33%に縮小することによって実験と一致する。2次曲げの等価剛性として62%と異なる縮小率となる。

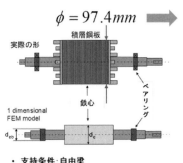
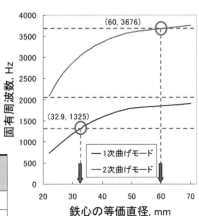

振動モード	実験, Hz	等価直径, mm
1次曲げモード	1325	33
2次曲げモード	3676	60

等価直径の計算結果

Q114
モータ状態での固有振動数の計算条件はどうなっているのか

A 計算条件はロータ鉄心の等価直径97.4 mmを32.9 mmとした。軸受の支持条件は並進ばねと回転ばねを用いた。軸受とブラケットを等価質量とした。

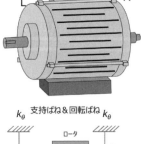

計算条件	
鉄心の等価直径	32.9 mm
ベアリングの直径	33 mm
軸受の支持条件	並進ばね支持, 回転ばね
ブラケットの質量	1.80 kg
軸受の質量	0.13 kg
Rのブラケット密度	1.56E-4 kg/mm³
Lのブラケット密度	1.56E-4 kg/mm³

モータ状態での固有振動数の計算条件

Q 115
軸受ばね定数をどのように設定するのか

A　軸受メーカのカタログから軸受タイプを選定し，寸法などの緒元を入手する。ロータ荷重—軸受荷重—変位の関係を図にして軸受ばね定数を設定する。軸受予圧を与えた時の軸方向のばね定数を設定する。

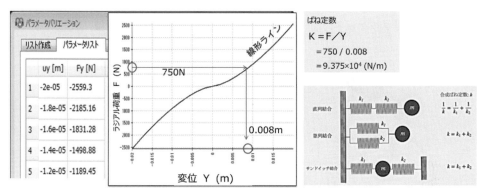

軸受ばね定数の設定

Q 116
モータ軸を水平設置した場合の軸受の挙動とモデル化はどうするのか

A　モータ軸を水平設置した場合は，ロータ軸が軸受部に荷重Pが加わると，転動体の下側の負荷圏に力を受ける。軸がある方向に力を受けるとその反対方向に複数の転動体より反力Fを受ける。この状態の軸受部は，1本のばね要素Kでモデル化する。軸受外輪とロータ軸の中心を剛体要素で結合する。破線部はモデル化しない。

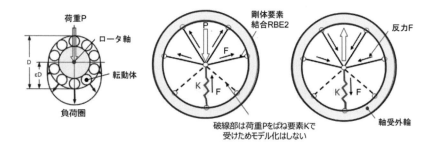

Q117 モータ状態でのロータとブラケットの振動モードはどのようになっているのか

A 実験結果からロータは1次曲げの振動をする。そのロータの曲げ振動に伴い，ブラケットは面外方向に弾性変形する。これはブラケットの剛性の比較的小さい場合と考える。ブラケットは一直径節モードを示す。つまり，ロータの曲げに対して，角度90°でもって軸受ブラケットの面内変形が生じている。軸受ブラケットは，回転ばねの挙動を示す。

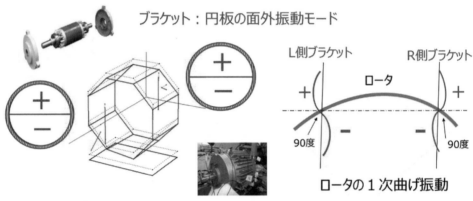

ロータとブラケットの振動モード（実験結果）

Q118 軸受ブラケットの回転ばね定数をどのように計算するのか

A 面外方向に弾性変形しやすいブラケットの場合，1次元シミュレーションCAEモデルでは，ブラケット剛性として回転ばね k_θ を採用する。計算は図に示すように周辺固定円板とする。

7.4 CAE モデル化—ロータ 1 次曲げと騒音問題—

ロータ1次曲げ振動にともない、面外方向に弾性変形しやすいブラケットの場合、1次元シミュレーションCAEモデルでは、ブラケット剛性として回転ばね k_θ を採用
ここで、E：縦弾性係数、t：ブラケットの等価板厚さ、R：ブラケット半径

$$k_\theta = \alpha E t / R^3$$

α：周辺固定円板 ≒6.145
参考文献：実用振動計算法

ロータの1次曲げ振動とブラケットの挙動からモデル化[9)]

Q119
軸受ブラケットは 2 種類ある。外周辺固定円板のそれぞれの条件はどう設定するのか

A 軸受ブラケットは，フレーム一体型および組込み型の 2 種類がある。回転ばねの設定はフレーム一体型ブラケット $k_{\theta 1}$：外周固定の円板とする。組込み型ブラケット $k_{\theta 2}$：外周単純支持の円板とする。これはフレームとブラケットの結合条件から仮定して設定する。

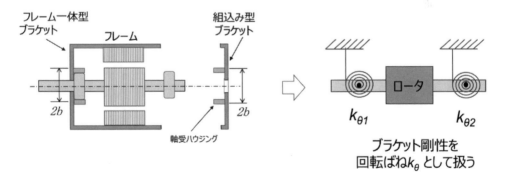

ブラケット剛性を
回転ばね k_θ として扱う

Q120 外周辺の固定円板の支持条件と回転ばねには何が作用しているのか

A 円板（ブラケット）の中央にロータの回転モーメント荷重 M（Nm）が作用し，その時の回転角 φ（rad）の関係がある。回転ばね定数は，$K_θ = M/φ$（Nm）/rad が成り立つ。外周支持が異なると，円板の支持剛性から振動変位も異なる。ここで 2b は軸受ハウジングの外径である。

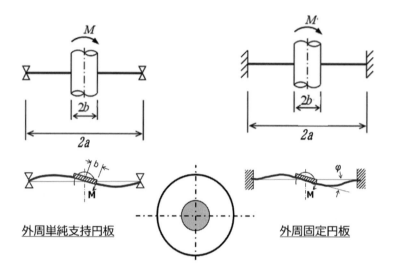

外周単純支持円板　　　外周固定円板

Q121 ブラケット剛性として回転ばね定数 $K_θ$ を求める式と計算例はどう示されるのか

A 外周単純支持円板および外周固定円板として扱う回転ばね定数 $K_θ$ の計算式をそれぞれ図に示す。一例のブラケットとして計算結果も示す。この式は工業振動学：S. チモシェンコ教授の単純円板の式をモータのブラケット剛性に改良してある。

7.4 CAEモデル化—ロータ1次曲げと騒音問題—

$$\frac{1}{K_\theta} = \frac{\phi}{M} = \frac{w(\beta)}{Mb} = \frac{\beta^{-1}}{8\pi D(1-\beta^4)}\left\{-(1-\beta^2)^2\beta + (1-\beta^2)\beta^3 - \beta(1-\beta^2) - 2(1-\beta^4)\beta\log\beta\right\}$$

$$= C0\,[\,C1+C2+C3-C4\,]$$

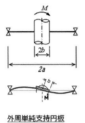

外周単純支持円板

記号	諸定数	単位
E	2.06E+11	N/m²
h	0.01	m
ν	0.3	−
D	18864.469	Nm
2a	0.3	m
2b	0.1	m
β	0.333	−

回転ばね定数 ⇒

$K_\theta = M/\phi$	計算結果	単位
C0	1.91244E−06	1/(Nm)
C1	−0.342386831	1/(Nm)
C2	0.051028807	1/(Nm)
C3	−1.051851852	1/(Nm)
C4	2.423276489	1/(Nm)
ϕ/M	0.00000207	rad/(Nm)
K_θ	484130.4	(Nm)/rad = (kgm²/s²)/rad

ここでE:ヤング率、h:板の等価厚さ、ν:ポアソン比、β = 2b/2a、D:板の曲げ剛性 $D = \dfrac{Eh^3}{12(1-\nu^2)}$

$$\frac{1}{K_\theta} = \frac{\phi}{M} = \frac{w(\beta)}{Mb} = \frac{\beta^{-1}}{8\pi D\{(3+\nu)+(1-\nu)\beta^2\}}\Big[-(1+\nu)(1-\beta^2)^2\beta + \{(1+\nu)+(1-\nu)\beta^2\}\beta^3$$
$$+ \beta\{-(3+\nu)+(1+\nu)\beta^2\} - 2\{(3+\nu)+(1-\nu)\beta^4\}\beta\log\beta\Big]$$

$$= C0\,[\,-C1+C2+C3-C4\,]$$

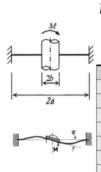

外周固定円板

記号	諸定数	単位
E	2.06E+11	N/m²
h	0.01	m
ν	0.3	−
D	18864.469	Nm
2a	0.3	m
2b	0.1	m
β	0.333	−

回転ばね定数 ⇒

$K_\theta = M/\phi$	計算結果	単位
C0	6.40666E−06	1/(Nm)
C1	−0.263374486	1/(Nm)
C2	0.032921811	1/(Nm)
C3	−0.296296296	1/(Nm)
C4	0.723366116	1/(Nm)
ϕ/M	0.00000126	rad/(Nm)
K_θ	793865.2	(Nm)/rad = (kgm²/s²)/rad

ここでE:ヤング率、h:板の等価厚さ、ν:ポアソン比、β = 2b/2a、D:板の曲げ剛性 $D = \dfrac{Eh^3}{12(1-\nu^2)}$

Q122 モータ状態での固有振動数の結果はどうなったか

A モータ組立て状態は図表に示すように実験結果において軸受ブラケットでの変形が見られる。この変形を回転ばねとして与え有限要素法にて計算した結果を示す。2.4%と,振動モードとしては計算ともよく一致している。ここで注目すべきことは,軸受ブラケットの振動モードによって支配されており,ロータ曲げと軸受ブラケットの変形との挙動が連成していることである。

第7章　モータのCAE構造解析

	1次元計算	実　験	Error%
1st	680	697	−2.4
2nd	1237	1240	−0.3
3rd	1595	1593	−0.1
4th	2791	2244	2.4

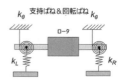

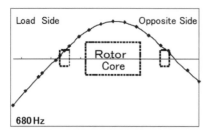
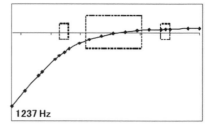

モータ状態でのロータの固有振動数の結果

Q123
軸受ばね（並進ばね，回転ばね）の1次元CAE解析で用いた定数の値はいくつになるのか

A　軸受におけるばね（並進ばね，回転ばね）を付加している。全体の質量マトリックス，剛性マトリックスをもとに，固有振動数を計算した。表にはり要素の1次元CAE解析で用いた定数を示す。

名　称	定　数	値
ロータ積層鉄心	縦弾性係数	$E' = 48.0$ （Gpa）
軸受剛性	並進ばね定数	$K_Z = 2.25 \times 10^8$ （N/m）
ブラケットの剛性	回転ばね定数	$K_\theta = 4.84 \times 10^5$ （Nm/rad）

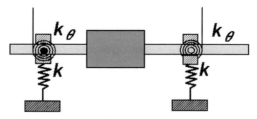

軸受ばね（並進ばね，回転ばね）の解析で用いたはり要素のモデル

Q124
ロータの固有振動数と振動モードにおいて，1次元と3次元解析の違いは何か

A ロータとフレームの連成振動が発生した時に違いが見られる。1例であるが，ロータ単体の1次元の計算では1次曲げは80.9 Hzである。しかし，実験において1次曲げは71 Hzと112 Hzを示している。ロータとフレームの連成振動が発生し，同相モードと逆相モードが見られた。このことから3次元によるFEM解析は重要であることを示す。

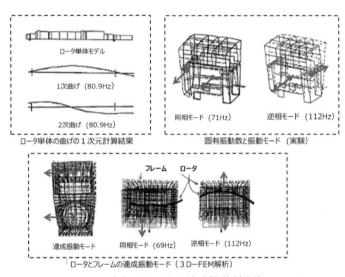

ロータとフレームの連成振動が発生

Q125
運転中の振動モード測定はどのようにするのか

A モータは，据え付け条件の影響を受けないように防振ゴムの上に設定した。振動モードの測定は加速度ピックアップを接着剤で固定した。これらの信号を13チャンネルのFFTアナライザによって解析し，伝達関数を求める。さらに，各周波数における基準点との間の振幅比と位相差を得て，フレームの円周方向の振動モードを求める。運転は無負荷運転で行う。

第 7 章　モータの CAE 構造解析

Q126
ロータの固有振動数の測定方法はどのようにするのか

A　ロータの挙動である固有振動数を測定するため，インパルスハンマーでの実験モーダル解析により固有振動数と振動モードを測定する。図に振動測定のブロックダイヤグラムを示す。固有振動数と振動モードの測定に際して，供試モデルは厚さ 100 mm のウレタンゴム上に弾性支持し，外部からの振動伝達防止と供試モデル自身の振動挙動に影響がないように配慮する。

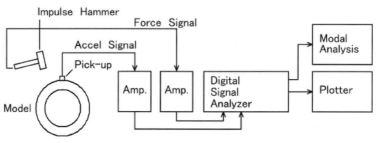

ロータの固有振動数の測定方法

Q127
誘導モータをインバータ駆動で運転した時の騒音レベル ─ 運転周波数（回転数）はどのような現象になるのか

A　インバータ駆動で無負荷条件とする。運転周波数を 0 ～ 90 Hz（回転数：2700 rpm）と騒音レベルの関係を図に示す。騒音のピークが発生①，②，③で約 7 dB 増大する。いずれもモータのロータの固有振動数と電磁力周波数の共振と推定できる。

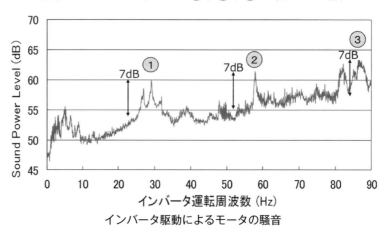

インバータ駆動によるモータの騒音

7.4 CAEモデル化―ロータ1次曲げと騒音問題―

Q128
インバータ駆動によるモータの騒音の測定方法はどのようにするのか

A インバータ駆動時の騒音を得るために，インバータ周波数0～90 Hzまで，共振ピーク点の最大値応答を得るために300秒（5分間）スイープする。Q129の縦軸に騒音レベルと横軸にインバータ周波数の関係を得る。その時，卓越した騒音ピークについて，駆動周波数を固定し騒音の周波数分析をする。

目的：騒音の卓越周波数を求める

- 試験モータ
  - 対象；4P-2.2kW
  - 誘導モータ
- 試験条件
  - インバータ運転
  - ＰＷＭ方式
  - キャリア周波数；12KHz
    スイープ（0－９０Hz）/ 180sec
  - モータの支持条件：
    クッションの上に置く（自由支持）

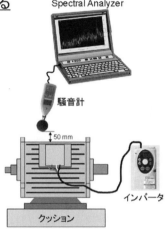

インバータ駆動によるモータの騒音の測定方法

Q129
インバータ駆動時の騒音の卓越した騒音ピークについて，駆動周波数を一定にして騒音を周波数分析した結果はどうなるのか

A 騒音ピーク①，②時点において騒音を周波数分析した結果を示す。この図において，694 Hzと1250 Hzに卓越した2つのスペクトルが見られる。この2つのスペクトルは，モータ組立状態でのロータの曲げの固有振動数に一致する。

①、②の騒音ピークでは
694Hzの騒音の周波数が卓越している
ロータの1次曲げ固有振動数に起因する。
次に1250Hz、1593Hzが見られる。

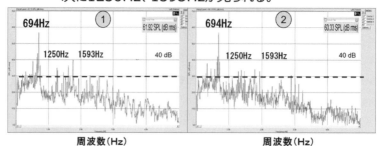

騒音を周波数分析した結果

Q130 共振した時のモータフレームの運転中の振動モードはどうなるのか

A 騒音のピーク時①における運転中の振動モードを図に示す．694 Hz について運転中の振動モードを測定した結果を図に示す．運転中の振動モードは，フレーム自体には変形は無くフレーム全体が振れ回る回転モードを示している．これは，ロータの曲げ変形と軸受ブラケットの変形が固体伝播振動し，フレームに伝達してフレーム表面が振動していることを示す．

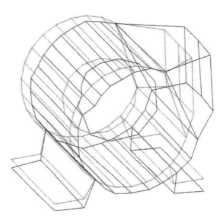

694 Hz 運転中の振動モード

●文献

1) サイバネットシステム(株)HP：https://www.cybernet.co.jp/
2) (株)キーエンス HP：https://www.keyence.co.jp/ss/products/recorder/testing-machine/material/tension.jsp
3) アイアール(株)アイアール技術者教育研究所 HP：https://engineer-education.com/machine-design-33_mechanics1-vibration/
4) 大富浩一：1D モデリングの方法と事例，日本機械学会(2024)．
5) (有)テクノ・シナジー HP：http://www.techno-synergy.co.jp/opt_lectures/about_DF04.html
6) 国立科学博物館．
7) モータコア50年史編纂企画委員会：モータコア50年史 戦後モータ技術50年の歩み，三井金型振興財団/(株)三井ハイテック(2000)．
8) 野田伸一，鈴木功，糸見和信，石橋文徳，森貞明，池田洋一：誘導電動機のフレーム付き固定子鉄心の固有振動数，日本機械学会論文集 C，**61**(591)，4195(1995)．
9) 小堀与一：実用振動計算法，工学図書(1978)．
10) 石橋文徳，佐々木堂，野田伸一，柳瀬俊二：磁気歪みと電動機の振動について，電気学会論文誌 A，**123**(6)，569(2003)．
11) G. H. Jang and D. K. Lieu：Vibration reduction in electric machine by inter locking of the magnets, *IEEE Trans. Magnetics*, **29**(2), 1423(1993).
12) F. Ishibashi, S. Noda, M. Mochizuki, I. Suzuki and A. Ikariga：Vibration and noise of inverter fed induction motor, Asia-Pacific Vibration Conference. '93, Dynamics of M&S, 1946(1993).
13) H. Wang and K. Williams：Vibrational modes of thick cylinders of finite length, *Journal of Sound and Vibration*, **191**, 955(1996).
14) 石橋文徳，野田伸一：Frequencies and modes of electromagnetic vibration of a small inductionmotor，電気学会論文誌 D，**116**(11)，1110(1996)．
15) 大沢博：インバータ駆動誘導モータの電磁騒音，富士時報，**69**(11)，591(1996)．
16) T. Kobayashi, F. Tajima, M. Ito and S. Shibukawa：Effects of slot combination on acoustic noise from induction motors, *IEEE Trans. Magn.*, **33**(2), 2101(1997).
17) S. Noda, S. Mori, F. Ishibashi and K. Itomi：Effect of coils on natural frequencies of stator core in small induction motor, *IEEE Trans. Energy Conv.*, EC2(1), 93(1987).
18) F. Ishibashi, T. Hayashi, K. Kamimoto, S. Noda and K. Itomi：Natural Frequency of Stator Core of Small Induction Motor, *IEE Proc.-Electr. Power Appl.*, **150**(2), 210(2003).
19) F. Ishibashi, K. Kamimoto, S. Noda and K. Itomi：Small Induction Motor Noise Calculation, *IEEE Transactions on Energy Conversion*, **18**(3), 357(2003).
20) 松本敏郎，田中正隆，山田泰永：境界要素法による音響問題の設計感度解析法，日本機械学会論文集 C，**59**(558)，430(1993)．
21) 塩崎明，河辺盛男，成田隆：境界要素法の電界・音場解析および伝熱最適化への応用，神鋼電気技報，**43**(1)，32(1998)．
22) 田中正隆，田中道彦：境界要素法の基礎，培風館，161(1984)．
23) K. Blakely：MSC/NASTRAN Basic Dynamic Analysis USER'S GUIDE(1983).
24) S. チモシェンコ：松下市松，渡辺茂(訳)：工業振動学，商工出版(1958)．
25) 野田伸一：モータの騒音・振動とその低減対策，エヌ・ティー・エス(2011)．
26) 野田伸一：モータの騒音・振動とその対策設計法，科学情報出版(2014)．

第8章
モータの計測・診断技術

8.1 振動の種類と振動レベル

【解　説】

　モータの騒音・振動を低減させるためには，モータの振動発生源および伝達系の現象をつきとめなければならない。モータに不具合が現れる現象は，その60％以上が騒音・振動である。振動計測は，モータから発生する振動を測定・分析・診断することで，モータに発生する多くの異常を診断できる。騒音・振動測定はモータの状態をみる最も有用な診断技術であり，その基礎と応用例をQ&Aで説明する。

Q1 振動とはどういう現象で，振動が大きくなるとどのような影響があるのか

A　振動とは，時間の経過と共に一定間隔で，状態が一意に定まらず揺れ動く現象をいう。単純な例として，ばねに吊るしたおもりの上下振動のように，物体に働いている力が，力の方向を繰り返し変えるとき振動が起こる。振動が大きくなると，疲労破壊や騒音増大の原因となる。

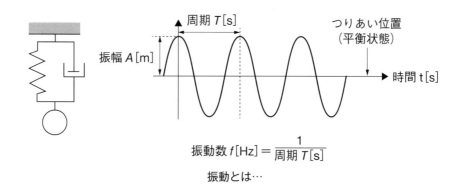

振動とは…

Q2 振動にはどのような種類があるのか

A　振動には，非減衰振動，減衰振動，強制振動，自励振動の大きく4つの種類がある。

(a) 非減衰振動　減衰＝0，外力＝0
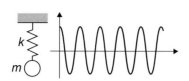

(b) 減衰振動　減衰 c＞0，外力 f＝0
粘性抵抗力（速度に比例）
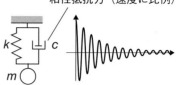

(c) 強制振動　共振（減衰＞0，外力≠0）
周期的な外力によって加振される振動
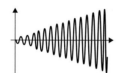

(d) 自励振動　減衰 c＜0，外力 f＝0
振動以外の外力によって加振される振動
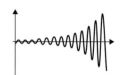

振動の種類

Q3
振動現象が示す変位，速度，加速度の数学的な関係はどうなっているのか

A 変位，速度，加速度には時間で微分，積分をすることでそれぞれの値を計算で求めることができる。三角関数の比例式になっているので，周期関数をそのまま利用することができ，演算処理を行う上で非常に扱いやすい形になっている。ピーク値を計算したい場合は変位に $2\pi f$ をかければ速度が求まり，さらに $2\pi f$ をかければ加速度を求めることができる。逆に加速度を $2\pi f$ で割ると速度が求まり，さらに $2\pi f$ で割ると変位を求めることができる。

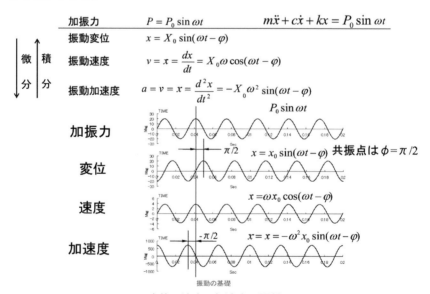

変位，速度，加速度の関係

Q4 振動試験をする上で,変位,速度,加速度は何を示し,何を知っておくべきか

A 変位:ある物が,ある位置からどれだけ動いたかを表す量。
速度:単位時間あたりの変位の変化量を表す量。変位を時間で微分すると速度になる。
加速度:単位時間あたりの速度の変化量を表す量。速度を時間で微分すると加速度になる。

振動試験をする上で,変位・速度・加速度の関係性と周波数域,適用を知っておくことは非常に大切である。

変位
- 単位 m 補助単位 mm μm
- 低周波振動(0〜1000Hz)
- 振幅自体が問題となる振動(応力、間隙監視など)
- 適用 回転軸の動き、電流アンバランスの変動音のうなり

速度
- 単位 m/s 補助単位 cm/s mm/s
- 中帯域波振動 10〜1000Hz)
- 振動周波数帯が広い場合、軸受支持剛性が弱い場合
- 適用 振動評価

加速度
- 単位 m/s² 補助単位 cm/s² gal(1cm/s²) G(9.8m/s²)
- 高い周波振動 (1000Hz以上)
- 構造的な強度や力・荷重などを問題とする場合
- 適用 軸受診断、モータ電磁音、インバータ音

モータ振動の分類と測定

Q5 モータの振動計測において位相は何を意味するのか

A 位相は,振動している部分が他の部分に対して,どのような位置関係にあるかを示す量である。位相はロータのアンバランスの回転位置や不具合の位置を探る上で重要な役割をもつ。

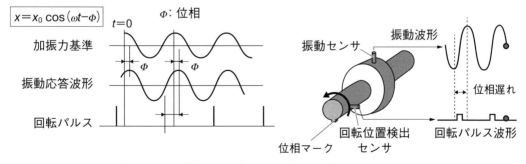

位相:ロータのアンバランス位置

Q6 振動評価はなぜデシベル表示を用いるのか。デシベルの計算方法の例を示すとどのようなものがあるのか

A モータ音や振動の強さ（大きさ）の幅はとても広いため，非常に小さい数字から大きい数字を扱うのは困難である。この広い範囲の数値にdBを用いてレベル表現することで，データが扱いやすくなる。デシベルの値は基準値によって変化するため，2つのデータを比較する場合には基準値をそろえる必要がある。

$$a = 20\log_{10}\frac{a_m}{a_r} \quad dB$$

基準加速度　$a_r = 0.01 \text{mm/s}^2$
基準速度　　$v_r = 10^{-5} \text{mm/s}$

例題
(1) 加速度振幅がデシベル表示で6dB増加した。加速度は何倍になったか。

$$6dB = 20\log_{10}\frac{a_1}{a_2} \Rightarrow \frac{a_1}{a_2} = 10^{6/20} = 1.995$$

(2) 変位振幅が1/5に低下した。デシベル表示でどうなるか。

$$20\log_{10}\frac{x_1}{x_2} = 20\log_{10}\frac{1}{5} = -13.98$$

デシベル表示と振幅の関係は，

基準値の倍数(倍)	1.4	2	3	5	10	1/2	1/5	1/10
デシベル表示(dB)	3	6	10	14	20	-6	-14	-20

振動評価とデシベル表示

Q7 振動減衰はどのような意味があるのか。対数減衰率と減衰比の違いと求め方とは

A 振動減衰は速度に応じてどのくらいの力を発揮するかという値である。力を速度で割った単位（たとえば，kN·s/m，N/kine，etc.）で示す。減衰自由振動波形の振幅は左下図のように指数関数的に減衰する。隣り合う振幅の比の対数をとってみると常に一定の値となる。この隣り合う振幅の比の自然対数を対数減衰率 δ という。減衰特性を表す解りやすい係数として広く使われている。

　右下図のような周波数/振幅特性において，振幅のピーク周波数 f_0 と，ピーク値より $1/\sqrt{2}$ 下がった点の周波数幅 $\Delta f\Omega$ から，次式により減衰比 ζ を求めることができる。

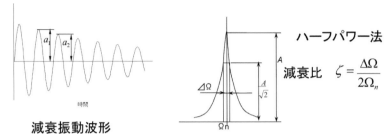

減衰振動波形 　　対数減衰率と減衰比

8.2 モータ振動計測方法

Q8 モータや相手機械の振動はどこの部分を測定するのか。どういう観測の目的があるのか

A 振動を測定する場合は，モータおよび相手機械の負荷側・反負荷側の「軸方向・垂直方向・水平方向」を測定する。目的は，組立て・据え付け不良によるアンバランスやガタつきなどによる「振動レベル，周波数，変動」にそれぞれ特有の特性が出現するため観測する。

振動方向	観測の目的
軸方向（A）	軸受，軸受予圧，磁気センターズレ，カップリングミスアライメント，歯車などの疲労・劣化
垂直方向（V）	据え付け状態，基礎ボルトのゆるみ，基礎の剛性不足によるガタつき
水平方向（H）	回転子の偏心アンバランス，据え付け剛性

Q9 加速度センサの固定設置はどのような方法があるのか。その周波数特性はどうなるのか

A 加速度センサ（振動センサ，加速度ピックアップ，振動ピックアップ）の固定設置方法は，以下の方法がある。ねじ，接着，絶縁，棒状アタッチメントなど，対象とする試験物の条件によって選択する。最適な加速度センサの取付け方法は，取付け共振周波数があるため，測定する周波数範囲を収得できるよう適切な固定設置方法を選択する。

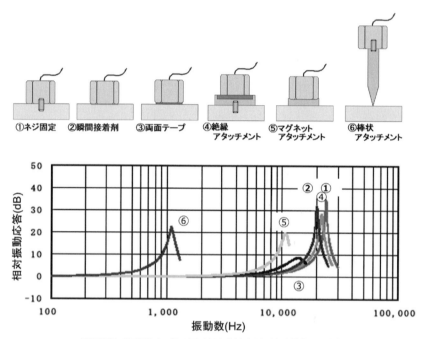

圧電型加速度センサの取付け方法と取付け共振周波数

Q10 振動センサにノイズが入る場合，どう対策するのか

A 電気的な絶縁をする。試験モータの電位が測定器の電位と異なる場合や，振動センサを直接固定することでグランドループを生じる。ノイズの混入などの原因になる場合は，加速度センサを試験物と電気的に絶縁して取付ける必要がある。電気的に絶縁して取付けるためには，Q9の④絶縁アタッチメントや絶縁スタッドを用いる。また，接合面にセラミック，エポキシなどの絶縁物を介して接着する方法でも絶縁可能である。接着剤で直接加速度センサを固定する場合，接着層の厚さや周囲の水分の影響を受けて，電気的な絶縁が完全でない場合がある。絶縁して取付けたいときは，専用の絶縁スタッドを用いるか絶縁物を介して接着する。振動センサと計測器への信号線ケーブルは，シールド被覆のケーブルを用いる。ケーブルが風などで揺れないよう，ガムテープで固定する。

Q11
モータを連続稼働のための振動センサを取付けて診断モニタをする。振動センサの取付け位置，取付け方法，検出する周波数帯域，センサの材料と耐熱性はどうなるのか

A　モータの診断モニタは，主に軸受診断を対象にする。メリットは，どうしてもモータ駆動の設備を停止できない場合は，傾向監視を強化しつつ，しばらくの間稼働するという選択肢を取ることもできる。このような選択肢も診断ツールを使用し管理する。

取付け位置

- 振動センサの取付け位置(図参照)：フランジおよびフレームのリブ剛性の大きい位置。電源ケーブル側の誘導ノイズの影響を受けにくい側を推奨する
- 振動センサの取付け面の粗さ：リブ上面は，面精度がある程度あるため切削加工は必要ないと判断
- 振動の方向：振動は異常の種類によって発生する方向に特徴があるため，運転経過による振動モニタは（水平−垂直）45°角度を推奨する
- 振動センサは，ノイズの影響を受けにくい電源ケーブル側の反対側を推奨する

振動センサの特性

- 診断で一般的に使用されているセンサといえば，圧電型の振動加速度センサである
- 一般的な振動加速度センサの周波数域は 5 〜 20 kHz 程度で，モータの軸受診断では可聴域もおおむねこの周波数に含まれる
- 振動加速度センサの構造を図に示す。材料は，圧電素子で水晶・ロッシェル塩でつくられることが多い
- センサの耐熱温度は 120℃でモータの外被フレームに取付けることから耐熱温度は問題ない

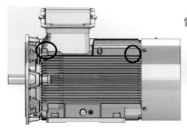 

振動センサの取付け位置

 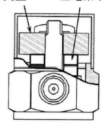

振動センサの構造

Q12
振動ピックアップの選定および振動測定上の注意点は何か

A 振動ピックアップ選定において注意すべき点は次のようになる。
(1) 振動ピックアップが被測定物に比較して大き過ぎて,被測定系の振動に変化を与えないこと。
(2) 測定するべき振動の周波数範囲を満足していること。
(3) 測定しようとする振動に対して十分な感度を有していること。
(4) 測定しようとする振動に対して十分耐えること。
(5) 使用する周囲の雰囲気(たとえば温度,湿度,磁界など)に影響されない特性を有すること。

Q13
受入検査で振動増大が発生している。モータは工場の出荷時には十分バランスをとってあり,ISO 基準値よりも厳しい1.6(mm/sec)で評価している。振動値が12.0(mm/sec)大きくなっている。振動増大の推定要因は何か

A
(1) モータ設置やベースの状態によって影響している。
(2) 回転数 ω は2乗で増大するが $(2700/2350)^2 = 1.3$ 倍で 1.8 mm/sec 大きさ程度になることから回転数に依存することなく振動が大きいと判断した。
(3) モータの設置はウレタンマットがうまく支持されてなく,試験架台との共振があると推定した。振動時間波形から見て,回転成分のみであるため,設置条件の共振と判断した。

許容振動レベル	フレームサイズ 56≦Hs≦132
	振動速度(mm/sec)
受け入れ検査	0.7 以下
ISO 基準	1.6 以下

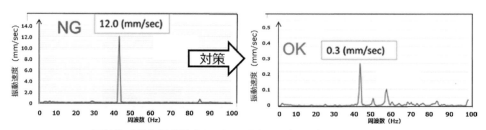

周波数成分と振動速度レベル 12.0 mm/sec と 0.3 mm/sec

Q14 モータ単体試験での振動支持はどのようなものか

A モータ支持はモータの運転中のエネルギーを固定条件によって抑制されないようばねで吊るすか弾性体（ウレタンマット）に置く。固定条件がないため，出荷試験と受入試験が同じ条件で評価できる。①〜⑤は測定位置を示す。

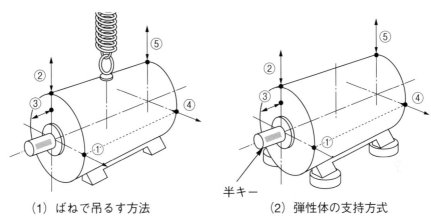

(1) ばねで吊るす方法　　　(2) 弾性体の支持方式

モータ単体での試験方法

Q15 モータ単体の振動試験でモータ軸端のキー溝はどのように処置するのか

A モータの軸端は半キーを取付ける。回転アンバランス成分が出ないようにするためである。振動の測定方向は3方向とする。分析方法は振動速度の波形をFFTで分析して，機械回転成分と電磁成分を区分けして判断する。

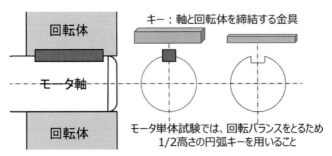

モータ軸に半（1/2）キーを挿入

Q16
モータ単体の無負荷状態で試験をした。モータ設置はゴム板，回転数は 25 Hz とし，規格値 20 μm と振動より大きい値が出た。原因は何か

A ゴム板の据え付け系の固有振動数の 25 Hz と回転振動数が共振していると推定した。対策は固有振動数 25 Hz を回避するため，ゴム板からウレタンマットにすると固有振動数 18 Hz となり，振動低減の本来状態の振動である 20 μm 以下となった。

　負荷機械に直結した場合や基礎やベースの状態によって振動が変化することから，据え付け底に鉄板やゴム板を介在させて，拘束条件によらずエネルギーを発散させた時のモータ自体の振動を計測する方法である。据え付け共振は回避することである。回転機の振動は，回転機を単独に試験台上に置き，原則として締めつけないで，無負荷状態において全ての運転範囲内の速度で回転させたとき，軸受箱（ハウジング）上における 3 軸方向の全振幅が規格値を超えてはならない。

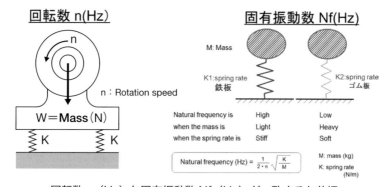

回転数 n（Hz）と固有振動数 Nf（Hz）が一致すると共振

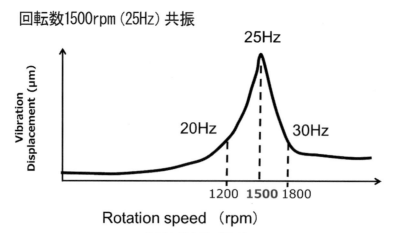

共振応答曲線（推定）
回転数と設置の固有振動数

Q17 運転中の振動レベルを判定するにはどのような方法があるのか

A 振動値の判定方法は，(1) 絶対判定方法，(2) 相対判定方法がある。
絶対判定方法による代表的な規格として ISO 基準がある。それ以外に，長年の診断実績データから振動基準と比較判定する。これらの基準を参考にし，機械装置ごとに作りあげていくことと，実機に合わせてきめの細かい判定基準をつくっていくことが重要である。

(1) 絶対判定基準
　速度基準（機械全体振動の判定），振動速度基準には ISO 基準（図参照）。

(2) 相対判定基準
　同一部位の定期的な測定により，時系列で比較し，正常な場合の値を初期値として，その振動レベルがどの位のレベルに増大したか見て判定する。変位，振動速度，振動加速度を測定する。その結果は，低い周波数成分か，高い周波数成分であるかを見分ける。振動増大の要因が回転振動，電磁振動，軸受振動であるかが判断できる。

Range of typical zone boundary values for non-rotating parts r.m.s. vibration velocity mm/s				
0,28				0,28
0,45				0,45
0,71				0,71
1,12				1,12
1,8	zone boundary A/B			1,8
2,8	0,71 to 4,5			2,8
4,5		zone boundary B/C		4,5
7,1		1,8 to 9,3		7,1
9,3			zone boundary C/D	9,3
11,2			4,5 to 14,7	11,2
14,7				14,7
18				18
28				28
45				45

ISO 20816-1 : 2016 [E]

絶対判定基準（ISO）

Q18 振動診断にて平常時より振動レベルが大きくなった場合はどう対応するのか

A 一般的な振動診断手法には，簡易診断と精密診断がある。振動レベル計測器などの簡易診断で異常を検出した場合は，精密診断で振動波形を周波数分析してその周波数成分から異常箇所および原因を推定する。専門知識が必要な場合は，モータメーカに相談する。

Q19 無負荷運転で振動試験をどのようにして評価すればよいか

A 振動速度とその波形から観測して評価する。振動測定のデータを ISO 基準の振動速度で見る。そのデータと評価方法の確認をする。たとえば，図表に示すように振動測定で振動速度が No.3 モータのみが基準値 1.80 ＜ 12.0(mm/sec)と大きく NG 評価となる。

振動評価データ

Motor	回転数（rpm）	振動速度（mm/sec）	ISO 規格	判定
No.1	1650	0.4	＜1.80	OK
No.2	2350	1.4	＜1.80	OK
No.3	2700	12.0	＞1.80	NG

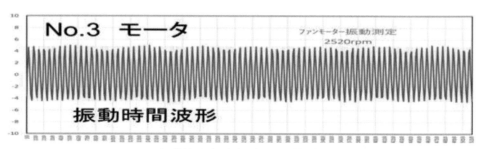

振動波形（回転振動成分を検出）

Q20 負荷試験で振動試験をすると温度が変化する。負荷試験以外に工場でできる簡単な温度試験方法はあるのか

A 負荷試験の温度試験は，簡易方法で等価的に実施する場合もある。温度試験は，「重ね合わせ等価負荷法」と呼ばれる。無負荷運転中のモータに周波数と電圧が異なるもう1つの電源を重ね合わせる（重畳する）方法で，モータの回転に模擬的な負荷の電流と抵抗を計測する方法である。

Q21
負荷時の温度が問題無いとの判断は，巻線の許容温度だけで判断するのか。振動試験をするとき温度はどこで検出するのか

A モータ外側ケースでの表面温度を目安とする。負荷時の温度が問題無いとの判断は，巻線の許容温度と外側ケースでの表面温度目安を示す。

許容温度とケースでの表面温度目安

耐熱クラス［種］	Y	A	E	B	F	H	N	R	-
巻線許容温度［℃］	90	105	120	130	155	180	200	220	250
ケース表面温度目安［℃］	60	75	90	100	125	150	170	190	220

8.3 インパルスハンマによるハンマリング試験

【解　説】

　振動計測・解析の1つ「ハンマリング試験」に必要な基礎的な知識として，ハンマリングの利点・欠点や注意点などハンマリング試験について解説する。

Q22
インパルスハンマによるハンマリング試験とは何か

A ハンマリング試験とは，打撃試験とも呼ばれ，対象物をインパルスハンマで加振する。加振で生じる振動を加速度センサで検出し，FFTアナライザで計測する試験方法である。図に示すように対象物（ロータ軸）の振動的な特性を計測し，実験モード解析に使う伝達関数（周波数応答関数）の計測を行う場合に広く使われている試験方法の1つである。

- **対象：モータのロータシャフト**
  - 使用機器
    - FFTアナライザー
    - ハンマー（金属チップ使用）
    - 加速度ピックアップ
  - FFT設定
    - 最大周波数：5000[Hz]
    - 解析ライン数：3200[-]、分解能：1.5625[Hz]
    - 全時間：0.64[sec]
    - 平均打撃回数：5[回]

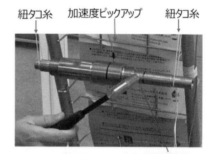

インパルスハンマによるハンマリング試験

第8章 モータの計測・診断技術

Q23
モータのステータ鉄心の円環振動モードはどうなるのか

A 円環の振動モードとは，力に反応して揺れるときの振動形態で，どのように振動するかを表す。円環振動は図に示すように，n＝0, n＝1, n＝2, n＝3・・・に変形する振動モードを有する。nの次数は，振動をしない部分の節を結ぶ線の数nを示す。nは，円周方向の振幅の山数を表す次数nである。円環の振動モードは対応する周期とセットで求められ，それぞれの円環の固有の特性である。

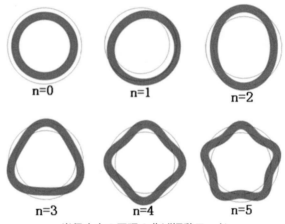

半径方向の円環の曲げ振動モード

Q24
円環振動の振動モードの計測点数はどうするのか

A 円環振動においても計測点数は，最低でも振動モード形状を表現できるだけの点数が必要となる。n＝2以上においてモード次数n×4＝Nが最低必要な計測点となる。計測点数の考え方は，計測点は多いほど，明確なきれいな振動モード形状を得ることができる。計測時間だけでなく計測の難易度（同じように加振する）も高くなるため，全体の振動モード形状の傾向をつかんでから，計測点数を決める方が結果的には効率良く計測および解析を進めることができる。

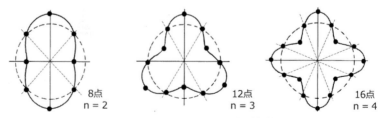

円環振動の振動モードの計測点数

8.3 インパルスハンマによるハンマリング試験

Q25
実際の固定子鉄心の場合，振動モード形状はどうなるのか

2次元平面のモード形状は，モード形状を3次元に拡張する。つまり，R，θ，Z方向の振動モード形を組み合わせて円筒の振動モード形状を考える。図に示すように円周方向θに20点，積層方向Zに5点の計測点を設定している。円環振動モードのn=2，3および積層方向の逆位相モードも明確なきれいな振動モード形状を得ることが確認できる。

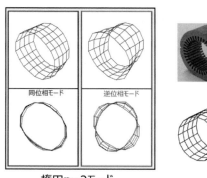

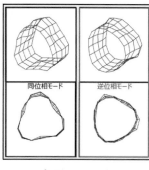

固定子鉄心の場合，振動モードの計測点数

Q26
対象の周波数範囲がわかっていない場合はどうするのか

問題となる（解析したい）周波数範囲がわかっていない場合には，可聴音が問題となる可聴周波数の20kHzまでを対象周波数とする。その伝達関数（周波数応答）の共振周波数を観察するため，その付近の共振周波数が低い方から何個目かで，計測点をどの程度細かくするかを決めることができる。

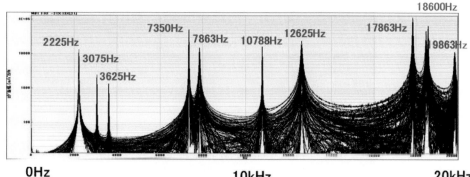

伝達関数（周波数応答）

第8章 モータの計測・診断技術

Q27
伝達関数（周波数応答）とは何か

A 周波数応答関数とは，（応答点）÷（入力点）のデータである。周波数応答関数は比なので，インパルスハンマと加速度センサを使うと，（加速度）÷（力）の比となり，アクセレランス（Accelerance）またはイナータンス（Inertance）と呼ばれる。系の強制振動における，定常応答加速度と加振入力の比である。周波数応答関数により，ある周波数における応答点の大きさと位相を知ることができる。平均化処理をすることで，データ精度を高めるだけでなく，正しく計測できたかどうかを周波数領域で確認することができる。
・測定周波数の範囲のHz（ヘルツ）の大きさなど
・位相の向き（反転）

Q28
コヒーレンス関数とは何か

A コヒーレンス関数（関連度関数）は，振動系の入力と出力の因果関係の度合を示すもので，0〜1.0の間の値をとる。
・1.0の場合は，その周波数における系の出力が全て計測入力に起因していることを示している。
・0.0の場合，その周波数における系の出力は，計測入力に全く関係ないということになる。
・0.9以下の場合は，計測とは無関係な信号，系内部で発生しているノイズ，系の非直線性または系の時間遅延などがあると考えられる。図に示すのは測定によるコヒーレンス関数である。60 Hz〜470 Hzおよび650 Hz〜760 Hzの範囲でコヒーレンス関数が1.0で高いことがわかる。

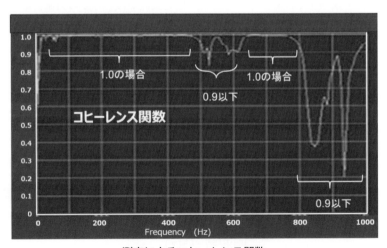

測定によるコヒーレンス関数

8.3 インパルスハンマによるハンマリング試験

Q 29
コヒーレンス関数が低下する原因と対策はどうするのか

A　コヒーレンス関数が低下する原因には，以下のようなものがある．
・加振信号の中に検出できないノイズの混入
・応答信号の中にノイズの混入（加振の再現性を向上させる）
・ハンマリングを平均化のために繰り返す中で，加振位置や方向がばらつくこと
・がたなどの非線形性の存在

対策は，以下のようなものがある．
・応答信号のノイズ対策には，打撃の再現性を向上させて，平均化回数を増やすことで対応する
・加振信号のノイズは，同じ加振をしていないことになり正しい平均化にならないため，フォースウィンドウを使用する

　反共振点近傍ではコヒーレンス関数が低下するが，これは単に応答が小さく信号が誤差に埋もれているため，あまり気にする必要はない．ただし，このような場合の反共振点近傍のデータは，モード特性を求めるためには使用しない方が良いと考えている．

Q 30
振動モード系の節と加振点はどうするのか

A　対象物をハンマリングする際，振動モード形の節を加振した場合には，その振動モード形の共振周波数（固有振動数）は計測できないことに注意が必要である．同様に，振動モード系の節にセンサを設置した場合には，その振動モード形の共振周波数（固有振動数）は計測（観測）できないことに注意が必要である．

Q 31
3次元で振動するモードの計測点数の考え方とは

A　計測点は，多いほどきれいな振動モード形状を得ることができる．計測の時間だけでなく計測の難易度（同じように加振する）も高くなるため，全体の振動モード形状の傾向をつかんでから，計測点数を決める方が結果的には効率よく計測および解析を進めることができる．

　FEMの固有値解析による振動モード形状を利用して，計測点を決めていくこともできる．この際，FEMの振動モード形状そのものを正確にハンマリング試験の計測点で表すのではなく，観察したい振動モード形状を表すことができる計測点を選ぶことがポイントになる．図に示すように，FEMの解析結果から半径方向と軸方向の基本的なモード形状を理解してから計測点を決定することができる．

第8章 モータの計測・診断技術

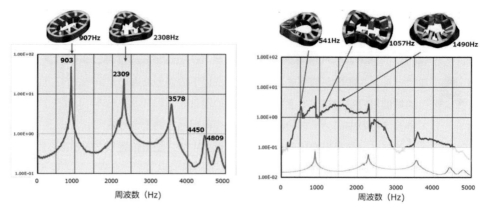

FEMの振動モード形状を利用して計測点を決定

Q32
センサを計測対象物にどのような方法で固定するのか

A センサを計測対象物に固定する方法により，センサの周波数特性が変化する。加速度ピックアップの選定と固定法についてまとめると，以下のようになる。

・計測試料に対して十分に軽く，小さいものを選択する
・加速度ピックアップを取り付けることにより，計測試料の固有振動に影響を与える
・センサケーブルの取りまわしに注意する
・センサケーブルが対象物に接触して，振動減衰が変化する
・インパルスハンマで加振したときに，ケーブルに接触してセンサの固定条件が変化する

Q33
ハンマリング試験での注意点は何か

A ハンマリング試験での注意点は，準備が簡単で手軽に行えるため，簡単そうに思われがちである。実際には意外に奥の深い試験方法である。簡単な方法であるがゆえに，計測者の技術・経験やデータ処理が計測データに大きな影響を及ぼす。

実験モード解析は，共振周波数（固有振動数）と振動モード形状（固有モード形状）を伝達関数（周波数応答関数）から求める。したがって，計測する伝達関数の精度は，振動モードの形状に大きな影響がある。また，モータの軸方向の中央部を打撃する位置によっては，図（右）に示すようにねじれモードが出ないことがある。

— 306 —

8.3 インパルスハンマによるハンマリング試験

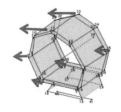
倒れモード
230Hz

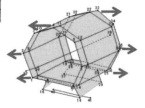
ねじれモード
425Hz

倒れモードとねじれモード

Q34
ハンマリング試験の利点・欠点は何か

A ハンマリング試験の利点・欠点をまとめると次のようになる。

利点
- 装置が簡単
- インパルスハンマ，センサ（加速度センサ），FFT アナライザがあればよい
- 方法が簡単
- 加振器では必須となる加振点の固定が不要
- 応用範囲が広い
- 基本的にインパルスハンマで加振できるものなら計測できる
- インパルスハンマは，大小さまざまなものが市販されて入手できる

欠点
- ガタや粘性などの非線形性を持つものには，基本的に適さない
- 計測データの精度が，実験者の技術に大きく影響を受ける
- 加振力の大きさ，周波数範囲などの調整がやりにくい（人に依存）
- 計測者が加振の調整をするには熟練の技術が必要で，人が調整する（加減する）と加振の再現性（繰り返し精度よく加振できるか）が問題となる
- ハンマリングにより対象物に損傷を与える可能性がある

第8章 モータの計測・診断技術

Q35
計測データの確認方法はあるのか。良い計測データが取得できたかを確認するにはどうするのか

A　ハンマリング試験は簡単に行えるので、良い計測結果も簡単に得られるように思われがちである。しかし、加振系に人が加わり実験者の技術の影響を受けてしまうため、良い結果を得ることは意外に難しい。

再現性（ハンマリング試験で同じように加振できたかを確認する）

　ハンマリング試験終了後、少なくとも1点は、試験時と同じ加振を繰り返し、結果を比較して再現性を確認する。

　たとえば、計測点が1～100点まである場合、計測点1から順に加振していき、計測点100まで計測が終わった後、もう1度計測点1で計測し最初の計測点1のデータと比較をする。比較した結果、加振中に対象物の構造などが変化していないか、一様に加振できたかどうかを判断し、違いが大きいと判断すれば最初からやり直しとなる。

線形性（加振力の振幅依存性）

　加振力の大きさ（ハンマリングの強さ）で周波数応答関数が違ってくる場合、加振力の大きさを何通りか変えて周波数応答関数（伝達関数）を計測する。周波数応答関数が異なる場合、対象物には振幅に依存する性質があると考えられる（振幅依存性と呼ばれている）。

Q36
加振点を移動する方法で良いのか

A　インパルスハンマによる計測手順は、加振点移動法と応答点移動法の2つの方法がある。図を使って説明する。

加振点移動法

　計測点の1ヵ所にセンサを固定し、他の計測点を順次加振（ハンマリング）する。加振点（ハンマリングする計測点）を移動していく方法である。たとえば、図において点1にセンサを取り付け、インパルスハンマで、点1から2、3…9と順次ハンマリングを行う。

応答点移動法

　加振点を計測点の1ヵ所に固定し、センサを他の計測点に順次移動させる。加振点（ハンマリングする計測点）を固定、つまり同じ計測点をハンマリングし、センサを移動させていく方法である。

　たとえば、図において加振点を点1に定め、センサ設置点を点1から2、3…9と順次ハンマリングを行う。

— 308 —

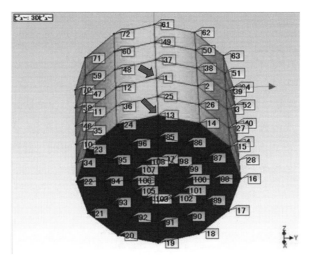

加振点移動法と応答点移動法の説明図

Q37
加振方向および振動センサ方向での注意点は何か

A 加振方向およびセンサ方向での注意点は，3軸センサを用いるときは問題はない。しかし，1軸のセンサの場合は，以下を考慮する必要がある。

- 加振方向は，ハンマの力センサの向きと一致させる
- 左図のようにモータは円筒形を成しているので打撃方向に全ての振動センサの向きを一致させる
- 右図に示すロータの場合も打撃方向と振動センサをどの位置もとする
- ハンマが，対象物表面の法線方向から10°以上傾かないようにする
- 計測点に対しハンマを垂直に当てるイメージとする
- 手を含めた加振系で回転運動とならないようにする

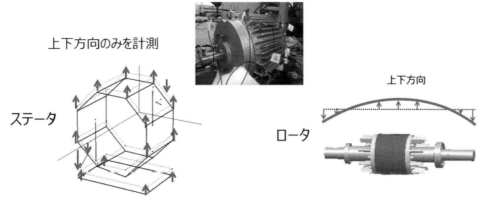

加振方向および振動センサ方向

第8章 モータの計測・診断技術

Q38
計測点のマーキングはどうするか

A 多点計測では，計測点のマーキングが重要なポイントになる。計測点が直線的かつ数点～10点程度であれば，ハンマリング時に計測点とハンマリングの場所が多少ずれても，計測データの大きな差となってくる場合は少ない。しかし，計測対称が平面や立体である場合，計測点数が数10～100点を超えると，事前に計測点のマーキング（ハンマリングする場所と計測点番号）をきっちりとしておくことが，結果的に計測・解析時間の短縮につながる。図においてテープにナンバリングのマーキングを示す。

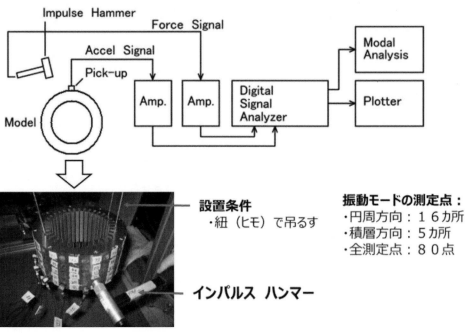

振動モードの測定点：
・円周方向：１６カ所
・積層方向：５カ所
・全測定点：８０点

計測点のマーキング

8.4 騒音レベルと音質評価

Q39 音のレベル表示（dB）はどのようなものがあるのか

A 音のレベル表示（dB）は以下の3種類がある。

(1) 音圧レベル

振動された空気が影響され，大気圧に変化が起こる。その際の大気圧の変化量のこと。単位は圧力と同じく Pa または N/m^2。

(2) 音響パワー（音響エネルギー）

単位時間あたりに音源が放射した空気中の音響エネルギーの総量。

(3) 音の強さ（音響インテンシティ）

$1\ m^2$ に通る音のエネルギー量のこと。単位は w/m^2 または J/m^2。

音圧レベル	$L_p = 20 \log (p/p_0)$ （L：音圧レベル [dB]，p：観測値 [Pa]，p_0：基準値 [Pa]） 音圧レベルの基準値：$p_0 = 20\,\mu[Pa] = 2 \times 10^{-5}[Pa]$
音響エネルギー（音響パワー）	$L_E = 10 \log (E/E_0)$ （L：音響エネルギーレベル [dB]，E：観測値 $[J/m^3]$，E_0：基準値 $[J/m^3]$） 音響エネルギーレベルの基準値：$E_0 = p_0/\rho c^2 \cong 2.94 \times 10^{-15}[J/m^3]$
音の強さ（音響インテンシティ）	$L_I = 10 \log (I/I_0)$ （L：音の強さレベル [dB]，I：観測値 $[W/m^2]$，I_0：基準値 $[W/m^2]$） 音の強さレベルの基準値：$I_0 = 10[pW/m^2] = 10^{-12}\ [W/m^2]$

Q40 音圧レベルはなぜ 20 log なのか

 音圧レベル L_p は，実効値の比（相対値）としてデシベル表示（単位：dB）された値を用いる。

音圧 P は 2 乗の実効値の比で示す。

$$L_p = 10 \log (p^2/p_0^2) = 10 \log_{10} p^2/p_0^2$$
$$= 10 \times \log_{10} (p/p_0)^2 = 10 \times (2 \log_{10} (p/p_0)) = 20 \log_{10} (p/p_0)$$

Q41 モータ1台の騒音レベルが70 dBの場合，2台では140 dBになるのか。4台では騒音レベルは何dBになるのか

A デシベルの計算で70 dBのモータ騒音源が2台あるとき，その騒音レベルは70 dB＋70 dB＝140 dBではない。デシベルは数値の単純な加減算ができない。モータ1台が稼働中の騒音レベルが70 dBである。ただし，モータ4台とも騒音レベルにはバラツキがないとする。モータが稼働していない時の暗騒音は40 dBとする。補正値表を参照すると便利である。

2台のモータ音のレベル差は70 dB－70 dB＝0 dB。補正値表を参照すると，レベル差0 dBのときは補正値3 dBを足す。したがって，2台では騒音73 dBとなる。

4台稼働になると73 dB＋3 dB＝76 dBとなる。

デシベル計算の補正値

レベル差（dB）	0	1	2	3	4	5	6	7	8	9	10
補正値（dB）	3	3	2	2	2	1	1	1	1	1	0

Q42 音質評価とは何か。音のレベルとはどう違うのか

A 音質評価とは，音を人の感じ方に合わせて，定量的に心理音響解析する技術である。音のレベルは物理量に基づく機械的評価に対して，人の感覚に基づくこの音質評価である。生活環境に人間の感覚をプラスして評価する手法である。表に心理音響評価表を示す。

音の知覚（聴感）と音質評価

心理音響評価表	単位	解説
ラウドネス	sone	音の大きさ 定常音については ISO 532B で規格化
ラウドネスレベル	phon	ラウドネスを対数表示
シャープネス	acum	甲高さ 低域と高域の音のバランスが高域側に偏ったときに感じる
ラフネス	asper	粗さ感　ざらざら，ぶるぶる ラウドネスが短い周期で変動する時に感じる
変動強度	vacil	変動感　滑らかさ感の逆 ラウドネスがゆっくりとした周期で変動する時に感じる

Q43 人が聞こえる音の大きさはどんな周波数でも一定なのか

A 人の耳に聞こえる音の大きさは，どんな周波数でも一定ではなく，周波数によって耳に聞こえる音の大きさは変わる。人の耳は周波数によって聴こえる音の大きさ（耳の感度）は違い，この聴こえ方を図に示したのが等ラウドネス曲線という。125 Hz 以下の低い周波数の感度が悪く（鈍感），2000～4000 Hz 付近の音の感度が良い（敏感）。8000 Hz 以上の高い音の感度が鈍いのが特徴である。

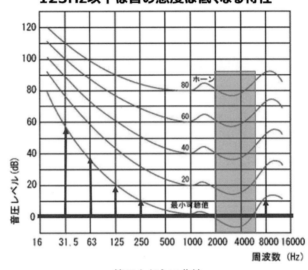

等ラウドネス曲線

Q44 マスキング効果とは何か。モータ音での例はあるのか

A マスキング効果とは，2つの音が重なったとき，片方がかき消されて鳴っているのに聞こえないという現象をいう。マスキング効果は，周波数が近ければ大きくなり，周波数が低い方が他方の音をマスクする効果が大きくなる。モータ音の事例では，エアコン内にあるモータ単体では電磁音は不快音である。しかし，送風ファンからの広い周波数成分の音により適度にマスキングされ，電磁音は気にならない音になっている。

第8章 モータの計測・診断技術

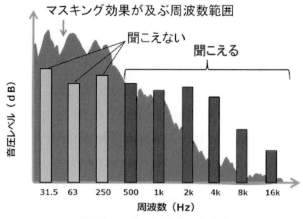

周波数マスキングと音の大きさ

Q45
モータ音を評価するときのホワイトノイズやピンクノイズとはどういう意味か

A　ホワイトノイズとは，モータの軸受音の正常状態で聞かれる「シャー」という音で，「全ての周波数で均一の大きさを持つ音」である。一方ピンクノイズは，「パワーが周波数と反比例する音」つまり高い周波数ほど弱く，低い周波数ほど強くなるのが特徴である。ファン騒音のような「ザー」という音が特徴で，ホワイトノイズよりも低い音が強く聞こえる。

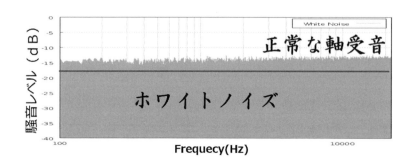

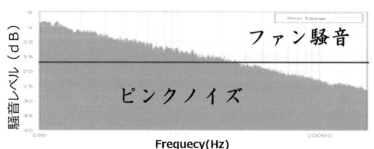

ホワイトノイズとピンクノイズの周波数成分

● 文献

1) 日本工業規格：一般用低圧三相かご形誘導電動機，JIS C 4210(2001).
2) 電気学会電気規格調査会標準規格：誘導機，JEC-2137(2000).
3) 誘導電動機の高性能化技術調査専門委員会：誘導電動機の高性能化技術，電気学会技術報告書，997(2004).
4) 誘導機電磁騒音解析技術調査専門委員会：誘導電動機の電磁振動と騒音の解析技術，電気学会技術報告書，1048(2006).
5) 日本電機工業会：インバータドライブの適用指針(汎用インバータ)，日本電機工業会技術資料，148(1986).
6) 日本電機工業会：一般用低圧三相かご形誘導電動機をインバータ駆動する場合の適用指針，日本電機工業会技術資料，169(1990).
7) International Electrotechnical Commission："Rotating electrical machines-Part17：Cage induction motors when fed from converters-Application guide", IEC/TS 60034-17(2007).
8) International Electrotechnical Commission："Rotating electrical machines-Part25：Guide for the design and performance of cage induction motors specifically designed for converter supply", IEC/TS 60034-25(2007).
9) International Electrotechnical Commission："Rotating electrical machines-Part9：Noise limits", IEC 60034-9(2007).
10) International Electrotechnical Commission："Rotating electrical machines-Part14：Mechanical vibration of certain machines with shaft heights 56 mm and higher-Measurement, evaluation and limits of vibration severity", IEC 60034-14(2007).
11) 野田伸一：モータの騒音・振動とその低減対策，エヌ・ティー・エス(2011).
12) 野田伸一：モータの騒音・振動とその対策設計法，科学情報出版(2014).

第9章
モータ騒音・振動のトラブル解決方法

9.1 騒音対策の手順と解決方法

【解　説】

モータにおいて低騒音は重要な商品性能や価値の1つになっている。小形でパワフル、さらに静音化が求められる状況にある。さらに機器の高速化、軽量化、高性能化はどれをとっても、低騒音設計にはトレードオフの関係にある。また競合他社に先んずるには、開発期間の短縮化も図らねばならない。このように技術者はきびしい状況におかれている。本章では、騒音対策をいかにして実現するかを、問題解決の方法の実例をまじえながら解説する。

Q1 モータを振動源とするときの騒音発生メカニズムはどうなるのか

A 騒音発生メカニズムを図に示す。騒音は、加振源を入力として機械システムを伝達系としたときの出力とみることができる。加振源としては、モータの①電磁力によるもの、ファン流体によるもの、軸受によるものなどがある。伝達系は、カバー内の②伝達関数である③残響特性などの空間がある。カバー内の空間の④空気伝播、隙間の透過やフレームからの振動伝搬、カバーの振動⑤構造伝播からなる。

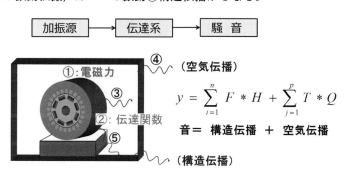

騒音の発生メカニズム

Q2 モータ騒音・振動の種類と要因は何か

A モータ騒音・振動の種類を大別すると、電磁音と機械音の2つに分けられる。電磁音の要因は電磁要因、機械要因、制御要因に分けることができる。機械音の要因は、軸受要因、モータ要因、相手機械要因である。要因を究明するには、その条件を検証し確かめることにより判断ができる。図の要因は一例にすぎず、全てを網羅しているわけではない。騒音・振動が発生したときに状況、条件に応じての要因図を作成するのが基本であり、実用的である。

第9章 モータ騒音・振動のトラブル解決方法

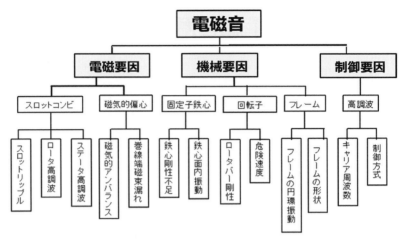

モータ電磁音の主要因

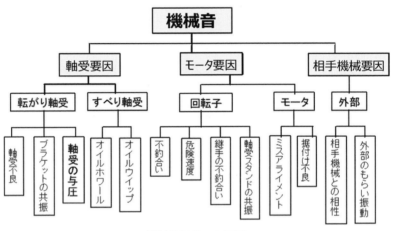

機械的振動の主要因

Q3 モータの電磁的な一般的な対策はどのような内容か

A 電磁的対策を以下の表に示す。電磁力を低減するため，高調波成分を把握する。電磁力モードと固有振動モードを一致させないことである。溝数によるスロット高調波の低減やインバータのスイッチング周波数を可聴域外の 20 kHz 近傍まで上げることにより騒音低減につながる。

9.1 騒音対策の手順と解決方法

項　目	内　　容	現象と改善点
磁　気	磁束密度の低減	電磁力の低減
	エアーギャップ（空隙）の拡大	空隙の磁束密度の低減
	磁気飽和	高調波の低減
	スキュー	回転子または固定子
磁気回路	並列回路，均圧線	アンバランス成分の打ち消し
	電磁力の空間分布（モード数）の増加	電磁力モード2，3，4は避ける
	溝数の変更。スロット高調波の低減	電磁力周波数やモードの変更
	インダクタンスの挿入	インバータとモータの間（波形の正弦波化）
巻　線	集中巻から分布巻に変更	起磁力波形の正弦波化
	三相電圧不平衡	2f振動発生
制　御	逆位相振動の注入	制御回路による対策
材　料	低磁気ひずみ材料	ひずみゼロの材料
インバータ	スイッチング，周波数の増加	可聴域外の20kHz近傍まで
	スイッチング，周波数の変調	ホワイトノイズ化

Q4 モータの一般的な構造対策はどのような内容か

A 構造としてフレーム剛性アップやロータのサイズ変更で固有振動数を変更して共振を回避する対策となる。相手機械などの取り付け剛性の変更や振動伝達で，遮音材や吸音材による包み込みがある。

項　目	内　　容	現象と改善点
フレーム	フレームの厚さや剛性アップ	固有振動数の変更
	鉄心とフレームの支持点の変更	伝達系の遮断
	騒音放射面積の細分化，リブの設置	板面振動の防止
ロータ	シャフト径サイズの変更や付加質量	固有振動数変更
	温度上昇による騒音	軸変形による2f振動騒音
	ロータのアンバランス残量の最小化	回転振動と危険速度の防止
支持方法	フレームと鉄心や架台の支持点の変更	支持点の個数と場所
軸　受	与圧ばねの変更	ロータによる騒音の低減
取り付け架台	架台の固有振動数の変更や補強	取付け剛性やもらい振動の防止
相手機械	相手機械との組み合わせ振動	固有振動数の変化
製造技術	高精度な加工，真円度の精度向上	偏心による騒音防止
モータ脚	支持方法の変更	ゴム（緩衝材）を介して支持
モータ全体	モータをケース内に閉じ込め	遮音板や吸音材による包み込み

Q5 モータの要因分析の事例はどうなるのか

A モータ軸受での要因分析を示す。構造と電磁に分け，要因の可能性有り無しの大小の点数で評価する。

要因	現象名	振動分類	卓越周波数成分	判定
構造	接触，摩耗	不安定	回転周波数Nとその高調波	5
	ロータ芯ずれ，軸曲がり	強制振動	回転周波数Nの2倍成分	5
	ミスアライメント	強制振動	回転周波数Nとその高調波	3
	軸受ハウジング摩耗	強制振動	回転周波数Nとその高調波	5
	ロータ・ファン不釣り合い	強制振動	回転周波数N	5
	ブラケット共振	共振	回転周波数N	1
	軸受キズ	強制振動	軸受回転数　ボール数　公転回転数	3
	軸受予圧ばね	強制振動	回転周波数Nとその高調波R	3
	冷却ファン接触	不安定	冷却ファンの羽枚数Zと回転数N	1
電磁	磁気偏心	磁気振動	回転周波数とその高調波	3
	磁気センターズレ	磁気振動	軸方向に電源周波数の2倍成分	4
	電源アンバランス	磁気振動	電源周波数の2倍成分	1
	ロータバー切れ	スロット振動	スロット高調波の側帯波成分	1

Q6 騒音低減の解決方法の取り組みでの重要点とは何か

A 騒音低減の解決方法として，なぜ音がでるのかという疑問を常に抱くことが大切である。問題を発見するにはマクロにみる姿勢とミクロにみる姿勢を使い分けるとよい。まず，聴覚や体感で観察する。そして時間波形計測，次にスペクトル分析で調べてみる。そして周波数分析も平均値から瞬時値へと追って行けば何かが見えてくるはずである。データに何かを語らせるようデータを何度も見ることである。

Q7 モータの低騒音設計の指針は何か

A モータ騒音は，解析や実験により明らかにされ，モータのロータとステータのスロットコンビネーションで生じる電磁力の周波数や大きさが予測できる。低騒音設計の指針は，低次モードの電磁力を持たないことと，電磁力の周波数がステータなどの機械的な固有振動数に一致させないことである。このように発生原理がわかっていれば低騒音化は容易である。少なくとも加振源が，周期性なのかランダム性の信号なのかは最低限明らかにしておくべきである。

Q8 騒音レベルだけで製品の真の性能を示すことはできるのか

A 製品の騒音は，たいていの場合ある指向性をもって空間に放射している。1点の測定点だけで評価はできない。そのため全放射面を測定する音響パワーレベルによる評価が必要となる。2つ目の理由は，音質の問題である。騒音レベルはA特性という聴感曲線で重みづけされている。しかし，音源の性質（純音性，広帯域，狭帯域，衝撃）によっては聴感と騒音レベルdB値とのずれが指摘されている。それには音質を改善するための指標はラウドネス，純音の判定法，衝撃音の評価法がある。

Q9 機械装置で騒音が発生した。どのような手順で解決・対策していけばいいのか

A 騒音の対策の基本手順を示す。着目点は「音源の特定と音の発生メカニズム」を推定する。それには，機械装置の運転状態を変化させ，共振特性などを把握する。音源が特定できれば振動ピックアップにて，振動の大きい部分を探す。空気伝搬の対策か，固体伝搬の対策などを検討する。

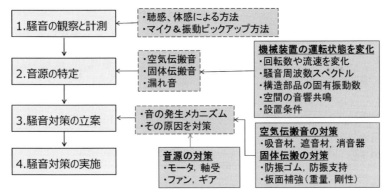

現場での騒音対策の基本手順

Q10 モータ＆ファンが組み込まれている装置がある。騒音の発生箇所を特定するにはどうするのか

A 騒音の発生箇所を特定するためには，「騒音の減衰特性」を利用する。騒音は発生場所から距離が離れるほど，その騒音値のレベルが小さくなり，騒音発生源に近いほど騒音値は高くなる。この特性を利用して，マイクロフォンを移動して多くの測定点のうち，最も値の大きい測定位置の近くが騒音発生源であると同定・推定する。また振動ピックアップを用いて，さらに加振源の振動部位を特定していく。

第9章 モータ騒音・振動のトラブル解決方法

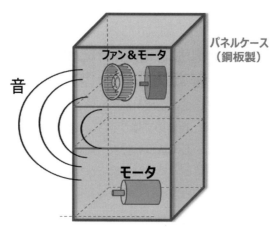

モータ&ファン組み込み装置

Q11
システム機器の筐体カバーの設計はどうするのか

A システム機器の騒音低減をはかるうえで騒音伝播経路を断つ手段をとる。システム機器は通常筐体（パネルケース）内に収められているので，筐体部分で騒音伝播を断つことがある。騒音伝播の仕方にも種々のものがある。この伝播の仕方によって騒音低減方法が異なってくる。これを説明するために筐体をモデル化して描いたのが図である。騒音伝播経路の種類としては，(1) 1次固体音，(2) 2次固体音（空気→壁→空気），(3) 隙間からの漏れ音がある。これらの騒音伝播経路にそれぞれに応じた騒音低減手法を表に示す。

場 所	対 策	騒音の低減効果
(A)	内面の吸音処理	壁面の等価損失を増やせば，(2) 2次固体音に効く
(B)	制振材の貼付	壁面の振動を減衰させれば，(1) 1次固体音，(2) 2次固体音に効く
(C)	遮音材の貼付	壁面の等価損失を増やせば，(2) 2次固体音に効く
(D)	発生源の防振	発生源の振動が筐体に直接伝わらないようにする。(1) 1次固体音に有効
(E)	隙間の遮蔽	(3) 隙間からの漏れ音を減らすのに有効

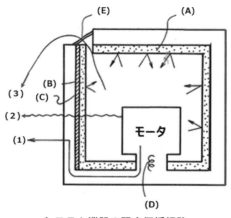

システム機器の騒音伝播経路

— 324 —

Q12 騒音レベルだけで製品の真の性能を示すことはできるのか

A 騒音はたいていの場合ある指向性をもって空間に放射している。1点の測定点だけで評価はできないため，全放射面を測定する音響パワーレベルによる評価が必要となる。2つ目の理由は，音質の問題である。騒音レベルはA特性という聴感曲線で重み付けされている。しかし，音源の性質（純音性，広帯域，狭帯域，衝撃）によっては聴感と騒音レベルdB値とのずれが指摘されている。それには音質を改善するための指標はラウドネス，純音の判定法，衝撃音の評価法がある。

Q13 伝達系は何に目を向けて調査に取り組むのか

A モータの加振源の特性はすでにわかっていると仮定する。伝達系を調査する目的は2つあり，1つ目は騒音の周波数特性を明らかにする。2つ目は空間的な共鳴特性を調べることである。振動モードを調べることと，騒音エネルギーの流れを調べることを含む。やみくもに吸音材を貼ったり遮音板や制振材を貼ったりするよりも時間とコストが節約できる。場合によっては，共振のために騒音が大きいことがわかれば，対策は比較的簡単となる。

Q14 低騒音化の手法で時間とコストを節約するにはどうしたらいいのか

A 騒音の発生メカニズムを理解し，騒音の原因となっている加振源がどのようにして生じ，その周波数の構成がどうなっているのか，周波数成分の大きさがわかることである。一般に騒音対策は，加振源の上流にさかのぼるほど難しい。上流ほど難しいのは，騒音の発生原理を明らかにしなければならないからである。騒音の原因となっている力を直接計測することは困難な場合が多い。そこで出力である騒音や振動を計測して仮説をたて，回転数を変えたり電圧を変えたりして入力側を想像することで発生メカニズムを推定する。

Q15 空気伝搬音とは何か。どのように対策するのか

A 空気伝搬音とは，空気の振動により伝達される音のことである。モータ音やファン音など人の耳に入ってくる音を指す。空気伝搬音は音源から離れるほど聞こえにくくなり，壁などの遮へい物によっても音が遮断される。遮音材で空気の振動を抑えることによって，空気伝搬音が外部や隣室に透過するのを抑えることができる。また吸音材を使うことで，空気伝搬音の反射を抑えて響きを調整することができる。

Q16 固体伝搬音とは何か。どのように対策するのか

A 固体伝搬音とは，パネルケースの構造体などの固体を振動させながら伝達される音である。たとえば，音源のモータから機械装置のパネルケースの振動に伝搬し，生まれる音が固体伝搬音にあたる。音源のモータに防振材を使用することで，構造体などに固体伝搬音が伝わらないように対策が必要となる。

Q17 遮音とは何か。どのような効果があるのか

A 遮音とは空気中を伝わる音を遮断して，外部へ音の透過を防ぐ現象である。遮音性能が高い素材は重い素材で，鉄板やコンクリート，石膏などが代表的である。重量が重くなればなるほど，遮音性能は高まる。たとえば，パネルケースに入射した騒音をできるだけケースから出さないようにすることが遮音対策となる。漏れ音もなく，均質な材料から構成される単一の板に，あらゆる方向から音が入射したときの透過損失 TL は近似的に次式で表せる。

$$TL \fallingdotseq 18 \log (f \times m) - 44 \ [\text{dB}]$$

ここに，f は周波数（Hz），m は材料の重さを表す面密度（kg/m^2）。

式によれば，板厚さ（1.2 mm → 2.4 mm）になれば m の重さは 2 倍になり，透過損失は 5.4 dB ほど増加する。

Q18 吸音材とはどのような作用なのか

A 吸音材は，ケース内や室内の不快な反響音を軽減し，残響時間（音の響きの長さ）を調節する効果がみられる材料である。パネルケース内でのモータ音など吸音材を設置することで反響音を低減することができる。吸音材は比較的簡易的に設置できるので，吸音材を貼るだけで音の響きを調整できることもある。素材や種類によって吸音材の効果は変わるので，防音の目的に合った効果を発揮するものを選ぶ。

Q19 吸音材と遮音材の併用はできるのか

A 吸音材は，室内で発生する音の反射を抑える働きをする。吸音材のみを使用しても，外部への防音対策が不十分な可能性がある。防音効果を高めるためには，遮音材を併用することによって外部に漏れる音を低減する必要がある。吸音材が音を吸収し，遮音材が音を遮ることによって，防音効果を最大限に発揮することができる。

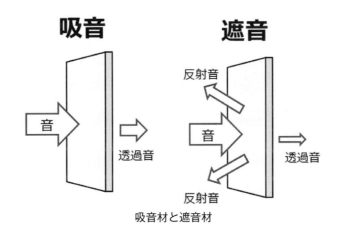

吸音材と遮音材

9.2 モータのトラブル解決方法

【解　説】
　騒音が発生した時の解決方法で，着目点，評価手順や課題のつぶし方の考え方などを解説する。目的は，解決時間の短縮，コストダウンを図る，品質を向上させる汎用性のある解決評価方法をつくることである。トラブル解決方法およびその決着点（Goal）を決めることも重要である。

Q20 トラブルや品質問題の解決方法の分析方法には何があるのか

A　解決方法には，各種の原因の分析方法がある。以下の各種の分析（原因解析）手法を適材適所に織り込むことが必要となる。

1	FMEA：Failure Mode and Effects Analysis
2	特性要因図
3	FTA 分析（故障の木解析：Fault Tree Analysis）
4	4M5E 分析（man, machine, material, method, Environment, Education, Engineering, Enforcement, Example）
5	ロジカルシンキング
6	なぜなぜ分析
7	トラブルシューティング法
8	QC ストーリー

Q21 品質問題の解決への基本の手順は何か

A　品質問題の解決への取り組みの基本の手順とポイントを示す。品質問題を起こした原因の分析を行わずに，先入観や過去の事例のみで判断してしまうと間違った対策をとってしまうことになる。その結果，問題は解決されずに依然として同じ問題が起こってくる。早く解決をしたいがために手順を省略することが，逆に解決まで何倍もの時間が取られてしまうことになる。

	手 順	ポイント
1	問題の認識	問題であることの認識。解決目標を決める。
2	原因と分析	原因の調査。課題を探り出し，関連付ける。
3	解決策の立案	問題の解決策を考える。原因の影響されない解決策を提案する。
4	対策の実施	対策の計画，根本原因を解明する。解決まで確実に実施する。
5	Goal の想定	お互いの意見が異なることを想定し，Goal を見出していく。
6	結果評価	予測の相違点。解決しなかった場合のさらなる対策。

Q22 トラブル対応で知っておきたい現象要因図の手法・使い方のポイントは何か

A トラブルの見える化は，自分自身の理解と，関係者との理解を共有化するための重要ポイントである。現象要因図を用いて明確な説明ができなければならない。あいまいな図しか描けないということは，現象も解明されていないことを意味する。図の要因 e のように，複数の段階の現象（現象 B と C）に影響を及ぼすものがある。仮説の数に応じて，不具合メカニズムフロー図を複数作成して考察する必要がある。

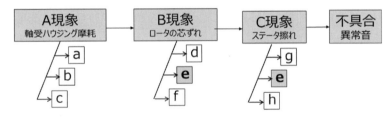

不具合メカニズムフロー図

Q23 どのような品質対策にも潜在的な弱点はあるのか

A どのような品質対策にも潜在的な弱点がある。トラブルは単独の要因で発生するわけではなく，複数の要因が連鎖して発生するという考え方を持つこと。

対策の観点では，スイスチーズモデルがあり，形の違う対策が多層的に構築することが重要である。安全のために何か対策をしたとしても，その対策がすり抜けられてしまえば危険な状態になる。別の対策を組み合わせておけば，その危険を防げる可能性が高くなる。完璧な安全対策はないということもスイスチーズモデルから読み取れる。

スイスチーズに穴が空いているように，どのような品質対策にも潜在的な弱点がある。

突発的な理由により，これまでは大丈夫だったものがそうでなくなることもある。必ず存在する弱点をカバーするために多層的な対策が必要である。

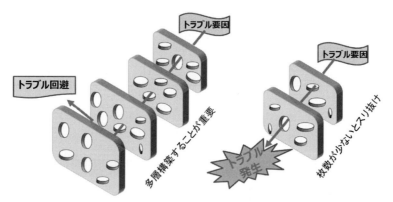

スイスチーズモデルでの潜在的な弱点

Q24
FMEA（故障モード影響解析）の活用方法で失敗する原因は何か

A　トラブル調査で最初に作成した FMEA は，単独要因の影響度，発生確率そして検出を分析している場合が多い。FMEA に基づく管理値も，単独要因での影響を基に定義しているからである。

　複合要因不具合の場合には，たとえば管理値レベルのギリギリの現象が 3 つ重なったらどうなるか。あるいは相乗効果（互いに影響を受けて現象を加速する効果）は無いかということを考えなければならない。このような視点で，作成済みの FMEA の内容を確認し考察すること。

　事例としてモータ騒音の FMEA を活用した例を示す。構造―電気―制御の複合要因として扱っている。

アイテム	機能	故障モード	交渉影響	故障原因	重要度				対策の検証			重要度(対策後)			
					影響厳しさ	発生頻度	検知難易度	致命度	実施する対策	担当部門実施期間	対策の結果	影響厳しさ	発生頻度	検知難易度	致命度
モータ騒音	40 dB以下で変動音がないこと	磁気音との共振	異音のクレームが出る	軸方向のブラケットの共振	2	4	2	5	軸方向にリブ	設計○月○日	試験に合格	2	4	2	4

FMEA(故障モード影響解析)

騒音要因	騒音原因	対策方法/実験	重要度
ステータ鉄心	計算と実験から固有振動数が1066 Hzを有し、20 f電磁力周波数に一致している。	ヨークの剛性をアップ。定格回転数2700 rpmの20 fで1200 Hz以上とする。	5
ロータ軸	固有振動数435 Hzを予測。10 f電磁力に一致している。	組み込むと固有振動数が変化する。様子を見る。ケーシングの軸方向とロータ軸は連成して、動的偏心を発生している。	2
ケーシング	ケーシング軸方向の固有振動数3066 Hzを有する。電磁力周波数70 fと一致した。	軸方向の剛性をアップ。3200 Hz以上。この対策で動的偏心も低減することを予測。ケーシング形状、リブ形状を変更。	5
組み立て精度	プロト試作で組み立て精度が低下。偏心が出ている。	組み立て直しで再度の騒音測定。	4
システム組み込み	自転車に組み込み、騒音を測定する。負荷状態の騒音の把握する。	モータ組み込みの状態で対策する。	3
電気設計	10P12Sは電磁力モードM=2が発生。固有振動数モードN=2とモード一致。	スロット数の変更。13S。極数、スロット数の変更はありえるが、最終段階とする。	1
制御	120度通電の電流波形。高調波10 f, 20 f……の影響。	負荷時の騒音を把握する。	2

Q25 なぜなぜ分析(6why分析)の活用方法は何か

A 不具合メカニズムを明確にするには原因を深掘り、根本原因にたどり着くことが重要である。このために、なぜなぜを6回繰り返していく「なぜなぜ分析」が活用する。視点を変えるなどして、さまざまな原因を考えなければならない。事例として、モータが回転しない不具合の事例である。

第9章 モータ騒音・振動のトラブル解決方法

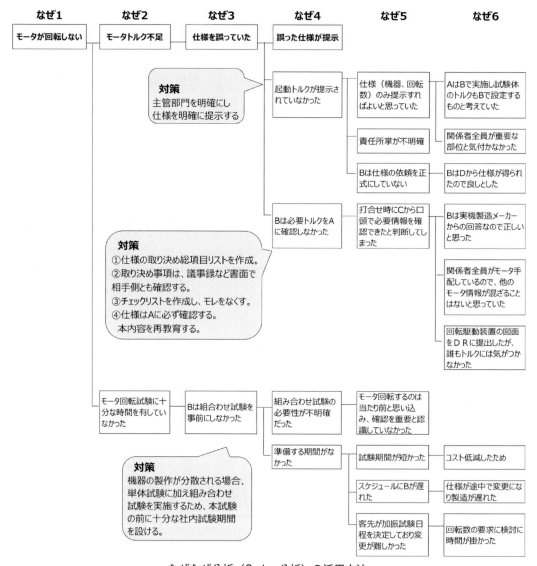

なぜなぜ分析（6why分析）の活用方法

Q26
なぜなぜ分析がうまくいかない理由は何か

A なぜなぜ分析は，不良発生が起きないようにするためにプロセスの欠陥や不備を見つけ，対策するやり方で予防する手法である。しかし，あらゆるケースを想定できないため，最後は人間の注意力に頼らなければならないなど行き詰まる。前述のQ25事例もBの人の注意力の欠乏で，改善することに頼っている。

・どこまでを想定した仕組みをあらかじめ構築するかを決めておかないと，なぜなぜ分析は永遠に終わらない。
・品質の目標レベル，基準の制度，人材力などで，トラブル予防策も限度がある。

Q27 なぜなぜ分析を上手にこなすコツは何か

上手にこなすコツは以下のとおりである。
- 現場で発生したミスの原因を突き止め，改善策を定めることができる現場かどうかを見極めること。
- なぜなぜ分析は，一定のルールの元に行う必要がある。
- なぜなぜ分析の原因究明は 2 段階に分かれることを認識することがコツになる。
  - (1) 不良発生のメカニズムを解明する（因果関係）固有技術，自然科学の法則
  - (2) 不良を防止できなかった仕組み・ルール上の原因を解明する。人間が作り上げた「仕組み」
- 管理・設計基準の仕組み・ISO 規格の存在を念頭に，なぜなぜ分析を行う。

Q28 トラブル対応で再現テストがうまくできないのはなぜか

再現テストは，実際に現場で起きた現象を再現できない場合が多い。最終破壊が同一であっても，破壊のプロセスが異なっている場合には，不具合現象を再現できたとは言えない。破壊の例，破壊起点の場所や状態，破壊進展の様子，最終破壊部の場所や状態が一致していること。最初は仮説に基づき，要因や加速要因を想定し，変数として評価する。この結果を詳しく解析することにより，新たに仮説を立てて検証することが必要である。

Q29 品質問題で，その都度問い直してみる必要があるとは，どのようなことか

- 目的を明確化：その都度，その品質は何のため？　やらない場合はどうなるのか？　要るのか？　要らないのか？　要らないのにやっているのは品質過剰と判断する。数値化で定量化できることがベスト。
- 優先順の判断：緊急性，必要性と重要性。優先順位で判断基準を誤認する場合がある。重要とは何か？　必要とは何か？　重要性とは何か？を問い詰めること。納期は緊急性である。
- 問題点や論点をずらさない：論点を相手に問題点を認めさせること。データ分析をして，粘り強く品質向上について，現場部隊に問い直して交渉すること。

第9章　モータ騒音・振動のトラブル解決方法

Q30
5ゲン主義とは何か

A　現場・現物・現実・原理・原則という5つの視点である。現場では想定外のことが起きており，現物の観察で思わぬことが見つかることがある。現象を詳細に理解することにより，明解な不具合メカニズムフロー図が作成可能になり，粛々と実践する。

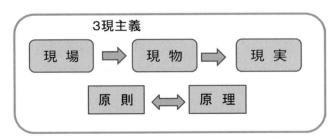

現場・現物・現実・原理・原則という5つの視点

Q31
「鳥の目」「虫の目」「魚の目」とはどういう意味か

A　「鳥の目」「虫の目」「魚の目」～本当の多角的視点とは～3つの視点で捉えることの意味である。「鳥の目」とは高い位置から「俯瞰的に全体を見回して」見るということ。「虫の目」は複眼である。つまり「近づいて」さまざまな角度から物事を見る。「魚の目」とは潮の流れや干潮満潮という「流れ」状況の物事を読み解き，進むべき正しい方向を決める。4M5E分析（man, machine, material, method, Environment, Education, Engineering, Enforcement, Example）も活用する。

　事例としてモータ騒音問題が発生した場合，電気専門者は「電気要因」だという。機械専門者は「機械要因」だという。このように自分の専門だけで分析してしまう傾向がある。

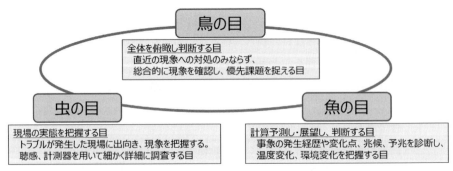

「鳥の目」「虫の目」「魚の目」～本当の多角的視点

Q32
仮説は正しいのか

A 仮説とは，物事を考える際に「最も確からしいと考えられる仮の答え」のこと。科学の世界でも，全ては「仮説だ」と言われている。「100％ではない。しかし，とりあえず正しいとしておいて話を進める」。そうしないと科学が前進しない。仮説のまま，いったん正しいことにして，その前提で物事を進めていく。その結果，仮説が間違っていることもある。それは「その時点では段階ではいいこと」。仮でも，その場で結論を出すことが大事である。

たとえば，要因究明するときのことを考える。100％満足できる要因を探していると，いつまで経っても対策には決められない。まずは，優先すべきことを洗い出して，その最低条件を満たすところを結論とする。仮説の精度を高めるためには，仮説と検証を繰り返し続けていくことが重要である。

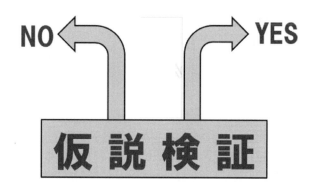

Q33
品質の要求に対してどこまで向上させるべきか

A 従来どおりに，単に消費者の品質要求に応えるというのではなく，顧客の品質状況やこれまでの取り組み結果によって，自社の「品質」が今後どうあるべきかについて，その都度問い直してみる必要がある。顧客に品質不良品を渡さないFirewall砦を作りPDCAを回していく。

品質に対して，状況が変化するグローバル市場では，適切な対応をとることは容易ではない。普遍的（多くの物事にあてはまるさま）に妥当性をもつわけではなく，モータ業界，商品戦略，製品特性に依存する。できれば，「こういうもので良いの？」と聞いて，顧客の確認が取れるとさらに良い。品質の目標レベルを設定する。

第9章 モータ騒音・振動のトラブル解決方法

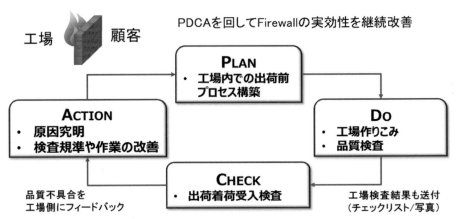

Firewall：顧客に品質不良品を渡さない砦

Q34
顧客とのお互いが納得して解決する決着点 Goal（落としどころ）はどこか

A 「特性」「コスト」「環境」「安全」など何を重視するかは人によって違う。異なる立場から意見を出し合うだけでは，調整やとりまとめが難しい。必要以上に自分の主張や要求を押し通そうと頑張りがちである。しかし，「交渉とは手を握るまでの過程。根本原因，真因，本質をお互いの違いを認めるところから始まる」。その目的は相手を論破することではなく，皆が納得できる落としどころにたどり着くことである。

ビジネスシーンでの交渉では，お互いが win-win の関係で得をするという成功のイメージを描くのが望ましく，「最初から自分勝手なゴールを設定すべきではない」。双方の利益になりそうな落としどころを見すえつつ，1つの案にとらわれずに次善の策，その次の代案と柔軟に条件をずらし，軟着陸できる場所 Goal を探る。

— 336 —

Q35
品質問題やトラブル対応で重要なことは何か

A トラブル対応で特に重要なのが客先報告書である。事実を客観的に書くのが原則で，箇条書きで要領よくまとめる。

(1) 概要，(2) 現象，(3) 原因，(4) 対策，(5) 対策の確認，(6) 今後の計画

【ポイント】

　客先報告書の形式は2段構えとする。要約を1枚作成し，詳細内容は別紙として作るのが基本である。要約は顧客の立場が上の方へスピーディに読めるためであり，詳細内容のデータなどは現場担当者が必要とする。文章の書き方，内容については，何度もチェックが必要となる。内容の事実誤認，間違いがあればトラブル（最悪，訴えられる）ことも考えられる。自分の判断で勝手に提出しないこと。加えて，注意を要するのが「儀礼に反しないか」の確認が必要となり，相手の心象が極端に悪くなる場合もある。

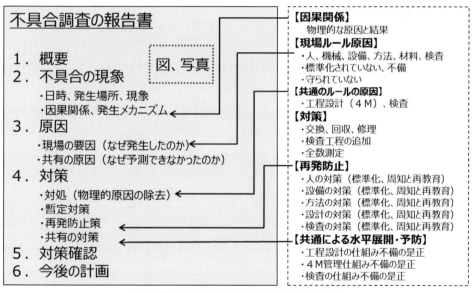

トラブル対応で特に重要なのが客先報告書

●文献
1) 豊田利夫：設備診断のための信号処理の進め方(1996).
2) 日立製作所総合教育センタ技術研修所編：わかりやすい小形モータの技術，オーム社(2002).
3) 正田英介監修，吉永淳編：アルテ21　電気機器，オーム社(1997).
4) ACモータ技術研究会編：AC小形モータがわかる本，工業調査会(1998).
5) 野田伸一：モータの騒音・振動とその低減対策，エヌ・ティー・エス(2011).
6) 野田伸一：モータの騒音・振動とその対策設計法，科学情報出版(2014).

索　引

(2−Q99 は，第 2 章 Q99 を示します。)

英数

120°通電	2−Q99
180°通電	2−Q99
1D−CAE	7−Q32
1D モデル	3−Q40
1 次曲げモード	5−Q64
2 次曲げモード	5−Q64
2 自由度振動系	3−Q39
3D−CAE	7−Q32
5 ゲン主義	9−Q30
6f リップル	2−Q53
backward whirl	5−Q8
BLDC	2−Q42, 2−Q56, 2−Q102
＝ブラシレス DC モータ	
CAE	7−Q1
CAE 解析	2−Q73
DDM	2−2.4 節
FEM：Finite Element Method	7−Q4
FFT フーリエ展開	2−Q53
Firewall 砦	9−Q33
FMEA	9−Q24
＝故障モード影響解析	
forward whirl	5−Q8
IM 誘導機	2−2.3 解説
N：回転数	4−Q7
PDCA	9−Q33
PWM：Pulse Width Modulation	2−Q35, 2−Q89
PWM 駆動	1−Q43
Slots	2−Q10
teeth	2−Q10
V/f 制御	2−Q97
VVVF：Variable Voltage Variable Frequency	2−Q49
VVVF インバータ	2−Q48
z：羽根枚数	4−Q7

和文

あ

相手機械	2−Q33
厚肉円筒モデル	3−Q13
後処理（ポストプロセッシング）	7−Q26
アンバランス振動	2−Q26
アンバランス力	5−Q3

い

異常な振動	2−Q31
位相差	7−Q46
位置決め精度	2−Q74
異方性材料	7−Q69, 7−Q79
インバータ（部）	2−Q35, 2−Q81
インピーダンス	2−Q24

う

後ろ向き振れ回り	5−Q8
渦電流損	1−Q9
渦領域	4−Q2
うなり	2−Q46
埋め込み磁石形	1−Q39
運転中の振動モード	7−Q130
運転中のモード	2−Q16

え

エアギャップ	1−Q18, 2−Q37
永久磁石	2−2.3 解説
永久磁石同期モータ	2−Q56, 2−Q102
＝PMSM	
円環剛性	3−Q35
円環振動	2−Q8
円環ねじり固有振動モード	3−Q8
エンコーダパルス	2−Q60
遠心力	5−Q14
エンベロープ波形	6−Q10

お

応答性能	2-Q74
応力拡大係数	5-Q53
応力ひずみ	7-Q16
音の強さ（音響インテンシティ）	8-Q39
音圧レベル	4-Q11, 8-Q39, 8-Q40
音響パワー（音響エネルギー）	8-Q39
音響ホログラフィ	4-Q18
音質評価	8-Q42
温度依存性	7-Q27
温度試験	8-Q20
温度抑制	1-Q11

か

解析精度	7-Q24
回転-トラッキング分析	2-Q52
回転アンバランス	5-Q66
回転円盤	5-Q9
回転音成分	4-4.1 解説
回転荷重	5-Q76
回転磁界	1-Q15
回転軸	5-Q11
回転子鉄心	2-Q39
回転子の曲がり	2-Q26
回転数	2-Q7
回転速度	2-Q98, 5-Q14
回転ばね	7-Q118
回転ばね定数	7-Q121
回転半径	5-Q14
回転ムラ	2-2.3 解説
外力	5-Q12
外輪クリープ	5-Q76
外輪パス周波数	6-Q11
カシメ加工	7-Q89
仮説と検証	9-Q32
加速度	8-Q3
加速度センサ	8-Q9
片持ちはり	7-Q51
カルマン渦	4-Q2
干渉	2-Q45
干渉音	4-Q29, 4-Q34
間接法	7-Q56

き

キー溝	8-Q15
機械騒音	2-Q1
機械損	2-Q73
機械的起振力	2-Q19
危険速度	5-Q3, 5-Q63, 7-Q34
疑似正弦波	2-Q89
擬似ランダム関数（M系列）	4-Q20
擬似ランダム関数（線形合同法）	4-Q20
きしり音	6-Q3
きず音	6-Q3, 6-Q14
基本波磁束	2-Q4
基本波磁束密度	2-Q3
逆起電力	1-Q42
逆相モード	3-Q14
ギャップ不同	2-Q7
キャリア音	2-2.5節, 2-Q93
キャリア周波数	2-Q87
キャリア分散	2-2.5節
キャリア分散法	2-2.5解説, 2-Q103, 2-Q108, 2-Q109
吸音材	9-Q19
境界条件	7-Q23, 7-Q24
境界層	4-Q2
共振状態	2-Q32
強制振動	5-Q3, 8-Q2
共鳴音	4-4.1解説, 4-Q3
共鳴周波数	4-Q4
極（ポール）	1-Q20, 3-Q27
極数	2-Q7
金属疲労	6-Q5

く

空間共鳴	4-Q4
空間高調波	2-Q34
空気伝播	9-Q1
空気伝搬音	9-Q15
空隙の磁束密度	2-Q21
矩形波駆動	2-Q56
グリース	6-Q5
クリープ	7-Q8
クリープ防止軸受	5-Q77

け

結合ばね k ･････････････････････････ 3-Q39
減衰 ････････････････････････････････ 5-Q12
減衰自由振動 ･････････････････････ 7-Q43
減衰振動 ･････････････････････････ 8-Q2
減速機 ･･･････････････････････････ 2-Q70

こ

コイル ･･･････････････････････････ 3-Q27
　　　＝coil
コイル素線 ･･･････････････････････ 3-Q30
高効率 ･････････････ 1-Q3, 2-Q70, 2-Q78
剛性 ･････････････････････････････ 5-Q12
合成波 ･･･････････････････････････ 4-Q3
剛性ロータ ･･･････････････････････ 2-Q31
構造解析 ･････････････････････････ 7-Q7
構造伝播 ･････････････････････････ 9-Q1
高速・高出力 ･････････････････････ 1-Q3
拘束条件 ･････････････････････････ 7-Q111
剛体モード ･･･････････････････････ 7-Q53
高調波 2f，4f，6f ･････････････････ 2-Q98
高調波磁束 ･･･････････････････････ 2-Q4
小形軽量化 ･･･････････････････････ 1-Q3
コギング ･････････････････････････ 2-Q63
コギングトルク ････････････ 2-Q6, 2-Q12
固体伝搬音 ･･･････････････････････ 9-Q16
固定円板 ･････････････････････････ 7-Q120
固定子鉄心 ･･･････････････････････ 2-Q39
ごみ音 ･･･････････････････････････ 6-Q3
固有振動数 ･･････････ 2-Q16, 3-Q1, 7-Q50
固有モード ･･･････････････････････ 7-Q50
コリオリの力 ･････････････････････ 5-Q15
コンバータ部 ･････････････････････ 2-Q81

さ

再現テスト ･･･････････････････････ 9-Q28
最大主応力 ･･･････････････････････ 7-Q28
最適化計算 ･･･････････････････････ 7-Q30
材料強度 ･････････････････････････ 5-Q50
材料則 ･･･････････････････････････ 7-Q27
三角波形 ･････････････････････････ 2-Q90
三相交流電圧 ･････････････････････ 2-Q23

残留応力 ･････････････････ 5-Q49, 5-Q55

し

シール音 ･････････････････････････ 6-Q3
磁界の強さ ･･･････････････････････ 1-Q12
時間高調波 ･･･････････････････････ 2-Q34
時間幅（デューティ）･･･････････････ 2-Q93
直軸（d 軸）･･････････････････････ 1-Q19
磁気装荷 ･････････････････････････ 1-Q33
磁気ひずみ ･･･････････････････････ 2-Q94
軸受 ･････････････････････････････ 2-Q31
軸受異常 ･････････････････････････ 6-Q10
軸受ガタ ･････････････････････････ 6-Q10
軸受クリープ ･････････････････････ 5-Q76
軸受クリープ摩耗 ･････････････････ 5-Q69
軸受剛性 ･････････････････････････ 6-Q23
軸受支持 ･････････････････････････ 7-Q108
軸ばね定数 ･･･････････････････････ 7-Q115
軸ねじり振動 ･････････････････････ 5-Q1
軸方向振動力 ･････････････････････ 2-Q18
軸曲げ振動 ･･･････････････ 5-Q1, 5-Q5
時刻歴応答 ･･･････････････････････ 7-Q41
支持条件 ･････････････････････････ 7-Q120
磁石 ･････････････････････････････ 2-Q50
磁束 ･････････････････････････････ 2-Q50
磁束密度 ･････････････････････････ 2-Q2
実験計画法 ･･･････････････････････ 7-Q31
実部と虚部 ･･･････････････････････ 7-Q38
質量 ･････････････････････ 5-Q12, 5-Q14
しまりばめ ･･･････････････････････ 5-Q71
ジャイロ ･････････････････････････ 5-Q12
ジャイロ効果 ･････････････････････ 5-Q12
ジャイロファクタ ･････････････････ 5-Q9
ジャイロモーメント ･･･････････････ 5-Q5
遮音 ･････････････････････････････ 9-Q17
遮音材 ･･･････････････････ 9-Q11, 9-Q19
斜溝 ･･･････････････････････ 2-Q62, 1-Q25
ジャンプ周波数 ･･････････ 2-Q103, 2-Q105
集中巻 ･･･････････････････････････ 1-Q23
自由度 ･･･････････････････････････ 7-Q42
周波数応答解析 ･･･････････････････ 7-Q41
周波数応答関数 ･･･････････････････ 3-Q13

周波数変調	4-Q20	静バランス	5-Q57
主磁束	2-Q20	積層ステータ鉄心	7-Q62
潤滑剤	6-Q3	積層鉄心	1-Q27
循環電流	2-Q28	絶縁用樹脂モールド	2-Q68
省スペース	2-Q78	節点	7-Q21
商用電源	2-Q41	線形状態	7-Q15, 7-Q16
自励振動	5-Q3, 8-Q2	占積率	1-Q26
磁歪	2-Q44		
真円度	2-Q50	**そ**	
診断技術	8-8.1 解説	相	1-Q20
振動応答モード	2-Q16	騒音伝播経路	4-Q13
振動源	9-Q1	騒音の相似則	4-4.1 解説
振動減衰	3-Q53, 8-Q7	騒音発生メカニズム	9-Q1
振動試験	8-Q15	相互作用	4-Q29
振動数比	7-Q46	側帯波周波数（サイドバンド）	2-Q92, 2-Q93
振動センサ	8-Q11	速度	8-Q3
振動抑制	1-Q44	速度安定性能	2-Q74
		速度検出器	2-Q50
す		塑性領域	7-Q27
スイスチーズモデル	9-Q23		
すきまばめ	5-Q71	**た**	
スキュー	1-Q25, 2-Q62	第 N 次高調波	2-Q40
＝Skew		第 3 次高調波	2-Q40
進め角制御	2-Q69	第 5 次高調波	2-Q40
ステータ	1-Q22	ダイカスト鋳造	5-Q39
ステータヨーク	2-Q8	ダイレクトドライブ	2-Q66
ストロボ	2-Q60	ダイレクトドライブモータ	2-2.4 節
すべり	2-Q26	高い応答	2-Q78
すべり周波数	2-Q26	卓越成分	2-Q88
スロット	1-Q21, 2-Q10	打撃試験	3-Q14
スロット高調波	2-Q7	単純支持	7-Q110
スロットコンビネーション	4-Q34	単振動	7-Q39
スロット数	2-Q7	弾性限度	7-Q16
せ		**ち**	
制御波形	2-Q50	力と変形	7-Q16
正弦波駆動	2-Q56	中間ばめ	5-Q71
正弦波通電	2-Q99	長寿命	2-Q70, 2-Q78
静止部との接触	6-Q10	直接法	7-Q56
制振材	9-Q11	直交異方性体	7-Q99
静的解析	7-Q13	チョッパー	2-Q38
静的偏心	2-Q25		

つ

通風騒音 ······················· 2-Q1, 4-Q9

て

ティース ······························· 2-Q10
定圧予圧 ······························· 6-Q21
定位置予圧 ····························· 6-Q21
低イナーシャ回転部 ····················· 2-Q78
定格回転 ······························· 2-Q19
定在波 ································· 4-Q3
低騒音 ························ 2-Q70, 2-Q78
低流速域 ······························· 4-Q31
デシベル表示 ··························· 8-Q6
鉄損 ························· 1-Q8, 2-Q73
電機子巻線 ····························· 2-Q10
電気装荷 ······························· 1-Q33
電気的起振力 ··························· 2-Q19
電源周波数 ····················· 2-Q2, 2-Q3
電磁鋼板 ······················ 2-Q62, 7-Q81
電磁騒音 ······························· 2-Q1
電磁力 ························ 1-Q12, 2-Q2
電磁力周波数 ··························· 3-Q1
電磁力モード ···················· 2-Q13, 2-Q15
伝達効率 ······························· 2-Q71
転動体 ································· 6-Q13
転動体パス周波数 ······················· 6-Q11

と

動解析 ································· 7-Q41
等価縦弾性係数 ························· 7-Q87
同期解析 ······························· 5-Q17
同相モード ····························· 3-Q14
同心 ··································· 1-Q16
同心巻 ································· 1-Q24
銅損 ························· 1-Q8, 2-Q73
動的解析 ······························· 7-Q13
動的偏心 ······················ 1-Q17, 2-Q27
等配ピッチ ····························· 4-Q22
動バランス ····························· 5-Q57
特異点 ································· 5-Q53
吐出風量 ······························· 4-Q6
「鳥の目」「虫の目」「魚の目」············· 9-Q31

トルク脈動 ····························· 2-Q6
トルクリップル ········· 2-Q12, 2-2.3解説, 5-Q1

な

内輪パス周波数 ························· 6-Q11
なぜなぜ分析 ··························· 9-Q26

ね

ねじり剛性 ····························· 3-Q1
ねじり固有振動数 ······················· 3-Q9
熱伝達 ································· 2-Q73
熱伝導 ································· 2-Q73
熱伝導接着剤 ··························· 2-Q73

の

ノイジネス ····················· 2-Q88, 2-Q106
　＝noisiness

は

発生周波数 ····················· 2-Q7, 2-Q15
羽切音 ································· 4-Q7
羽根の外周速 ··························· 4-Q6
羽根翼 ································· 4-Q1
はめあい ······························· 5-Q70
はめあい交差 ··························· 5-Q70
バランシングマシーン ··················· 5-Q62
バランスウェイト ······················· 5-Q30
パワー密度 ····························· 2-Q72
伴流領域 ······························· 4-Q2

ひ

ピーク周波数 ··························· 4-Q24
非減衰振動 ····························· 8-Q2
飛散防止 ······························· 5-Q27
ヒステリシス減衰 ······················· 7-Q44
ヒステリシス損 ························· 1-Q9
ひずみ速度依存性 ······················· 7-Q27
非線形状態 ···················· 7-Q15, 7-Q16
非同期解析 ····························· 5-Q17
ビビり音 ······························· 6-Q3
表面磁石形 ····························· 1-Q39
平角線 ································· 1-Q26

ピンクノイズ……………………8-Q45

ふ
ファンとガード……………………4-Q31
風量………………………………4-Q10
負荷イナシャー…………………2-Q54
負荷試験…………………………8-Q20
付加質量…………………………3-Q35
深溝玉軸受………………………6-Q2
不均一ピッチ……………………2-Q68
物性値……………………………7-Q80
不等配……………………………4-Q25
不等配ピッチ……………………4-Q22
不平衡吸引力……………2-Q20, 2-Q22, 2-Q25
不平衡吸引力の振動……………2-Q22
ブラケット剛性…………………7-Q118
ブラシ付きDCモータ……………2-Q42
ブラシレスDCモータ
　………………2-Q42, 2-Q56, 2-Q102
　＝BLDC
ブラシレスモータ………………2-Q12
プリプロセッシング……………7-Q25
フレミングの左手………………1-Q37
フレミングの左手の法則………1-Q14
分布巻……………………………1-Q23
分布巻のステータ………………3-Q27

へ
並進ばね…………………………7-Q123
ベルト……………………………2-Q70
ヘルムホルツ共鳴器……………4-Q16
ヘルムホルツのモード…………4-Q15
変位………………………………8-Q3
変移確率…………………………2-Q109
変形力……………………………2-Q20
偏心………………………………1-Q16

ほ
ホールセンサ……………………2-Q58
ホール素子………………………2-Q58
包絡線（エンベロープ）………6-Q10
保持器……………………………6-Q13

保持器音…………………………6-Q3
保持器パス周波数………………6-Q11
ホワイトノイズ…………………8-Q45

ま
マイクロホンアレイ……………4-Q18
前処理……………………………7-Q25
前向き振れ回り…………………5-Q8
巻線………………………………3-Q29
巻線の不平衡……………2-Q28, 2-Q31
曲げ剛性…………………………3-Q1
摩擦（クーロン）減衰…………7-Q44
摩擦音……………………………2-Q67
マスキング効果…………………8-Q44

み
ミーゼス応力……………………7-Q28
ミスアライメント………………5-Q66
脈動吸引力………………………2-Q25

む
無負荷運転………………………8-Q19

め
面圧………………………………7-Q90
メンテナンス性…………………2-Q78

も
モータ音…………………………4-Q9
モータ効率………………………2-Q71
モータ制御………………………1-Q11
モータ性能向上…………………1-Q3
モデル化…………………………7-Q24

や
焼きなまし………………………5-Q35

ゆ
誘起電圧……………2-Q53, 2-Q68, 2-Q69
有限要素法………………………7-Q4
有限要素法解析…………………2-Q16
誘導ノイズ………………………8-Q11

よ

予圧 …………………………………… 6-Q18
予圧音 ………………………………… 6-Q3
要素 …………………………………… 7-Q21
横軸（q 軸）………………………… 1-Q19
弱め界磁制御 ………………………… 2-Q69

ら

ランダム変調制御 ………… 2-2.5 解説, 2-Q103

り

離散音 ………………………………… 4-Q32
流量係数 ……………………………… 4-Q6
臨界減衰数 …………………………… 7-Q43
臨界減衰比 …………………………… 7-Q43

れ

レース音 ……………………………… 6-Q3

励

励磁電流 ……………………………… 2-Q59
励振荷重 ……………………………… 5-Q17
励振条件 ……………………………… 4-Q34
連成振動 ……………………………… 3-Q35

ろ

ロータ ………………………………… 1-Q22
ロータ・ダイナミクス ……………… 5-Q5
ロータ強度 …………………………… 5-Q27
ロータ鉄心 …………………………… 1-Q33
ロータ鉄心長 ………………………… 1-Q33
ロータの等価軸径 …………………… 7-Q105

わ

ワニス ………………………………… 3-Q31
ワニス処理 …………………………… 3-Q30

著者略歴

野田　伸一（のだ　しんいち）

1982年，芝浦工業大学卒業。2000年，三重大学にて「モータの振動騒音」で工学博士取得。株式会社東芝にてモータ（産業，鉄道，エレベータ，自動車，家電・空調など）の研究開発・品質問題に従事（部長）。2013年，ニデック（旧日本電産）株式会社モータ基礎研究所にてブラシレスDCモータの研究・開発，品質問題に従事（研究所部門長）。

専門書5冊，特許58件，モータ関連査読論文55件，表彰歴（オーム技術賞など）6件）。

モータの研究開発・設計・品質の経歴48年の経験を活かし，①モータの騒音・振動と対策設計法，②実務に役立つ現場のモータ技術，③モータCAE解析と実務設計，④現場で発生するモータシステムのトラブルと品質問題の解決法など，社員教育，セミナー講師に従事。

2023年8月，Nodaモータテック事務所設立。技術顧問，セミナー講師，モータ技術コンサルタント，専門書の執筆などで現在に至る。

Q&Aによる
モータ騒音・振動の基礎と対策全書

発行日	2025年4月30日　初版第一刷発行	
著　者	野田　伸一	
発行者	吉田　隆	
発行所	株式会社 エヌ・ティー・エス 東京都千代田区北の丸公園2-1 科学技術館2階　〒102-0091 TEL：03(5224)5430　http://www.nts-book.co.jp/	
制作・印刷	株式会社 双文社印刷	

Ⓒ 2025　野田伸一　　　　　　　　　　　ISBN978-4-86043-959-0　C3053

乱丁・落丁はお取り替えいたします。無断複写・転載を禁じます。
定価はケースに表示してあります。
本書の内容に関し追加・訂正情報が生じた場合は，当社ホームページにて掲載いたします。
※ホームページを閲覧する環境のない方は当社営業部(03-5224-5430)へお問い合わせ下さい。

NTSの本 関連図書

	書籍名	発刊日	体裁	本体価格
1	乾燥工学ハンドブック ～基礎・メカニズム・評価・事例～	2025年	B5 480頁	69,000円
2	電力貯蔵と供給の最適化技術	2023年	B5 404頁	56,000円
3	スピントロニクスハンドブック ～基礎から応用まで～	2023年	B5 760頁	70,000円
4	AI・ドローン・ロボットを活用した インフラ点検・診断技術	2023年	B5 176頁	36,000円
5	破壊の力学 Q&A 大系 ～壊れない製品設計のための実践マニュアル～	2022年	B5 576頁	54,000円
6	モータの熱対策 ～解析・評価、耐熱材料、放熱・冷却設計～	2022年	B5 336頁	45,000円
7	次世代パワー半導体の開発・評価と実用化	2022年	B5 414頁	54,000円
8	フレッティング摩耗・疲労・損傷と対策技術大系 ～事故から学ぶ壊れない製品設計～	2022年	B5 332頁	50,000円
9	環境発電ハンドブック 第2版 ～機能性材料・デバイス・標準化：IoT時代で加速する社会実装～	2021年	B5 528頁	52,000円
10	ねじ締結体設計大系 ～事故から学ぶ壊れない製品設計の要諦～	2021年	B5 368頁	50,000円
11	自動運転のための高精度センシング技術 ～環境認識、運転者検知と画像認識AIプロセッサの実際～	2020年	B5 256頁	45,000円
12	空飛ぶクルマ ～空のモビリティ革命に向けた開発最前線～	2020年	B5 322頁	48,000円
13	サーマルデバイス ～新素材・新技術による熱の高度制御と高効率利用～	2019年	B5 448頁	48,000円
14	電気自動車のモーションコントロールと 走行中ワイヤレス給電	2019年	B5 492頁	50,000円
15	次世代永久磁石の開発最前線 ～磁性の解明から構造解析、省・脱レアアース磁石、モータ応用まで～	2019年	B5 356頁	45,000円
16	人と協働するロボット革命最前線 ～基盤技術から用途、デザイン、利用者心理、ISO13482、安全対策まで～	2016年	B5 342頁	42,000円
17	革新的燃焼技術による高効率内燃機関開発最前線	2015年	B5 420頁	45,000円
18	自動車オートパイロット開発最前線 ～要素技術開発から社会インフラ整備まで～	2014年	B5 340頁	37,000円
19	サーマルマネジメント ～余熱・排熱の制御と有効利用～	2013年	B5 636頁	44,800円
20	超伝導現象と高温超伝導体	2013年	B5 542頁	45,600円
21	アクチュエータ研究開発の最前線	2011年	B5 576頁	47,200円
22	モータの騒音・振動とその低減対策	2011年	B5 460頁	38,000円